高职高专通信技术专业系列教材

网络技术教程

主 编 范新龙 董 奇 张重阳

U0379214

西安电子科技大学出版社

内容简介

本书以实践为主线，通过网络理论知识的介绍及实训内容的安排，培养学习者的职业技能和网络知识的基本运用能力。

全书共分为六部分：计算机网络技术基础、局域网技术、网络互联技术、网络安全及故障检测、网络操作系统、网络服务器的配置与管理。通过对这些内容的学习，读者可以学习到计算机网络的基本概念，数据通信的基本知识，局域网的技术及应用，虚拟局域网，无线局域网，TCP/IP 协议，子网划分，网络接入技术，病毒和木马，网络安全防护，网络管理方法，网络操作系统的基本知识，常用的网络操作系统及特点，虚拟网络环境的搭建，WWW、FTP、DHCP、DNS 等网络服务方面的知识和技能。同时本书还介绍了 Windows 7 防火墙的设置及网络的一些最新发展状况。

本书可以作为高职院校通信技术、计算机网络技术、计算机应用等专业的教材，也可以作为网络管理人员及网络知识自学者的参考书。

图书在版编目 (CIP) 数据

网络技术教程/范新龙，董奇，张重阳主编. —西安：西安
电子科技大学出版社，2016.2(2022.8 重印)
ISBN 978—7—5606—3958—1

Ⅰ. ① 网…　Ⅱ. ① 范…　② 董…　③ 张…　Ⅲ. ① 计算机网络—高等职业教育—
教材　Ⅳ. ① TP393

中国版本图书馆 CIP 数据核字(2016)第 019717 号

策　　划　马乐惠
责任编辑　马乐惠
出版发行　西安电子科技大学出版社(西安市太白南路 2 号)
电　　话　(029)88202421　88201467　　邮　　编　710071
网　　址　www.xduph.com　　　　　　电子邮箱　xdupfxb001@163.com
经　　销　新华书店
印刷单位　西安日报社印务中心
版　　次　2016 年 2 月第 1 版　　2022 年 8 月第 4 次印刷
开　　本　787 毫米×1092 毫米　1/16　印　张　15
字　　数　353 千字
定　　价　30.00 元
ISBN 978—7—5606—3958—1/TP
XDUP 4250001—4
如有印装问题可调换

前　言

随着互联网技术的发展和普及，特别是移动互联网的普及，网络应用已经逐渐成为人们日常生活和生产活动的一部分，计算机网络的应用和维护变得越来越重要了。随着我国通信技术和智能手机的迅速普及应用，对相关技术人才的需求也不断增加。

为了适应市场需求的不断变化，适应社会对职业技能型人才培养的要求，我们编写了本书。本书是供高等职业教育、成人教育以及计算机网络技术爱好者使用的计算机网络教材，读者通过学习可逐步了解计算机网络的基本结构、应用及发展，掌握网络应用的实用技术，从而有能力从事小型网络的建设和维护。

本书以应用为主，强调实际动手能力，在讲解计算机网络基本知识的同时，加入实际网络的应用知识和实践经验，使读者对网络的基本工作原理和应用形成较为直观的认知；通过使用虚拟网络实训环境，使理论学习和实际操作紧密结合。

本书对理论知识的要求以"够用、实用"为原则。在内容的组织上，本书精选了网络应用技术中较为常用的内容，主要分为六个部分：计算机网络技术基础，介绍了计算机网络的基本概念、发展情况及数据通信的基本知识、虚拟网络实训环境的搭建等，使读者可以对全书内容进行初步了解；局域网技术，主要介绍局域网的技术及应用，对虚拟局域网、无线局域网等概念也进行了介绍；网络互联技术，主要介绍了 TCP/IP 协议的相关知识、子网划分及网络接入技术；网络安全及故障检测，介绍了网络安全的发展、主要威胁防护技术手段，以及病毒、木马和网络管理常用工具、管理方法等；网络操作系统，介绍了常见的包括手机操作系统在内的网络操作系统的基本知识及特点；网络服务器的配置与管理，以 Windows Server 2003 网络操作系统的网络应用为主，介绍了 IIS、FTP、DHCP、DNS 等网络服务。

全书共安排了 18 个实训项目，分布在各章，这些实训对理解相应章节的网络知识帮助极大，并且这些实训大多数可以在现有的网络实训室或普通的计算机实验室中完成，使得每位读者都能进行原本对网络设备要求较高的实训。书中每个实训都由实训目的、实训环境要求、实训内容、实训步骤、实训指导、实训思考等部分组成，特别是实训指导，如果本书其他部分中没有介绍有关实训的基本知识，在实训指导中则会有详细的说明，使读者在实训过程中很容易找到相关资料。书中实训大多可以实现，其中有些实训如 VPN、NAT 等在实践中也有较为实用的价值。

本书由范新龙、董奇、张重阳编写。具体编写分工如下：张重阳编写第 1 章；董奇编写第 2、3 章；范新龙编写第 4、5、6 章及全书的实训和习题，并负责全书的统稿工作。

本书的编写得到了许多朋友的关心和支持，编者特别要感谢周雪老师给予的指导和帮助，也非常感谢刘新强、冯国良、聂雪、朱晓红在本书编写过程中提出的宝贵意见。

由于编者水平有限，书中难免存在疏漏与不足之处，敬请广大读者和专家批评指正。

编　者

2015 年 9 月

目 录

第 1 章　计算机网络技术基础

1.1　计算机网络的发展

计算机网络是计算机技术和通信技术紧密结合的产物，在以信息化带动工业化和工业化促进信息化的进程中，计算机网络扮演了越来越重要的角色。计算机网络在当今信息时代对信息的收集、传输、存储和处理起着非常重要的作用，其应用已渗透到社会的各个领域，深入到人们工作、学习和生活的各个方面。因此，计算机网络对整个信息社会有着极其深刻的影响，引起了人们的高度重视和极大兴趣。

1.1.1　网络技术的发展

纵观计算机网络的发展过程，和其他事物的发展一样，也经历了从简单到复杂，从低级到高级的发展过程，其发展过程大致可分为以下几个阶段。

1．面向终端阶段

面向终端的计算机网络出现在 20 世纪 50 年代，是早期计算机网络的主要形式，它是以单台计算机为中心的远程联机系统，如图 1-1(a)所示。其主机是网络的中心和控制者，终端(键盘和显示器)分布在各地并与主机相连，用户通过本地的终端使用远程的主机。因为所有的终端共享主机资源，因此终端到主机都单独占一条线路，使得线路利用率低，而且主机既要负责通信又要负责处理数据，效率较低。这种网络组织形式是集中控制形式，可靠性较低，如果主机出问题，所有终端都将被迫停止工作。这样的系统除了核心处理机外，其余的终端都不具有自主处理能力，在系统中主要是终端和中心计算机之间进行通信。

为了提高通信线路的利用率和减轻主机的负担，人们提出了改进方法，在具有通信功能的多机系统中使用了集中器和前端机。即在远程终端聚集的地方设置一个终端集中器，把所有的终端聚集到终端集中器，终端到集中器之间是低速线路，而终端到主机是高速线路，前端机放在主机的前端，承担通信处理功能，减轻了主机的负担。这就使得主机只需负责处理数据而无需负责通信工作，大大提高了主机的利用率。改进系统示意如图 1-1(b)所示。

面向终端的计算机通信网严格地讲，并不能算是计算机网络，但它将计算机技术与通信技术相结合，可以让用户以终端方式与远程主机进行通信，从这个角度上讲我们视它为计算机网络的雏形。

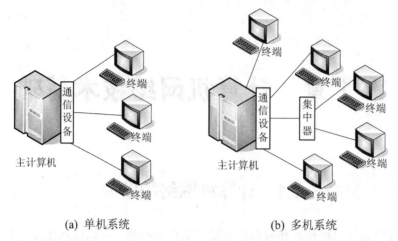

(a) 单机系统　　　　　　　　　(b) 多机系统

图 1-1　以单台计算机为中心的远程联机系统

2．面向通信网络阶段

随着计算机网络技术的发展，到 20 世纪 60 年代中期，计算机网络不再局限于单计算机网络，许多单计算机网络相互连接形成了有多个单主机系统相连接的计算机网络，如图 1-2 所示。多台计算机通过通信线路连接起来为用户提供服务，这里的多台主机计算机都有自主处理能力，不存在主从关系。这种系统的出现使计算机网络的通信方式由终端与计算机之间的通信，发展到计算机与计算机之间的直接通信(而真正意义上的计算机网络应该是计算机与计算机的互联，即通过通信线路将若干个自主的计算机连接起来的系统，称之为计算机-计算机网络，简称为计算机通信网络)。

这样连接起来的计算机网络体系有两个特点：① 多个主机系统互联，形成了多主机互联网络；② 网络结构体系由主机到终端变为主机到主机。

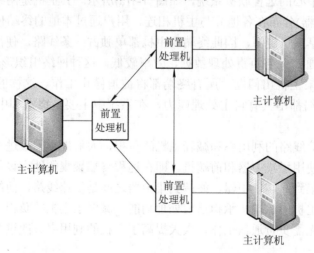

图 1-2　多机系统的互联

3．面向应用(标准化)网络阶段

随着计算机网络技术的飞速发展，计算机网络逐渐普及，怎样将各种计算机网络连接起来变得相当复杂。

20 世纪 70 年代后期，人们认识到第二代计算机网络的不足，开始提出一些计算机网络问题。如何对计算机网络形成一个统一的标准，使之更好地连接？要解决这样的问题，网络体系结构标准化就显得相当重要。在这样的背景下形成了体系结构标准化的计算机网络。20 世纪 80 年代，以 OSI 模型为参照，并结合当时的国际电话电报咨询委员会(CCITT)等为各层次开发的一系列的协议标准，组成了一个庞大的 OSI 基本标准集。国际标准化组织(ISO)制定并在 1984 年正式颁布了一个称为开放系统互联基本参考模型的国际标准，实现不同厂家生产的计算机之间的互联，如图 1-3 所示。

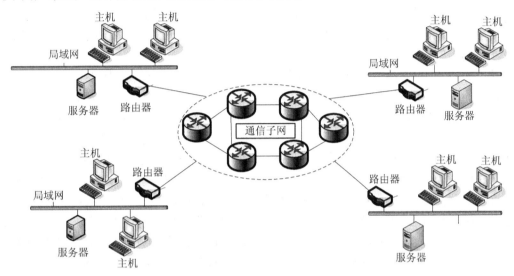

图 1-3　计算机互联网络结构示意图

4．网络互联与高速网络阶段

从 20 世纪 80 年代末开始，计算机技术、通信技术和建立在互联网络技术基础上的计算机网络技术得到了迅速发展。近年来，信息高速公路计划的提出与实施，Internet 在地域、用户、功能和应用等方面不断拓展，得到越来越广泛的应用，计算机网络的发展进入了一个崭新的阶段，这就是计算机网络互联与高速网络阶段。

如今，全球以 Internet 为核心的高速计算机互联网络已形成，Internet 已经成为人类最重要的、最大的知识宝库。网络互联和高速网络被称为第四代计算机网络。

与第三代计算机网络相比，第四代计算机网络的特点是：网络的高速化和业务的综合化。网络高速化主要指网络频带宽和传输时延低，而网络业务综合化是指一个网络中综合了多种媒体(如语音、视频、图像和数据等)的信息。

随着信息技术革命的发展，人们已经与互联网建立起了密不可分的关系。电话、有线电视、网络数据等都有不同的网络，随着多媒体网络的建立和日趋成熟，三网融合甚至多网融合是一个发展方向。有人描述未来的通信和网络目标是实现 5w 的个人通信，即任何人(whoever)在任何时间(whenever)、任何地方(wherever)都可以和任何人(whomever)通过网络进行通信，传送任何信息(whatever)。

1.1.2 中国互联网发展史

1987年北京计算机应用技术研究所研究员钱天白教授通过中国学术网 CANET 向世界发出一封 E-mail(通信速率为 300 b/s),揭开了中国人使用 Internet 的序幕。经过几十年的发展,我国的计算机网络形成了四大主流网络体系,即中科院的中国科学技术网(CSTNet),国家教育部的中国教育和科研计算机网(CERNet),原邮电部的 ChinaNet 和原电子部的中国金桥信息网(ChinaGBN)。

Internet 在中国的发展历程可以大略地划分为以下三个阶段。

第一阶段为 1987 年至 1993 年,也是研究试验阶段。在此期间中国一些部属科研高等院校开始研究 Internet 技术,并开展了科研课题和科技合作工作,但这个阶段的网络应用仅限于小范围内的电子邮件服务。

第二阶段为 1994 年至 1996 年,同样是起步阶段。1994 年 4 月,中关村地区教育与科研示范网络工程实现了与 Internet 的全功能连接,从此中国被国际上正式承认为有 Internet 的国家。之后,ChinaNet、CERNet、CSTNet、ChinaGBN 等多个 Internet 网络项目在全国范围相继启动,Internet 开始进入公众生活,并在中国得到了迅速的发展。至 1996 年底,中国 Internet 用户数已达 20 万,利用 Internet 开展的业务与应用也逐步增多。

第三阶段为从 1997 年至今,是 Internet 在我国发展最为快速的阶段。国内 Internet 用户数在 1997 年以后基本保持每半年翻一番的增长速度。2015 年 2 月 3 日,中国互联网络信息中心(CNNIC)在北京发布的第 35 次《中国互联网络发展状况统计报告》显示,截至 2014 年 12 月,我国网民规模达 6.49 亿,互联网普及率为 47.9%。其中,手机旅行预订以 194.6% 的年度用户增长率领跑移动商务类应用,O2O 市场快速发展,成为引领行业的商务模式。我国互联网在整体环境、互联网应用普及和热点行业发展方面取得长足进步。截至 2014 年 12 月,我国手机网民规模达 5.57 亿,较 2013 年底增加 5672 万人。网民中使用手机上网的人群占比由 2013 年的 81.0% 提升至 85.8%。手机端即时通信使用保持稳步增长趋势,使用率为 91.2%。手机网络游戏从爆发式增长变为稳步增长。手机网购、手机支付、手机银行等手机商务应用用户年增长率分别为 63.5%、73.2% 和 69.2%,高于其他手机应用增长幅度。在移动互联网的推动下,个人互联网应用呈上升态势。平板电脑凭借娱乐性和便捷性成为网民的重要娱乐设备,2014 年底使用率达到 34.8%。截至 2014 年 12 月,54.5% 的网民对来源于互联网的信息表示信任,相比 2007 年的 35.1% 有较大幅度提高。网络信任成为社会信任的重要组成部分,也成为电子商务、互联网金融等深层网络应用发展的重要社会基础。另据统计,60.0% 的中国网民对于在互联网上的分享行为持积极态度,其中非常愿意的占 13.0%,比较愿意的占 47.0%。在 10~19 岁网民中,有 65.9% 的网民比较愿意或非常愿意在网上分享。网民在信息和资源方面互惠分享,不仅能降低沟通成本,还将创造文化价值。O2O 企业在一线城市率先布局,中度和重度用户占比共 39.2%,O2O 消费由数量增长向质量提升转变;二三线城市的 O2O 业务布局正在逐步展开,巨大的消费潜力将促使 O2O 市场进入增量增长阶段。与此同时,餐饮、休闲 O2O 发展起步较早,市场模式趋向于成熟,正在向服务精细化发展。医疗和家政 O2O 发展刚刚起步,且用户需求较为强烈,未来将具有较大的发展潜力。

今天,Internet 的发展已经不再是简单化的数字通信了,它是一个综合的、全面的信息服务大环境，它将人类信息化的水平提高到一个空前的高度。

1.1.3　企业电子商务技术与发展

电子商务的发展经过了一个漫长的酝酿过程。20 世纪 80 年代前，随着计算机的普及和各种软件的发展，商务数据实现了无纸化处理，许多商务数据通过盘片介质进行交换，这是电子商务的准备阶段。

进入 20 世纪 80 年代后，一些专门的数据交换系统，比如电子数据交换(EDI)和电子资金传送(EFT)系统，逐渐建成并投入运行。特别是当电信部门推出增值网络服务后，这样的专用信息交换系统得到了很大发展，出现了海关报关系统、民航订票系统、港口的航道信息交换系统等一系列应用实例。这时的电子商务已现雏形，在社会的某些行业中得到了较为广泛的应用。

Internet 出现后，电子商务得到了前所未有发展，各类从事电子商务活动的网站和公司层出不穷。更重要的是，Internet 为电子商务的发展拓展了广阔的空间。同以往相比，利用 Internet 发展电子商务至少有两个优点：技术标准统一，各种系统之间互联简单；范围广泛，不只局限于系统内部，还可以深入到千家万户。正是 Internet 这种无所不在的强劲渗透力和网络应用在全球范围内的普及，向人们展示了发展电子商务的无限商机。

这些年来，伴随着我国国民经济的快速发展以及国民经济和社会发展信息化的不断进步，我国电子商务行业虽然历经曲折却仍然得到飞速发展。纵观电子商务发展历程，可以将其划分为三个历史阶段：

第一个时期——初创期(1997 年至 2002 年)。互联网虽然是舶来品，但是却受到人们的热切期待，加之此时美国网络热潮兴起，也催使我国互联网得以快速发展，中国化工网、8848、阿里巴巴、易趣网、当当网、美商网等知名电子商务网站很快就在最初的几年时间里发展了起来。然而，由于这段时期我国信息化发展水平仍然较低，社会大众对于电子商务仍然缺乏了解，加上不久之后的互联网泡沫破灭等，电商网站大多举步维艰。不过，这段时期的经历为我国电子商务发展打下了很好的基础，营造了很好的社会舆论和环境。

第二个时期——快速发展期(2003 年至 2007 年)。在这段时期里，电子商务的发展获得了难得的历史机遇，支撑电子商务发展的一些基础设施和政策也在这期间得以发展起来，如阿里巴巴建立了淘宝网并推出了"支付宝"。国家也先后出台了一些促进电子商务发展的重要措施，《国务院办公厅关于加快电子商务发展的若干意见》《电子商务发展"十一五"规划》等接连落地，从政策层面为电子商务发展指明了方向。

第三个时期——创新发展期(2008 年至今)。尽管受到国际金融危机的影响，但是 2008 年以来我国电子商务仍然以较高的速度增长。这段时期的特点是，我国电子商务初步形成了具有中国特色的网络交易方式，网民数量和物流快递行业都快速增长，电子商务企业竞争激烈，平台化局面初步成型。

当前，我国电子商务发展正在进入密集创新和快速扩张的新阶段，日益成为拉动我国消费需求、促进传统产业升级、发展现代服务业的重要引擎。具体而言，具有以下几个特点。

其一，我国电子商务仍然保持快速增长态势，潜力巨大。我国近年来的电子商务交易额增长率一直保持快速增长势头，特别是网络零售市场更是发展迅速。2002 年中国电子商务交易额约 100 亿元，而到 2012 年时达到 13 110 亿元，到 2014 年底，我国的电子商务总额已达 120 000 亿元，更是让人们看到我国网络零售市场发展的巨大潜力。毫无疑问，电子商务正在成为拉动国民经济保持快速可持续增长的重要动力和引擎。

其二，企业、行业信息化快速发展，为加快电子商务应用提供坚实基础。近年来，在国家大力推进信息化和工业化融合的环境下，我国服务行业、企业加快信息化建设步伐，电子商务应用需求变得日益强劲。不少传统行业领域在开展电子商务应用方面取得了较好成绩。农村信息化取得了可喜的成绩，创新电子商务应用模式，涌现出一批淘宝店，一些村庄围绕自身的资源、市场优势，开展特色电子商务应用。传统零售企业纷纷进军电子商务。其他行业如邮政、旅游、保险等也都在已有的信息化建设基础之上，着力发展电子商务业务。

其三，电子商务服务业迅猛发展，初步形成功能完善的业态体系。从电子商务交易情况来看，近年来出现了一些新的发展趋势。一是发展模式不断演变。近年来 B2B 与 B2C 加速整合，并由信息平台向交易平台转变。二是零售电子商务平台化趋势日益明显，具体包括 3 种情况：追求全品类覆盖的综合性平台，专注细分市场的垂直型平台，大型企业自营网站逐渐向第三方平台转变。三是平台之间竞争激烈，市场日益集中。以阿里巴巴、京东商城为代表的第一梯队拉开了与其他中小型电子商务企业的差距。从支撑性电子商务服务业来看，近年来出现了不少重大的变化。比如，各方面的功能日益独立显现，呈现高度分工的局面；新一代信息技术在电子商务服务中得到快速应用，除了物联网技术外，大数据正逐渐使数据挖掘发挥其精准营销功能；电子商务平台的功能日益全能化。从辅助性电子商务服务来看，围绕网络交易派生出一些新的服务行业，如网络议价、网络模特、网(站)店运营服务与外包等。

其四，跨境电子交易获得快速发展。在国际经济形势持续不振的环境下，我国中小外贸企业跨境电子商务仍逆势而为，近年来保持了 30%的年均增速。有关部门正加紧完善促进跨境网上交易相关的平台、物流、支付结算等方面的配套政策措施，促进跨境电子商务模式不断创新，出现了一站式推广、平台化运营、网络购物业务与会展相结合等模式，使得更多中国制造产品得以通过在线外贸平台走向国外市场，有力推动了跨境电子商务纵深发展。

1.2　计算机网络的概念

1.2.1　定义

计算机网络的定义，没有统一的规定，说法也不一样。通常的定义是：利用通信线路将地理上分散的、具有独立功能的计算机系统和通信设备按不同形式连接起来，按照网络通信协议和网络操作系统来进行数据通信，实现资源共享和信息传递的系统。从应用或功能的角度，可定义计算机网络为：以共享资源(硬件、软件、数据)的方式将各自具有独立功能的多个计算机连接起来组成的多机系统。

概括起来说，一个计算机网络必须具备以下 3 个基本要素：

① 至少有两个具有独立操作系统的计算机，且它们之间有相互共享某种资源的需求；

② 两个独立的计算机之间必须用某种通信手段将其连接；

③ 网络中的各个独立的计算机之间要能相互通信，必须制定相互可确认的规范标准或协议。

以上 3 条是组成一个网络的必要条件，三者缺一不可。

1.2.2　组成

从资源构成的角度讲，计算机网络是由硬件和软件组成的。硬件包括各种主机、终端等用户端设备，以及交换机、路由器等通信控制处理设备，而软件则由各种系统程序和应用程序以及大量的数据资源组成。

从逻辑功能上来看，可将计算机网络划分为资源子网和通信子网，二者合一构成以通信子网为核心，以资源共享为目的的计算机通信网络。典型的计算机网络结构如图 1-4 所示。

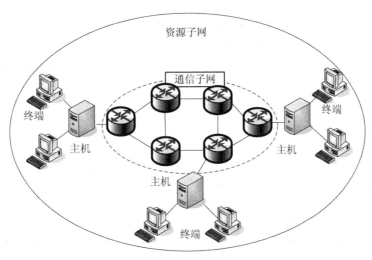

图 1-4　计算机网络结构示意图

1. 资源子网

资源子网由主计算机系统、终端、终端控制器、联网外设、各种软件资源与信息资源组成，如图 1-4 中虚线外的各个设备。资源子网负责全网的数据处理业务，向网络用户提供各种网络资源与网络服务。

主计算机系统简称为主机(Host)，它可以是大型机、中型机、小型机及微机。主机是资源子网的主要组成单元，通过高速通信线路与通信子网的通信控制处理机相连接。普通用户终端通过主机接入网内。主机要为本地用户访问网络的其他主机设备与资源提供服务，同时要为网络中远程用户共享本地资源提供服务。

终端(Terminal)是用户访问网络的界面。终端可以是简单的输入输出终端，也可以是带有微处理机的智能终端。智能终端除具有输入输出信息的功能外，本身还具有存储与处理信息的能力。终端可以通过主机连入网络中，也可以通过终端控制器、报文分组组装与拆卸装置或通信控制处理机连入网络。

网络操作系统是建立在各主机操作系统之上的一个操作系统，用于实现不同主机之间的用户通信，以及全网硬件和软件资源的共享，并向用户提供统一的、方便的网络接口，便于用户使用网络。

网络数据库是建立在网络操作系统之上的一种数据库系统，可以集中驻留在一台主机上(集中式网络数据库系统)，也可以分布在不同的主机上(分布式网络数据库系统)，它向网络用户提供存取、修改网络数据库的服务，以实现网络数据库的共享。

2. 通信子网

通信子网由通信控制处理机(Communication Control Processor)、通信线路和其他通信设备组成，如图 1-4 中虚线内的各个设备。通信子网负责网络数据传输、转发等通信处理任务。

通信控制处理机在网络拓扑结构中被称为网络节点。一方面，它作为与资源子网的主机、终端相连接的接口，将主机和终端连入网络；另一方面，它又作为通信子网中的分组存储转发节点，完成分组的接收、校验、存储和转发等功能，实现将源主机报文准确发送到目的主机的功能。目前通信控制处理机一般为路由器和交换机。

通信线路为通信控制处理机之间、通信控制处理机与主机之间提供通信信道。计算机网络采用了多种通信线路，如双绞线、同轴电缆、光纤、无线通信信道等来连接各通信设备。

1.2.3 拓扑结构

网络的拓扑结构指网络中节点(设备)和链路(连接网络设备的信道)的几何形状，常见的网络拓扑结构有总线型、环型、星型、树型、网型和混合型等，如图 1-5 所示。

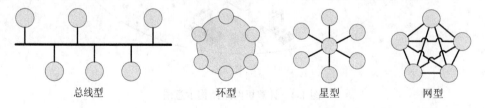

总线型　　　　　环型　　　　　星型　　　　　网型

图 1-5　网络拓扑结构

1. 总线型结构

总线型结构是局域网中常用的一种拓扑结构。它采用单根传输线作为传输介质，所有的站点都通过相应的硬件接口直接连接到总线上。总线型网络采用广播式通信，任何一个站点发送的信号都可以沿着介质传播，而且能被其他连接在总线上的任一站点接收。其传输介质一般是同轴电缆，不过现在也有采用光纤作为总线型传输介质的。

总线型结构的优点：结构简单灵活，实现容易，便于扩展，是一种小型、成熟、经济的解决方案。

总线型结构的缺点：健壮性差，网络电缆某处发生故障将导致整个网络瘫痪，此外，由于整个网络共享一条总线进行数据传输，当网上节点较多时，会使冲突增多、传输效率下降。

2. 环型结构

环型结构也是较为常用的一种拓扑结构。它由连接成封闭线路的网络节点组成，每一节点与它左右相邻的节点连接。在环型网络中，数据沿着一个特定的方向(顺时针或逆时针)传输，传输介质一般是光纤，也有采用铜缆的，这种结构在城域网中使用较多。

环型结构的优点是结构简单，实现容易，投资小，传输速度较快，而且速度稳定，可构成实时性要求较高的网络。

环型结构的缺点是扩展性差，维护困难。任何一个节点出了故障都会造成整个网络的中断、瘫痪，当网络中站点少时，难以发挥速度优势。

3. 星型结构

星型结构是目前局域网中使用最广泛的一种拓扑结构。星型网络都有一个中心节点(集线器 Hub 或交换机 Switch)，网络中的各工作站通过这个中心节点连接在一起，各节点呈星状分布。网络中任何两点间的通信都要通过中心节点转接，如果中心节点是一级互连设备(如集线器)，则星型网络采用广播方式通信；如果中心节点使用二级以上互连设备(如交换机)，星型网络可以实现全双工点到点通信，大大提高通信速度。星型结构的传输介质目前一般使用超 5 类或 6 类非屏蔽双绞线(UTP)，也可以使用光纤。

星型结构的优点：易于实现，便于维护，节点扩展、移动方便，传输速度很快。

星型结构的缺点：过分依赖于中心节点，一旦中心节点出现故障，将会导致整个网络的瘫痪。

4. 树型结构

树型结构是对星型结构的扩充和完善，是一种分级的星型结构。树型结构网络的形状像一棵倒置的树，顶端有个带分支的根，每个分支还可延伸出子分支。当节点发送数据时，首先由根接收信号，再由根向整个网络以广播的形式发送数据。树型结构网络的传输介质多采用双绞线或光纤。

5. 网型结构

网型结构又称为分布式结构，它没有严格的、固定的构型，节点与节点之间有不止一条链路可以选择，当某一链路或节点发生故障时不会影响整个网络的工作。传输介质一般选择双绞线或光纤。

网型结构的优点：稳健性好，可靠性高，资源共享方便，适用于对可靠性要求较高的网络。

网型结构的缺点：硬件成本高，网络管理软件比较复杂。

6. 混合型结构

混合型结构目前在局域网中使用非常广泛。在实际的网络组建过程中，尤其是大型局域网的组建，往往单一的拓扑结构无法达到要求，这就要把几种拓扑结构结合起来，构成混合型结构。

混合型结构的优点：可满足较大网络的拓展，弥补了其他网络各自的缺点。

混合型结构的缺点：网络结构较复杂，难以管理。

1.2.4 分类

计算机网络的分类方法很多，可以从不同的角度对计算机网络进行分类。常用的分类方法有：按网络覆盖的地理范围分类、按传输技术分类、按网络的拓扑结构分类、按网络的应用领域分类等。

1. 按网络覆盖的地理范围分类

按网络覆盖的地理范围分类是最常用的分类方法，也是我们最熟悉的分类方法。按这种标准可以把各种网络类型划分为局域网、城域网、广域网和互联网 4 种。下面简要介绍这几种计算机网络。

➢ 局域网(Local Area Network，LAN)

所谓局域网，就是在局部地区范围内的网络，它所覆盖的地区范围较小，一般是指在一个有限的地理范围内(几公里以内)将计算机、外部设备和网络互联设备连接在一起的网络系统，如在一幢大楼、一个学校或一个企业内的网络。这是最常见、应用较广的一种网络。局域网在计算机数量配置上没有太多的限制，少的可以只有几台，多的可达几百台。一般来说在企业局域网中，计算机的数量在几十到几百台之间。网络所涉及的地理距离一般来说可以是几米至 10 km 以内。LAN 技术最直接、最显著的作用是资源共享。

➢ 城域网(Metropolitan Area Network，MAN)

MAN 基本上是一种大型的 LAN，使用与 LAN 相似的技术，它的覆盖范围介于局域网和广域网之间。这种网络一般是在一个城市，但不在同一地理小区范围内的计算机互联。这种网络的连接距离可以在 10～100 km，它采用的是 IEEE 802.6 标准。MAN 与 LAN 相比扩展的距离更长，连接的计算机数量更多，在地理范围上可以说是 LAN 网络的延伸。在城域网中的许多局域网借助一些专用网络互联设备连接到一起，即使没有连入局域网的计算机也可以直接接入城域网，从而访问网络中的资源。

➢ 广域网(Wide Area Network，WAN)

WAN 也称为远程网，所覆盖的范围比城域网(MAN)更广，它一般是在不同城市之间的 LAN 或者 MAN 网络互联，地理范围可从几百千米到几千千米。因为距离较远，采用光纤连接的较多，通常会借用专门的通信线路来实现互联。为了提高安全性能，一般会采用网状拓扑结构。

➢ 互联网(Internet)

互联网又因其英文单词"Internet"的谐音而被称为"因特网"。在互联网应用如此发达的今天，它已是我们每天都要打交道的一种网络，无论从地理范围还是从网络规模来讲，它都是最大的一种网络，就是我们常说的"Web"、"WWW"和"万维网"等。从地理范围来说，它可以是全球计算机的互联。这种网络的最大特点就是不定性，整个网络的计算机每时每刻随着人们网络的接入在不断地变化。当用户连在互联网上的时候，用户的计算机可以算是互联网的一部分，但一旦当用户断开与互联网的连接时，用户的计算机就不属于互联网了。但它的优点也是非常明显的，即信息量大、传播广，无论用户身处何地，只要连上互联网就可以对任何联网用户发出信函和广告。因为这种网络的复杂性，所以这种网络实现的技术也是非常复杂的。

2. 按网络的传输技术分类

网络所采用的传输技术决定了网络的主要技术特点，因此根据网络所采用的传输技术对网络进行划分是一种很重要的方法。在通信技术中，通信信道的类型有两种：广播通信信道和点到点通信信道。网络要通过通信信道完成数据传输任务，因此网络所采用的传输技术也只可能有两类，即点到点(Point to Point)方式和广播(Broadcast)方式。这样，相应的计算机网络也可以分为以下两类。

➢ 点对点式网络(Point to Point Network)

点到点传播指网络中每两台主机、两台节点交换机之间或主机与节点交换机之间都通过一条物理线路连接。机器(包括主机和节点交换机)沿某信道发送的数据确定无疑地只有信道另一端唯一的一台机器收到。若两台计算机之间没有直接连接的线路，分组可能要通过一个或多个中间节点的接收、存储、转发，才能将分组能从信源发送到目的地。由于连接多台计算机之间的线路结构可能是复杂的，因此从源节点到目的节点可能存在多条路由，决定分组从通信子网的源节点到达目的节点的路由需要有路由选择算法。采用分组存储转发是点对点式网络与广播式网络的重要区别之一。

在这种点到点的拓扑结构中，没有信道竞争，几乎不存在介质访问控制问题。点到点信道无疑会浪费一些带宽，因为在长距离信道上一旦发生信道访问冲突，控制起来相当困难，所以广域网都采用点到点信道，用带宽来换取信道访问控制的简化。

➢ 广播式网络(Broadcasting Network)

广播式网络中的计算机或设备使用一条共享的通信介质进行数据传播，当一台计算机利用共享通信发送报文分组时，所有计算机都会"听到"这个分组，由于发送的分组中带有目的地址与源地址，接收到该分组的计算机将检查目的地址是否与本节点地址相同，如果相同则接受，如果不同则放弃。其传输方式有以下 3 种。

单播(Unicast)：发送的信息中包含明确的目的地址，所有节点都检查该地址，如果与自己的地址相同，则处理该信息，如果不同，则忽略。

组播(Multicast)：将信息传送给网络中部分节点。

广播(Broadcast)：在发送的信息中使用一个指定的代码标识目的地址，将信息发送给所有的目标节点。当使用这个指定代码传输信息时，所有节点都接收并处理该信息。

1.2.5　功能

计算机网络是计算机技术和通信技术紧密结合的产物，它不仅使计算机的作用范围摆脱了地理位置的限制，而且大大加强了计算机本身的信息处理能力。计算机网络具有单个计算机所不具备的众多功能：

(1) 数据交换和通信。数据交换和通信是计算机网络的基本功能之一，用以实现计算机与终端、计算机与计算机之间传送各种信息。这些信息包括数据、文本、图形、动画、声音和视频等。用户还可以实现收发 E-mail、VOD(视频点播)、电子商务、远程登录和 IP 电话等功能。

(2) 资源共享。资源共享是计算机网络最常用的功能。充分利用计算机网络中提供的资源(包括硬件、软件和数据)是计算机网络组网的目标之一。计算机的许多资源是十分昂贵的，不可能为每个用户所拥有。例如，进行复杂运算的巨型计算机、海量存储器、高速激光打印机、大型绘图仪和一些特殊的外部设备等，另外还有大型数据库和大型软件等。然而这些昂贵的资源都可以为计算机网络上的用户所共享，既可以使用户减少投资，又可以提高这些昂贵资源的使用效率。

(3) 提高系统的可靠性和可用性。在单机使用的情况下，如没有备用机，则计算机一有故障便会导致停机。如果增加备用机，则费用也会大大增加。当计算机连成网络后，各计算机可以通过网络互为后备，一旦某台计算机出现故障，其任务可由其他计算机代其处理，避免了单机损坏无后备机的情况，从而提高了整个网络系统的可靠性。特别是在地理位置分布很广且具有实时性管理和不间断运行要求的系统中，建立计算机网络便可保证系统更高的可靠性和可用性。

(4) 分布处理与负载均衡。计算机网络中，各用户可根据需要合理选择网内资源，以便就近处理。对于大型的任务或当网络中某台计算机的任务负荷太重时，可将任务分散到较空闲的计算机上去处理，或由网络中较空闲的计算机分担负荷，使得整个网络资源能互相协作，以免网络中的计算机使用不均，既影响任务又不能充分利用计算机资源。

(5) 提高系统性能价格比，易于扩充，便于维护。计算机组成网络后，虽然增加了通信费用，但由于资源共享，明显提高了整个系统的性能价格比，降低了系统的维护费用，且易于扩充，方便系统维护。

1.2.6　应用

随着现代社会信息化进程的推进，通信和计算机技术迅猛发展，计算机网络的应用日益多元化，许多网络应用的新形式不断出现，如电子邮件、IP Phone、视频点播、网上交易、视频会议等。其应用可归纳为下列几个方面。

(1) 方便的信息检索。计算机网络使我们的信息检索变得更加高效、快捷，通过网上搜索、WWW 浏览、FTP 下载可以非常方便地从网络上获得所需要的信息和资料。网上图书馆更是以其信息容量大、检索方便赢得人们的青睐。

(2) 现代化的通信方式。电子邮件目前已经成了一种最为快捷、廉价的通信手段。人们可以在几分钟甚至几秒钟内就把信息传至远方，信息的表达形式除文字外，还可以是声音、图片。同时还可将语音和数据网络进行集成，利用 IP 作为传输协议，通过网络将语音集成到 IP 网络上来，实现基于 IP 的网络语音通信，节省长途电话费用。

(3) 办公自动化。通过将一个企业或机关的办公电脑及其外部设备联成网络，既可以节约购买多个外部设备的成本，又可以共享多种办公数据，还可以对信息进行计算机综合处理与统计，避免了大量单调重复性的劳动。

(4) 电子商务与电子政务。计算机网络还推动了电子商务与电子政务的发展。企业与企业之间、企业与个人之间可以通过网络来实现贸易、购物；政府部门则可以通过电子政务工程实施政务公开化、审批程序标准化，提高政府的办事效率，并能更好地为企业或个人服务。

(5) 企业的信息化。通过在企业中实施基于网络的管理信息系统(MIS)和资源制造计划(ERP)，可以实现企业的生产、销售、管理和服务的全面信息化，从而有效提高生产率。医院管理信息系统，民航、铁路的购票系统，学校的学生管理信息系统等都是管理信息系统的实例。

(6) 远程教育。基于网络的远程教育、网络学习使得我们可以突破时间、空间和身份的限制，方便地获取网络上的教育资源以接受教育。

(7) 丰富的娱乐和消遣方式。网络不仅改变了我们的工作与学习方式，也给我们带来了新的丰富多彩的娱乐和消遣方式，如网上聊天、网络游戏、网上电影院、视频点播等。

(8) 军事指挥自动化。基于网络应用系统，把军事情报采集、目标定位、武器控制、战地通信和指挥员决策等环节在计算机网络的基础上联系起来，形成各种高速高效的指挥自动化系统，是现代战争和军队现代化不可缺少的技术支柱，这种系统在公安武警、交警、火警等指挥调度系统中也有广泛应用。

1.3　计算机网络体系结构

计算机网络是一个非常复杂的系统，要做到有条不紊地交换数据，每个节点必须要遵守一些事先约定好的规则。这些为进行网络数据交换而建立的规则、标准或约定称为网络协议。网络协议是计算机网络中不可缺少的组成部分。早在最初设计 ARPANet 时，对于非常复杂的网络协议就提出了分层结构处理的方法。分层处理的好处是：每一层可以实现一种相对独立的功能，因而可将一个难以处理的复杂问题分解为若干较容易处理的较小的问题。计算机网络协议采用分层结构，可以使各层之间相对独立，灵活性好，易于实现和维护，而且各层结构上可以分割开，每层都可以采用最适合的技术来实现。由于每层的功能和所提供的服务都已经有了比较明确的描述，所以能够促进体系结构的标准化工作。计算机网络的体系结构是指这个计算机网络及其部件所应完成功能的一组抽象定义，是描述计算机网络通信方法的抽象模型结构，一般指计算机网络的各层及其协议的集合。

1.3.1　协议

网络协议是计算机进行通信时，为保障通信顺利进行，事先约定好的语法规则，主要有语义、语法、时序三个组成部分。

(1) 语义。语义是对协议元素的含义进行的解释，不同类型的协议元素所规定的语义不同。例如，需要发出何种控制信息、完成何种动作及得到何种响应等。

(2) 语法。语法是将若干个协议元素和数据组合在一起，用来表达一个完整的内容时所应遵循的格式，也就是对信息的数据结构做一种规定，例如用户数据与控制信息的结构与格式等。

(3) 时序。时序是对事件实现顺序的详细说明。例如，在双方进行通信时，源发送点发出一个数据报文，如果目标点能够正确收到，则回答给源发送点信息已经正确接收的信息；若接收到错误的信息，则要求源发送点重发一次。

由此可以看出，协议(Protocol)实质上是网络通信时所使用的一种语言。

网络协议对于计算机网络来说是必不可少的。不同结构的网络、不同厂家的网络产品所使用的协议也不一样，但都遵循一些协议标准，这样便于不同厂家的网络产品进行互联。

1.3.2　服务

协议层间存在服务和被服务的关系，下层是服务的提供者，上层是服务的调用者。通常，网络服务有面向连接和无连接服务两种，所谓面向连接的服务，在网络通信进行时，存在建立、使用、拆除连接的三个过程，通过建立一个通信通道，将数据按顺序传送，也就是存在一个端到端的完整的通信路径描述。而无连接服务则是指在通信进行的过程中，不需要建立连接，而是由每个被传输的数据自行携带目标地址，在通信时，根据当时的情况由通信节点决定占用的传输线路，即通信时只存在相邻节点的线路占用。

网络协议是保证网络正常通信的规范。在七层网络结构中，每一层有不同的网络协议以保障本层、上层的通信，上层协议在下层网络结构中是不可见的，而服务是承载于某一层网络协议上的具体应用。

(1) 协议的实现保证了下层能够向上一层提供服务，使用本层服务的实体只能看见服务而无法看见本层的协议。本层的协议对上层的实体是透明的。

(2) 协议是"水平的"，即协议是控制对等实体之间通信的规则。但服务又是"垂直的"，即服务是由下层通过层间接口向上层提供的。

(3) 并非在一个层内完成的全部功能都称之为服务。只有那些能够被高一层实体看得见的功能才能被称之为"服务"。

1.3.3　OSI 参考模型

20 世纪 70 年代以来，国外一些主要计算机生产厂家先后推出了各自的网络体系结构，但它们都是专用的。为使不同计算机厂家的计算机能够互相通信，以便在更大的范围内建立计算机网络，有必要建立一个国际范围的网络体系结构标准。国际标准化组织(ISO)在各厂家提出的计算机网络体系结构的基础上，提出了开放系统互连参考模型(Open System Interconnection，OSI)。该模型已成为指导计算机网络研究、开发和应用的标准协议。

OSI 参考模型将整个网络的通信功能划分为七个层次，并规定了每层的功能以及不同层如何协同完成网络通信。这七层由低到高分别是物理层、数据链路层、网络层、传输层、会话层、表示层、应用层，如图 1-6 所示。

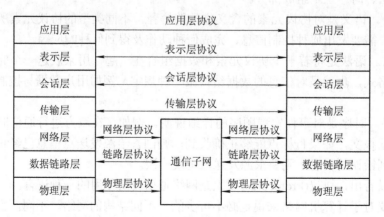

图 1-6　OSI 参考模型

下面简要介绍一下 OSI 参考模型各层的功能。

1. 物理层(Physical Layer)

物理层是 OSI 参考模型的最底层，提供网内两系统间的物理接口，利用传输介质为数据链路层提供物理链接，实现比特流的传输。物理层是所有网络的基础，其协议主要规定了计算机或终端与通信设备之间接口的标准，包括机械的、电气的、功能的和规程的特性。

2. 数据链路层(Data Link Layer)

数据链路层是 OSI 参考模型的第二层，介于物理层与网络层之间，它把从物理层传送来的原始数据打包成帧。设立数据链路层的主要目的是将一条原始的、有差错的物理线路变为对网络层无差错的数据链路。为了实现这个目的，数据链路层必须执行链路管理、帧传输、流量控制、差错控制等功能。

在 OSI 参考模型中，数据链路层向网络层提供以下基本的服务：

- 数据链路建立、维护与释放的链路管理工作。
- 数据链路层服务数据单元帧的传输。
- 差错检测与控制。
- 数据流量控制。
- 在多点连接或多条数据链路连接的情况下，提供数据链路端口标识的识别，支持网络层实体之间建立网络连接。
- 帧接收顺序控制。

3. 网络层(Network Layer)

网络层是 OSI 参考模型的第三层，它的主要工作是将数据分成一定长度的分组，并通过路由选择算法，为分组选择最适当的路径，使分组穿过通信子网，传到目的地。网络层的主要功能包括路由选择、拥塞控制和网络互连等。

4. 传输层(Transport Layer)

传输层是 OSI 参考模型的第四层，从该层起向上各层所使用的数据单位统称为报文。传输层为主机间提供端到端的传送服务，透明地传送报文。传输层向高层屏蔽了下层数据的细节，为不同进程间的数据交换提供可靠的传送手段。

5. 会话层(Session Layer)

会话层是 OSI 参考模型的第五层，它是面向信息处理的 OSI 高层和面向数据通信的 OSI 低层的接口。当两个应用进程进行相互通信时，需要有一个作为第三者的进程能组织它们的通话，协调它们之间的数据流，以便使应用进程专注于信息交互，设立会话层就是为了达到这个目的。会话层的主要功能是向会话的应用进程提供会话组织和同步服务，对数据的传送提供控制和管理，以达到协调会话过程、为表示层实体提供更好的服务的目的。

6. 表示层(Presentation Layer)

表示层位于 OSI 参考模型的第六层。它主要为应用进程之间传送的信息提供表示方式的服务，以保证所传输的数据经传送后其意义不改变。表示层的主要功能包括数据格式转换、数据加密与解密、数据压缩与恢复等。

7. 应用层(Application Layer)

应用层在 OSI 参考模型中位于最高层，是直接面向用户的层，是计算机网络与最终用户的接口。应用层负责两个应用进程之间的通信，提供网络应用服务。例如，Web、电子邮件、文件传输及其他网络软件服务。

OSI 参考模型中应用进程的数据在各层之间实际传送如图 1-7 所示。这里为了简便，将七层 OSI 参考模型简化为只有物理层、数据链路层、网络层、传输层及应用层五层的结构，并且假定两个主机是直接相连的。

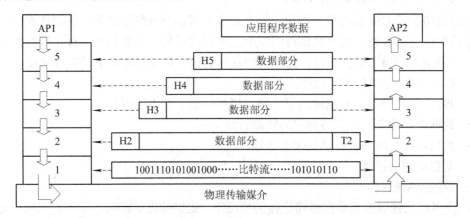

图 1-7   数据在各层之间的传递过程示意图

假定计算机 1 的应用进程 AP1 向计算机 2 的应用进程 AP2 传送数据。AP1 先将其数据交给第五层(应用层)。第五层将数据加上必要的控制信息 H5，就变成了下一层的数据单元。第四层(传输层)收到这个数据单元后，加上本层的控制信息 H4，再交给第三层(网络层)，成为第三层的数据单元。依此类推。不过到了第二层(数据链路层)后，控制信息分成两部分，分别加到本层数据单元的首部(H2)和尾部(T2)，而第一层(物理层)由于是比特流的传送，所以不再加控制信息。

当这一串比特流经网络的物理媒介传送到目的站时，就从第一层依次上传到第五层。每一层根据控制信息进行必要的操作，并将控制信息剥去，然后将该层剩下的数据单元上交给更高的一层。最后，把应用进程 AP1 发送的数据交给目的站的应用进程 AP2。

虽然应用进程数据要经过图 1-7 所示的复杂过程才能送到目的站的应用进程，但这些复杂的过程对用户来说都被屏蔽掉了，以至应用进程 AP1 好像是直接把数据交给了应用进程 AP2。同理，任何两个同样的层次(如两个系统的第三层)可直接将数据传递给对方(即图 1-7 中表示的水平虚线)。这就是所谓的"对等层"(peer layers)之间的通信。以前经常提到的各层协议，实际上就是在各个对等层之间传递数据时的各项规定。

1.4 网 络 设 备

网络中有很多种设备，本节主要介绍最为常见的网络适配器、中继器、集线器、网桥、交换机、路由器、网关等设备。

1.4.1 网络适配器

网络适配器(Network Interface Card，NIC)也叫网卡，是 OSI 参考模型中数据链路层的设备，如图 1-8 所示。

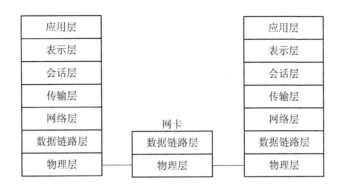

图 1-8　网络适配器连接示意图

网卡是局域网的接入设备，是单机与网络间架设的桥梁。它主要完成以下功能：

(1) 读入由其他网络设备(路由器、交换机、集线器或其他 NIC)传输过来的数据包，经过拆包，将其变成客户机或服务器可以识别的数据，通过主板上的总线将数据传输到所需的设备中(CPU、RAM 或 Hard Driver)。

(2) 将 PC 设备(CPU、RAM 或 Hard Driver)发送的数据打包后输送至其他网络设备中。

目前，市面上常见的网卡种类繁多。按带宽分为 10 Mb/s 网卡、100 Mb/s 网卡、10/100 Mb/s 自适应网卡和 1000 Mb/s 网卡。按总线类型分为 PCI 网卡、ISA 网卡、EISA 网卡及其他总线网卡。现在网卡大多数已经集成在计算机的主板上，接口以 RJ-45 为主。

1.4.2　中继器

由于信号在传输过程中存在损耗，在线路上传输的信号功率会逐渐衰减，衰减到一定程度时将造成信号失真，因此会导致接收错误。中继器就是为解决这一问题而设计的。

中继器是互联网中最简单的网间连接器，负责在两个节点的物理层上按位传递信息，对衰减的信号进行放大，保持与原数据相同。中继器在 OSI 参考模型的物理层工作，其连接结构图如图 1-9 所示。

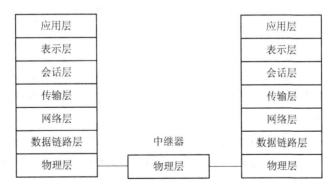

图 1-9　中继器的连接结构图

随着网络技术的发展，目前中继器的功能已组合到集线器、交换机等设备中，不再作为单独的设备在市场上出售，但中继器的功能与名称仍然存在。

1.4.3 集线器

集线器(Hub)是中继器的一种扩展形式,区别在于集线器提供多端口服务,也称为多口中继器。集线器在 OSI 参考模型中的位置如图 1-10 所示。

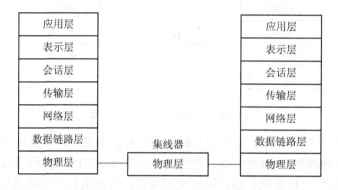

图 1-10   集线器的连接结构图

集线器产品较多,局域网集线器通常分为五种不同的类型,它对局域网交换机技术的发展影响较大。

(1) 简单中继局域网段集线器。在硬件平台中,第一类集线器是一种简单中继局域网段集线器,例如叠加式以太网集线器或令牌环网多站访问部件。

(2) 多网段集线器。多网段集线器是从第一类集线器直接派生而来的,采用集线器背板。这种集线器带有多个中继局域网段。多网段集线器通常是有多个接口卡槽位的机箱系统。一些非模块化叠加式集线器也支持多个中继局域网段。多网段集线器的主要技术优点是可以将用户的信息流量分载,这需要独立的网桥或路由器。

(3) 端口交换式集线器。端口交换式集线器是在多网段集线器基础上将用户端口和背板网段之间的连接过程自动化,并通过增加端口交换矩阵来实现。端口交换矩阵提供一种自动工具,用于将用户端口连接到集线器背板上的任何中继网段上。这一技术的关键是"矩阵",一个矩阵交换机是一种电缆交换机,它不能自动操作,而要求用户介入。端口交换式集线器不能代替网桥或路由器,因为它不提供不同局域网段之间的连接性。其主要优点是可实现移动、增加和修改的自动化。

(4) 网络互联集线器。端口交换式集线器注重端口交换,而网络互联集线器在背板的多个网段之间实际上提供一些类型的集成连接。这可以通过一台综合网桥、路由器或局域网交换机来完成。目前,这类集线器通常都采用机箱形式。

(5) 交换式集线器。集线器和交换机之间的界限已变得越来越模糊。交换式集线器有一个核心交换式背板,采用一个纯粹的交换系统代替传统的共享介质中继网段。

1.4.4 网桥

在局域网中,网桥是最为常用的网间连接器,它在 OSI 参考模型的数据链路层工作,实现局域网的连接。

网桥的功能是在局域网之间存储、转发帧并实现数据链路层上的协议转换。网桥通过数据链路层的 LLC 子层选择子网路径,把一个网络传来的信息帧发送到另一个网络上去,并对帧作校验。由于网桥涉及高层协议的转换,因此可实现同一类型网络(即连接协议一致,且使用相同的网络操作系统)的互联。网桥的连接结构图如图 1-11 所示。

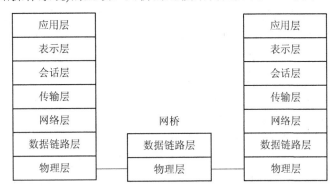

图 1-11　网桥的连接结构图

网桥与中继器比较,具有以下特点:

(1) 可以实现同一类型局域网的互联。

(2) 智能进行帧的转发。

网桥在收到一个帧后,先读取该帧的寻址信息,若这一帧的目的地址是在发送该帧的同一网段内,网桥就不会进行转发,从而有效地提高了网络的性能。由于网桥的这种过滤能力,当一个网络段的某一工作站发生故障时,不会影响到网桥所连接的另一网段上的用户,起到了隔离错误的作用。

1.4.5　交换机

交换机是一个具有简单、低价、高性能和高端口密集特点的交换产品,采用了一种体现了桥接技术的复杂交换技术。交换机按每一数据包中的 MAC 地址相对简单地决策信息转发。

交换机在 ISO/OSI 参考模型的数据链路层工作,如图 1-12 所示,它通过 MAC 地址(也叫网络物理地址)工作。网络的 MAC 地址是在每一个网络设备出厂时已固定的网络唯一标识,大部分局域网技术(如以太网、令牌环网、FDDI 等)都规定 MAC 地址在数据包的前端,所以交换机可迅速识别数据包从哪里来,又到哪里去。

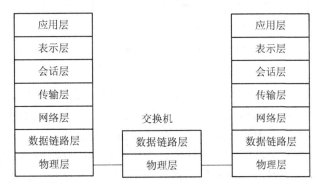

图 1-12　交换机的连接结构图

传统的局域网技术是基于共享访问方式的，如以太网、令牌环网、FDDI 等。在这种传统网络中常常会遇到带宽不足或带宽瓶颈问题，特别是在使用最广泛的以太网中。由于介质访问控制采用载波监听多路访问/冲突检测方式(CSMA/CD)，随着网络节点的增加，等待时间成指数增加，这时情况会急剧恶化。在局域网交换技术产生以前，通常使用网桥或路由器进行网段的划分与隔离，这虽在某种程度上改善了带宽问题，但一方面会增加设备的投资和维护费用，另一方面效果并不很明显且缺乏灵活性。

交换机将大型的网络划分成比较小的网段，从而将工作组同其他工作组在本地的流量隔离开来，提高了总体带宽。网桥和交换机的本质区别是：后者通常具有两个以上的端口，支持多个独立的数据流，具有较高的吞吐量。另外，同传输设备集成为一体的交换机，其包处理速度比网桥利用软件实现该功能的速度快很多。

交换机还可以与集线器连接使用，延长以太网的传输距离。使用 UTP(100Base-TX)，可使连接距离长达 320 m；使用多模光纤，可使无中继连接距离长达 2 km；使用单模光纤则可使无中继连接距离长达 20 km。集线器同交换机结合起来使用带来的好处是使每个用户的成本降低了，同时又增加了每个以太网的交换机端口用户。

1.4.6　路由器

路由器是一种典型的网络层设备，在 OSI 参考模型中被称为中介系统，完成网络层中继任务。路由器负责在两个网络之间转发报文，并选择最佳路由线路。

1. 路由器的连接结构

随着网络系统的扩大，特别是连成大规模广域网时，网桥在路由选择、系统容错及网络管理等方面已远远不能满足实际需要，因此要用新的网间连接器——路由器来实现以上需求。路由器工作在 OSI 参考模型的网络层，通常它只能连接相同协议的网络。路由器的连接结构图如图 1-13 所示。

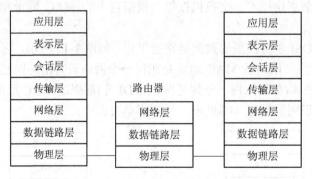

图 1-13　路由器的连接结构图

路由器分本地路由和远程路由：本地路由器用来连接网络传输介质，如光缆、同轴电缆、双绞线；远程路由器用来连接远程传输介质，并要求配置相应的设备，如电话线要配置调制解调器，无线路由器则要配置无线接收机、发射机。

路由器比网桥更为复杂，但更具灵活性，有更强的网络互联能力。它利用网际协议将整个网络分成几个逻辑子网；而网桥只是把几个物理网络连接起来，提供给用户的还是一个逻辑网络。

2. 路由器的作用

路由器用于连接多个逻辑上分开的网络，将信息包从一个子网转发到另一个子网，实现网络层的协议转换。所谓逻辑网络是指一个单独的网络或者一个子网。路由器具有判断网络地址和选择路径的功能，它能在多网络互联环境中建立灵活的连接，可用完全不同的数据分组和介质访问方法连接各种子网。路由器只接受源站或其他路由器的信息，而不关心各子网使用的硬件设备，但要求运行与网络层协议相一致的软件。

路由器的主要工作是为经过路由器的每个数据帧寻找一条最佳传输路径，并将数据有效地传送到目的站点。由此可见，选择最佳路径的策略即路由算法是路由器的关键所在。

路由器中保存着各种传输路径相关数据的路由表，供路由选择时使用。路由表中保存着子网的标志信息、网上路由器的个数和下一个路由器的名字等内容。路由表可以由系统管理员固定设置好，由系统动态修改，或者由路由器自动调整，也可以由主机控制，由此可知路由表的分类如下。

(1) 静态路由表。由系统管理员事先设置好的固定的路由表称为静态(Static)路由表，一般是在系统安装时根据网络的配置情况预先设定的，它不会随网络结构的改变而改变。

(2) 动态路由表。根据网络系统的运行情况而自动调整的路由表称为动态路由表。路由器根据路由选择协议(Routing Protocol)提供的功能，自动学习和记忆网络运行情况，在需要时自动计算数据传输的最佳路径。

3. 路由器的功能

路由器的功能包括以下几个方面：

(1) 在网络间截获发送到远程网段的报文，起转发作用。

(2) 选择最佳路由引导通信。为了实现这一功能，路由器要按照某路由通信协议查找路由表。路由表中列出了整个互联网络中包含的各个节点，以及节点间的路径情况和相关的传输费用。如果到特定的节点有一条以上路径，则基于预先确定的准则选择最优(最经济)的路径。由于各种网络段和其相互连接情况可能发生变化，因此路由情况的信息需要及时更新，可根据所使用的路由信息协议进行定时更新或按变化情况来更新。网络中的每个路由器按照这一规则动态地更新它所拥有的路由表，以便保持有效的路由信息。

(3) 在转发报文的过程中，为了便于在网络间传送报文，路由器要按照预定的规则把大的数据包分解成适当大小的数据包，到达目的地后再把分解的数据包包装成原有形式。多协议的路由器可以连接使用不同通信协议的网络段，作为不同通信协议网络段通信连接的平台。

(4) 路由器的主要任务是把通信引导到目的网络，然后到达特定的节点地址。后一项功能是通过网络地址分解完成的。例如，把网络地址部分的分配指定成网络、子网和区域的一组节点，其余的用来指明子网中的特别站。分层寻址允许路由器对有很多节点的网络存储寻址信息。

1.4.7　网关

网关(Gateway)是连接两个协议差别很大的计算机网络时使用的设备。它可以将具有不同体系结构的计算机网络连接在一起。在 OSI 参考模型中，网关属于高层(应用层)的设备，在 OSI 参考模型的第七层工作。网关使不同的体系结构和环境之间的通信成为可能。它把数据重新进行包装并且进行转换。

1. 网关的连接结构

网关的实现非常复杂，工作效率也很难提高，一般只提供有限的几种协议的转换功能。常见的网关设备都是用在网络中心的大型计算机系统之间的连接上，为普通用户访问更多类型的大型计算机系统提供帮助。网关的连接结构图如图 1-14 所示。

当然，有些网关可以通过软件来实现协议转换操作，并能起到与硬件类似的作用，但它是以损耗机器的运行时间来实现的。

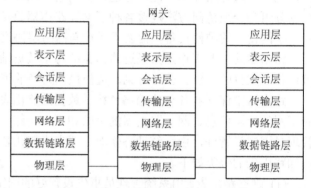

图 1-14 网关的连接结构图

2. 网关的连接方式

网关的连接方式有两种：一种是无连接的网关，一种是面向连接的网关。

网关可连接异种通信协议、异种格式化数据结构、异种语言、异种体系结构。

1.5 数据通信基础

计算机间的通信是实现资源共享的基础，计算机通信网络的核心是数据通信设施。网络中的信息交换是指一个计算机系统中的信号通过网络传输到另一个计算机系统中去处理或使用。如何将计算机中的信号进行传输，是数据通信要解决的问题。

1.5.1 数据通信系统模型

一个数据通信系统可划分为三部分：源系统、传输系统和目的系统。如图 1-15 所示是一个简单的数据通信系统模型。实际上数据通信系统的组成因用途而异，下面对各个组成部分进行介绍。

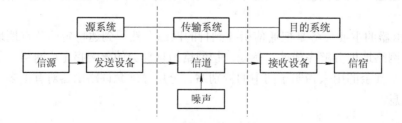

图 1-15 数据通信系统模型

1. 源系统

源系统一般包括信源和信号变换器。信源就是发出待传送信息的人或设备。信号变换器的作用是将信源发出的信息变换成适合在信道上传输的信号。例如，调制解调器就是信号变换器的一种。

2. 目的系统

目的系统一般包括信宿和信号变换器。信宿是接收所传送信息的设备。大部分信源和信宿都是计算机或其他的数据终端设备(DTE)。

3. 传输系统

传输系统由通信线路及其附属设备组成，是通信两端的信道。其可以是简单的传输线或复杂的网络系统。一个通信系统客观上是不可避免地存在噪声干扰的，这些干扰分布在数据传输的各个部分。

1.5.2　数据通信的基本概念

1. 数据(data)、信息(information)、信号(signal)

通信的目的是交换信息，而信息是人们对现实世界事物的存在方式或运动状态的某种认识。表示信息的形式可以是文字、数值、图形、图像、声音、动画等。

数据是把事件的某些属性规范化后的表现形式，是装载信息的实体，信息是数据的内在含义或解释。

- 模拟数据是在某个区间内连续的值。如声音和视频就是频率和振幅连续改变的波形。模拟数据大多数用传感器收集，如温度和压力都是模拟数据。
- 数字数据是离散的值，它用一系列符号代表信息，而每个符号只可以取有限的值，如文本信息和整数。
- 信号是数据的具体物理表现，有着确定的物理描述，如电压、磁场强度等。信号按其编码机制可分为模拟信号和数字信号两种。
- 模拟信号是连续变化的信号，模拟信号的取值可以有无限多个，如声音的信号电平就是一个连续变化的波形，如图 1-16(a)所示。
- 数字信号是一种离散的脉冲序列，如图 1-16(b)所示，如计算机中要表示 1 和 0，就可以用高电平和低电平来表示。

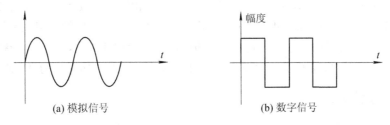

(a) 模拟信号　　　　　　　　　　　　(b) 数字信号

图 1-16　模拟信号和数字信号

通信的根本目的是传输信息，而信息往往以具体的数据形式来表现。数据通过介质传送时，又必须转换为一定形式的信号。因此，通信归根到底是在一定的传输媒体上传送信号，以达到交换信息的目的。数据、信息、信号这三者是紧密相关的。在数据通信系统中，人们关注更多的是数据和信号。

2. 信道

在通信过程中，许多情况下需要使用信道，而信道和电路并不等同。信道一般用来表示向某一个方向传送信息的媒体。因此，一条通信电路往往包含一条发送信道和一条接收信道。一个信道可以看成是一条电路的逻辑部件。

信道可以分成传送模拟信号的模拟信道和传送数字信号的数字信道两大类。但应注意，数字信号在经过数/模转换后就可以在模拟信道上传送，而模拟信号在经过模/数转换后也可以在数字信道上传送。将数字数据转换为模拟信号的过程称为调制。反过来，将模拟数据转换为数字信号的过程称为解调。

信道上传送的信号还有基带信号和宽带信号之分。简单来说，所谓基带信号就是将数字信号 1 或 0 直接用两种不同的电压来表示，然后送到线路上去传输。而宽带信号则是将基带信号进行调制后形成的频分复用模拟信号。基带信号进行调制后，其频谱搬移到较高的频率处，由于每一路基带信号的频谱被搬移到不同的频段，因此合在一起后并不会互相干扰。这样做就可以在一条电缆中同时传送许多路的数字信号，从而提高线路的利用率。

1.5.3　数据通信的主要技术指标

(1) 数据传输速率。数据传输速率是指每秒能传输二进制代码的位(比特)数。它反映了数据传输系统每秒内所传送的信息量的多少。单位是"比特每秒"(b/s)，又称为比特率。更常用的比特率的单位还有 Kb/s、Mb/s、Gb/s、Tb/s。

(2) 调制速率。调制速率即信号在调制过程中每秒信号状态变化的次数，单位是波特(baud)，通常又称为波特率或波形速率。

(3) 信道容量。信道容量用来表征一个信道传输数字信号的能力，它以数据传输速率作为指标，表示一个信道的最大数据传输速率，单位是"比特每秒"(b/s)。信道容量与数据传输速率的区别是，前者表示信道的最大数据传输速率，是信道传输数据能力的极限，而后者是实际的数据传输速率。

(4) 误码率。误码率是衡量数据通信系统在正常工作情况下传输可靠性的指标。其定义为传输出错的码元数占传输总码元数的比例。假设传输总码元数为 N，传输出错的码元数为 N_e，则误码率 $P_e = N_e/N$。传输出错是指信号在物理信道传输的过程中，由于受到线路本身所产生的随机噪声(热噪声)的影响，信号的幅度、频率和相位均会发生衰减或畸变。相邻线路间的干扰，以及各种外界因素(如大气中的闪电、开关的跳变、外界的强电流磁场的变化、电源电压的波动等)都会造成信号的失真。信号的任何一点变化或失真，都会造成接收端接收到的二进制数位(码元)与发送端实际上发出的二进制数位不一致，如 1 变为 0，或 0 变为 1。

1.5.4　数据通信方式

数据通信按照数据流的组织方式分为并行通信与串行通信；按照信号传送方向与时间的关系，可以分为三种：单工通信、半双工通信、全双工通信。按照通信信道两端通信的同步方式分为异步通信与同步通信；按照数据在通信信道上是否经过了调制变形处理，可分为基带传输和频带传输等。

1. 串行通信与并行通信

串行通信和并行通信的工作方式如图 1-17 所示。

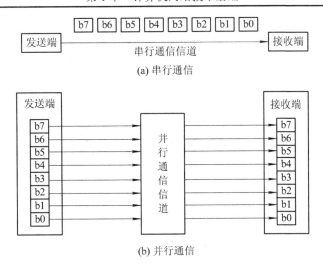

图 1-17　串行通信与并行通信

(1) 串行通信。串行通信是在一根数据传输线上，每次传送一位二进制数据，即数据一位接一位地传送，如图 1-17(a)所示。

在传输距离远和传输数字数据时，都采用串行通信方式。在同样的时钟频率下，与同时传输多位数据的并行通信相比，串行通信方式的速度要慢得多。但由于串行通信节省了大量通信设备和通信线路，在技术上更适合远距离通信。因此，计算机网络普遍采用串行通信方式传输数据。

(2) 并行通信。并行通信方式是将 8 位、16 位或 32 位的数据按数位宽度同时进行传输，每一个数位都有相应的数据传输线和发送、接收设备，如图 1-17(b)所示。在计算机设备内部或主机与高速外设(如打印机、磁盘存储器)之间，一般都采用并行通信，它可以获得很高的数据传输速率。并行通信一般只限于在 1 m 以内的极短距离内进行。如果要进行远距离的并行通信，则要求采用多元调制或复用的信号编码与变换技术。

2. 单工、半双工、全双工通信

(1) 单工通信。在通信线路上，数据只可按一个固定的方向传送而不能进行相反方向传送的通信方式称为单工通信，如图 1-18(a)所示。如无线电广播或有线电广播、电视广播等就属于这种类型。

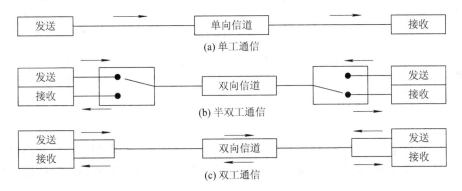

图 1-18　单工、半双工、全双工通信示意图

(2) 半双工通信。通信的双方都可以发送信息，但双方不能同时发送(当然也不能同时接收)，这种通信方式称为半双工通信，如图 1-18(b)所示。对讲机就属于这种类型。

(3) 全双工通信。通信的双方可以同时发送和接收信息称为全双工通信，如图 1-18(c)所示。日常生活中使用的电话就属于这种类型。

1.6 数据交换技术

两个设备进行通信，最简单的方式是用一条线路直接连接这两个设备。但在计算机网络中，两个相距很远的设备之间不可能有直接的连线，需要通过通信子网建立连接。通信子网由传输线路和中间节点构成，当信源和信宿之间没有线路直接相连时，信源发出的数据先到达与之相连的中间节点，再从中间节点传到下一个中间节点，直至到达信宿，这个过程称为交换。从通信资源的分配角度来看，"交换"就是按照某种方式动态分配传输线路的资源。在一个网络系统中，通常采用的数据交换技术有三种，即电路交换、报文交换和分组交换，具体介绍如下。

1.6.1 电路交换

电路交换要求通信双方之间建立起一条实际的物理通路，并在整个通信过程中这条通路被独占。典型的电路交换例子就是电话系统。

在使用电路交换打电话之前，必须先建立拨号连接。当拨号的信令通过许多交换机到达被叫用户所连接的交换机时，该交换机就使用户的电话机振铃。在被叫用户摘机且摘机信令传送回到主叫用户所连接的交换机后，呼叫即完成。这时，在主叫端到被叫端之间就建立了一条连接(物理通路)。此后主叫和被叫双方才能通话。通话完毕后，挂机信令告诉这些交换机，使交换机释放刚才使用的这条物理通路。这种必须经过"建立连接—通信—释放连接"三个步骤的联网方式称为面向连接的联网方式，电路交换必定是面向连接的。如图 1-19 所示为电路交换的示意图。

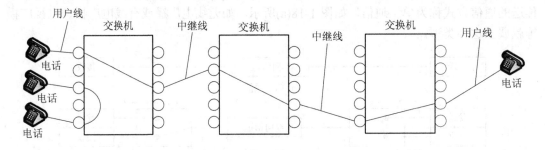

图 1-19　电路交换的示意图

电路交换的优点是数据传输可靠、迅速而且保证顺序，缺点是电路建立和拆除的时间较长，而且在这期间，电路不能被共享，资源被浪费。尤其当数据量较小时线路的传输速率往往更低。

1.6.2　报文交换

报文交换不需要在两个站点之间建立一条专用通路,其数据传输的单位是报文(信息的一个逻辑单位)。传送过程采用存储—转发的方式,即发送站在发送一个报文时,把目的地址附加在报文上,途经的网络节点根据报文上的目的地址信息,把报文发送到下一个节点,通过逐个节点转送到目的站点。每个节点在收到整个报文后,暂存它并检查有无错误,然后利用路由信息找出下一个节点的地址,再把整个报文传送给下一个节点。在同一时间内,报文的传输只占用两个节点之间的一段线路。而在两个通信用户间的其他线路段,可传输其他用户的报文,不像电路交换那样必须占用端到端的全部信道。

报文交换有如下一些优点:

(1) 线路效率较高,这是因为许多报文可以用分时方式共享一条节点到节点的通道。

(2) 不需要同时使用发送器和接收器来传输数据,网络在接收器可用之前暂时存储这个报文。

(3) 在线路交换网上,当通信量变得很大时,就不能接收某些呼叫,而在报文交换上却仍然可以接收报文,只是传送延迟会增加。

(4) 报文交换系统可以把一个报文发送到多个目的地。

(5) 能够建立报文的优先权。

(6) 报文交换网可以进行速度和代码的转换,因为每个节点都可以用它特有的数据传输率连接到其他点,所以两个不同传输率的节点也可以连接;另外还可以转换传输数据的格式。

报文交换有如下缺点:

(1) 不能满足实时或交互式的通信要求,因为网络的延迟相当长,而且有相当大的变化。因此,这种方式不能用于传送声音和图像数据,也不适于进行交互式处理。

(2) 有时节点收到的数据过多而不得不丢弃报文,同时也会阻止其他报文的发送。

(3) 对交换节点的存储容量有较高的要求。

1.6.3　分组交换

分组交换方式兼有报文交换和电路交换的优点。其形式上非常像报文交换,主要差别在于分组交换网中要限制传的数据单位长度,一般在报文交换系统中可传送的报文数据位数可做得很长,而在分组交换中,传送报文的最大长度是有限制的,如超出某一长度,报文必须要分割成较小的单位,然后依次发送,通常称这些较小的数据单位为分组。其传输过程在表面上看与报文交换相似,但由于限制了每个分组的长度,因此大大改善了网络传输的性能,这就是报文交换与分组交换的不同之处。

图 1-20 所示是分组的概念。在发送报文之前,先将较长的报文划分为一个个较小的等长数据段,如每个数据段为 1024 bit。在每一个数据段前面,加上一些必要的控制信息组成首部后,就构成了一个分组(packet)。分组又称为“包”,是在计算机网络中传送的数据单元。在一个分组中,“首部”是非常重要的,正是由于分组的首部包含了诸如目的地址和源地址等重要控制信息,所以每一个分组才能在分组交换网中独立地选择路由。因此,分组交换的特征是基于标记的,上述的分组首部就是一种标记。

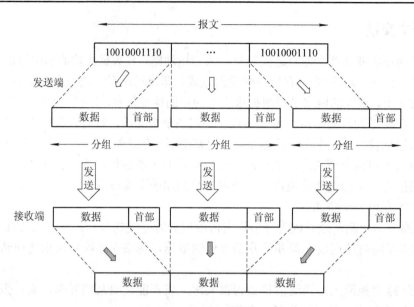

图 1-20　分组的概念

分组交换具体实现一般采用下面两种方式。

1. 虚电路

虚电路是由分组交换通信所提供的面向连接的通信服务。在两个节点或应用进程之间建立起一个逻辑上的连接或虚电路后，就可以在两个节点之间依次发送每一个分组，接收端收到分组的顺序必然与发送端的发送顺序一致，因此接收端无须负责在收集分组后重新进行排序。虚电路协议向高层协议隐藏了将数据分割成段、包或帧的过程。

虚电路通信与电路交换类似，两者都是面向连接的，即数据按照正确的顺序发送，并且在连接建立阶段都需要额外开销，但虚电路建立连接时并不像电路连接那样真正占用线路，而是只对分组要经过的线路进行标记，使分组数据可以按照指定的线路传输，使分组数据包先发先到，达到类似电路交换的效果。

虚电路使用时又分为永久性虚电路 PVC(Permanent Virtual Circuit)和交换型虚电路 SVC(Switching Virtual Circuit)。永久性虚电路 PVC 是一种提前定义好的，基本上不需要任何建立时间的端点站点间的连接。在公共-长途电信服务中，例如异步传输模式(ATM)或帧中继中，顾客提前和这些电信局签订关于 PVC 的端点合同，如果这些顾客需要重新配置这些 PVC 的端点，他们就必须和电信局联系。交换型虚电路(SVC)是端点站点之间的一种临时性连接，这些连接只持续所需的时间，并且当会话结束时就取消这种连接。虚电路必须在数据传送之前建立。一些电信局提供的分组交换服务允许用户根据自己的需要动态定义 SVC。

虚电路的特点如下：

· 虚电路的路由选择仅仅发生在虚电路建立的时候，在以后的传送过程中，路由不再改变，这可以减少节点不必要的通信处理。

· 由于所有分组遵循同一路由，这些分组将以原有的顺序到达目的地，终端不需要进行重新排序，因此分组的传输时延较小。

- 一旦建立了虚电路，每个分组头中不再需要有详细的目的地址，而只需有逻辑信道号就可以区分每个呼叫的信息，这可以减少每一分组的额外开销。
- 虚电路是由多段逻辑信道构成的，每一个虚电路在它经过的每段物理链路上都有一个逻辑信道号，这些逻辑信道级联构成了端到端的虚电路。
- 虚电路的缺点是当网络中线路或者设备发生故障时，可能导致虚电路中断，必须重新建立连接。
- 虚电路适用于一次建立后长时间传送数据的场合，其持续时间应显著大于呼叫建立时间，如文件传送、传真业务等。

2. 数据报

在数据报分组交换中，每个分组的传送是被单独处理的。每个分组称为一个数据报，每个数据报自身携带足够的地址信息。一个节点收到一个数据报后，根据数据报中的地址信息和节点所储存的路由信息，找出一个合适的出路，把数据报原样地发送到下一节点。由于各数据报所走的路径不一定相同，因此不能保证各个数据报按顺序到达目的地，有的数据报甚至会中途丢失。整个过程中，没有虚电路建立，但要为每个数据报做路由选择。这种不必先建立连接而随时可发送数据的方式也称为无连接方式。

数据报分组交换技术的特点：

- 同一报文的不同分组可以由不同的传输路径通过通信子网。
- 同一报文的不同分组到达目的节点时可能会出现乱序、重复和丢失现象。
- 每个分组在传输过程中都必须带有目的地址和源地址用于中间节点的路由工作，即每个分组在中间节点各自选路转发。
- 数据报方式传输延迟较大，适用于突发性的通信，不适用于长报文、会话式的通信。

为了提高分组交换的可靠性，通信网络常采用网状拓扑结构，使得当发生网络拥塞或少数节点链路出现故障时，可灵活地改变路由而不致引起通信的中断或全网的瘫痪。此外，通信网络的主干线路往往由一些高速链路构成，这样就能以较高的数据传输速率迅速传送数据。

综上所述，分组交换网有如下一些优点：

① 高效：在分组传输的过程中动态分配传输带宽，对通信链路是逐段占用的。

② 灵活：为每一个分组独立地选择转发路由。

③ 迅速：以分组作为传送单位，可以不需先建立连接就能向其他主机发送分组，且其网络使用高速链路。

④ 可靠：完善的网络协议、分布式多路由的分组交换网，使网络有很好的生存性。

1.6.4　三种数据交换技术的比较

为了便于理解与区别，本节将对以上三种交换方式进行比较。首先从大的分类上进行比较，即电路交换与存储交换的比较。

1. 存储交换方式与电路交换方式的主要区别

在存储交换方式中，发送的数据与目的地址、源地址和控制信息按照一定格式组成一个数据单元(报文或报文分组)进入通信子网。通信子网中的节点是通信控制处理机，它负责完成数据单元的接收、差错校验、存储、路由选择(即路选)和转发功能。在电路交换方式中以上功能均不具备。

存储交换相对电路交换方式具有以下优点。

由于通信子网中的通信控制处理机可以存储分组，多个分组可以共享通信信道，线路利用率高。通信子网中通信控制处理机具有路选功能，可以动态选择报文分组通过通信子网的最佳路径。可以平滑通信量，提高系统效率。分组在通过通信子网中的每个通信控制处理机时，均要进行差错检查与纠错处理，因此可以减少传输错误，提高系统可靠性。通过通信控制处理机可以对不同通信速率的线路进行转换，也可以对不同的数据代码格式进行变换。

2. 电路交换与分组交换的比较

(1) 从分配通信资源(主要是线路)方式上看：电路交换方式静态地事先分配线路，造成线路资源的浪费，并导致接续时的困难；而分组交换方式可动态地(按序)分配线路，提高了线路的利用率，但由于使用内存来暂存分组，可能出现因为内存资源耗尽，而中间节点不得不丢弃接到的分组的现象。

(2) 从用户的灵活性方面看：电路交换的信息传输是全透明的，用户可以自行定义传输信息的内容、速率、体积和格式等，可以同时传输语音、数据和图像等；分组交换的信息传输则是半透明的，用户必须按照分组设备的要求使用基本的参数。

(3) 从收费方面看：电路交换网络的收费仅限于通信的距离和使用的时间；分组交换网络的收费则需考虑传输的字节(或者分组)数和连接的时间。

以上三种数据交换资源占用情况比较如图 1-21 所示。

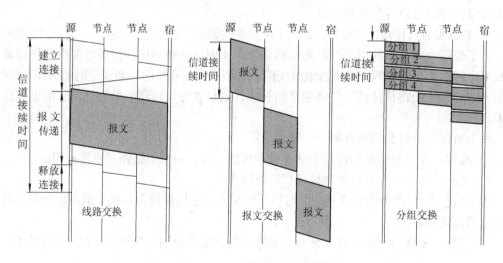

图 1-21　三种交换方式比较

1.7　网络实训虚拟环境构建

网络知识的学习过程中，网络环境的搭建是一个比较重要的环节，主要包括网络系统的安装、网络环境的构建。一般情况下，个人学习时很难组建一个较全面的网络学习环境，即使在学校教学过程中，也难以组建一个较好的真实的网络环境并长期使用。

　　利用虚拟网络技术可以解决上述问题。虚拟网络技术主要是指虚拟机、仿真软件及其他虚拟软件构建的网络环境。本节主要介绍如何采用虚拟机技术，利用现有的普通计算机实训室，在不改变现有普通计算机实训的硬件连接的情况下，完成包括 VPN、NAT 在内的专业网络实训室的实训任务。

1.7.1　虚拟机简介

　　一般意义的虚拟机就是通过虚拟机软件，在一台物理计算机上模拟出一台或多台虚拟的计算机，这些虚拟机完全就像真正的计算机那样进行工作，例如可以安装操作系统、安装应用程序、访问网络资源等。对使用者而言，它只是运行在物理计算机上的一个应用程序，但是对于在虚拟机中运行的应用程序，就像是真正的计算机。因此，在虚拟机中运行软件时，也会出现系统崩溃，但是，崩溃的只是虚拟机上的操作系统，而不是物理计算机上的操作系统，并且，使用虚拟机的快照功能，可以很快恢复虚拟机到系统崩溃之前的状态。

　　目前流行的虚拟机软件有 VMware 和 Virtual PC，它们都能在 Windows 系统上虚拟出多个计算机，用于安装 Linux、OS/2、FreeBSD 等其他操作系统。

　　VMware 有 Workstation、GSX Server 等多种版本，其中 Windows 版的 Workstation 应用最广，本书即以它为基础进行各种实训。

　　VMware 的主要特点有：
- 支持 Max OS X 客户机的硬件虚拟化；
- 支持在 32 位操作系统上模拟 64 位客户机；
- 支持 Intel Nehalem 虚拟化增强技术(EPT 和 VPID)；
- 通过 OpenGL 支持 3D 加速；

虚拟机除了学习网络知识外还有许多方面的应用，如：

　　(1) 制作演示环境，可以安装各种演示环境，便于做各种案例；

　　(2) 保证主机的快速运行，减少不必要的垃圾安装程序、偶尔使用的程序或者测试用的程序在虚拟机上运行；

　　(3) 避免每次重新安装，不经常使用而且要求保密比较好的应用单独在一个环境下运行；

　　(4) 若需测试不熟悉的应用，在虚拟机中可随时安装和彻底删除该应用；

　　(5) 体验不同版本的操作系统，如 Linux、Mac 等。

1.7.2　VMware 软件的安装

　　虚拟机软件的安装方法与一般的软件安装方法相同，包括设置虚拟机软件的安装目录、设置快捷程序所在的位置及是否关闭自动运行的项目等。安装后，第一次运行时，有接受许可协议的要求。

1.7.3　虚拟机网络

　　虚拟机网卡有四种选择：Bridged(桥接)、Host-only(主机)及 NAT(网络地址转换)、Custom(自定义)。

1. 桥接模式

如果真实主机在一个以太网中，这种方法是将虚拟机接入网络最简单的方法。虚拟机就像一台新增加的、与真实主机有着同等物理地位的电脑，通过桥接模式可以享受所有可用的服务，包括文件服务、打印服务等，并且在此模式下最简易地从真实主机获取资源(见图 1-22)。

2. Host-only 模式

Host-only 模式用来建立隔离的虚拟机环境，在这种模式下，虚拟机与真实主机通过虚拟私有网络进行连接，只有同为 Host-only 模式且在一个虚拟交换机的连接下二者才可以互相访问，外界无法访问。Host-only 模式只能使用私有 IP，IP、Gateway、DNS 都由 VMnet1 来分配(见图 1-23)。

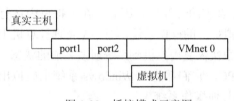

图 1-22 桥接模式示意图

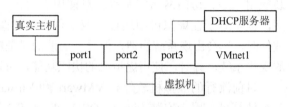

图 1-23 Host-only 模式示意图

3. NAT 模式

NAT(Network Address Translation)模式可以理解为使虚拟机方便地连接到公网的模式，代价是桥接模式下的其他功能都不能享用。凡是选用 NAT 结构的虚拟机，均由 VMnet8 提供 IP、Gateway、DNS(图 1-24)。

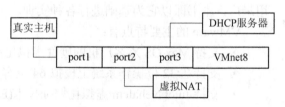

图 1-24 NAT 模式示意图

4. 自定义模式

用户可以根据需要自行设计网卡模式为桥接或 Host-only，但 NAT 模式只能使用 VMnet8。

图 1-25 中列出了 VMware 虚拟的各种网卡的模式，其中 VMnet0、VMnet1、VMnet8 分别为桥接、Host-only 和 NAT 模式，其他均为自定义模式。

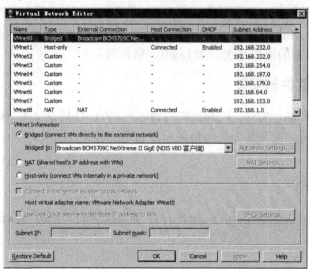

图 1-25 VMWare 中的虚拟网络窗口

1.7.4　创建虚拟机

1. 建立新的虚拟机

(1) 虚拟机程序启动(见图 1-26)。

(2) 单击"File"→"New"→"Virtual Machine"命令，进入创建虚拟机向导，或者直接按"Crtl+N"快捷键同样进入创建虚拟机向导(见图 1-27)。

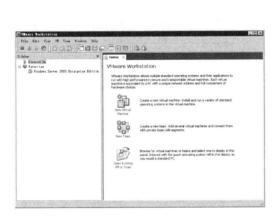

图 1-26　虚拟机界面

图 1-27　新建虚拟机向导

(3) 在弹出的欢迎页中的虚拟机配置选项区域内选择"Typical"单选按钮并按"Next"，弹出安装介质对话框(见图 1-28)，在该对话框中可以选择用光盘、光盘镜像或只是生成虚拟机空的硬盘，这里我们选择"Installer disc image file"，从光盘镜像安装。单击"Next"按钮，进入简易安装信息窗口(见图 1-29)，在这里可以输入产品的系列号、管理用户密码等信息，后面的安装中可以使用这些信息，也可以直接按"Next"按钮，在安装时再输入这些信息。

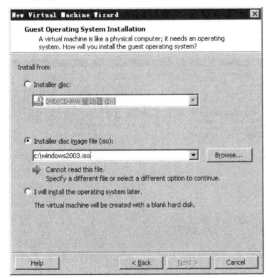

图 1-28　虚拟机配置

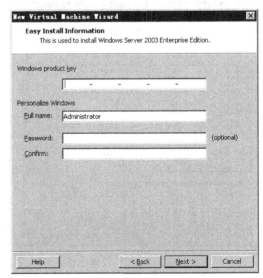

图 1-29　简易安装信息窗口

(4) 进入虚拟机命名窗口，如图 1-30 所示，在此窗口中，为虚拟机起名并指定虚拟机所在的文件夹。按"Next"按钮，进入虚拟硬盘配置窗口，如图 1-31 所示，在这里设置虚拟机硬盘大小，单位为 GB。虚拟机硬盘可以用一个文件，也可以分成 2 G 一个的若干文件，根据物理机中存放虚拟机文件夹的硬盘文件格式决定。如果物理机硬盘为 NTFS 格式，可以指定一个大于 2 G 的文件。

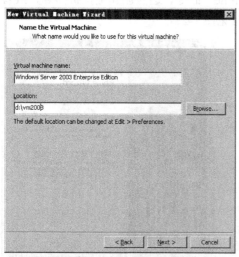

图 1-30　虚拟机命名

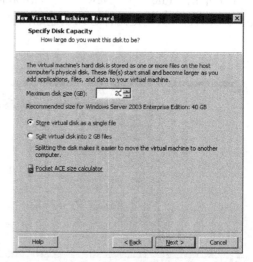

图 1-31　虚拟机硬盘设置

(5) 按"Next"按钮，完成虚拟机设置，如图 1-32 所示，在继续之前，需要修改配置的参数，按"Customize Hardware"修改硬件参数，如图 1-33 所示。主要修改以下参数：

① 网络连接方式。在图 1-33 中，选择网卡"Network Adapter"，在窗口右边选择桥接 (Bridged：Connected directly to the physical network)；

② 删除软驱(Floppy)、USB 控制器(USB Controller)、声卡(Sound Card)等设备。修改方法为：选择要删除的设备，如软驱(Floppy)，按"Remove"按钮即可。

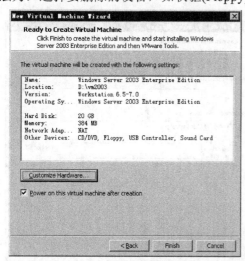

图 1-32　虚拟机设置汇总窗口

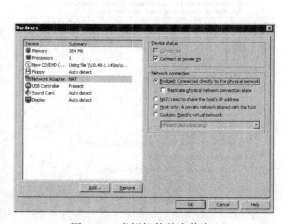

图 1-33　虚拟机的基本信息

完成的虚拟机配置如图 1-34 所示。

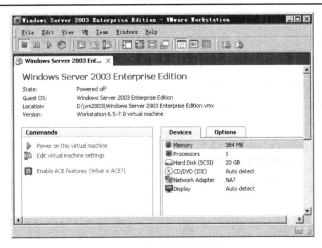

图 1-34　完成的虚拟机窗口

2. 安装双网卡

在教学过程中，采用虚拟机是为了最大限度地模拟真实的计算机，特别是在进行网络实训中，应该将虚拟机的网络环境尽可能真实地表现出来。在虚拟机网络的几种连接方式中，Bridged(桥接)是比较接近我们实训环境的要求的，因此在虚拟机的网络设置中，尽可能采用 Bridged(桥接)方式。

部分实训环境需要双网卡，在物理机中，要实现双网卡只能再安装一个真实的网卡，在虚拟机中则较为简单，只需添加一块网卡即可。进入编辑虚拟机设置界面，单击"Add"按钮(见图 1-35)，选择"Network Adapter"，单击"Next"按钮，选择"Bridged：Connected directly to the physical network"，无需勾选"Replicate physical network connection state"(见图 1-36)。这样就建立了一个具有双网卡的虚拟机网络环境。由于两块网卡都采用了桥接(Bridged)的方式，完全可以真实完成双网卡的功能。

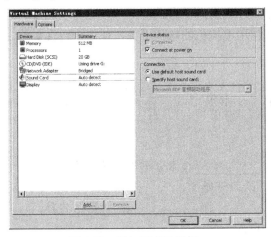

图 1-35　添加网卡对话框

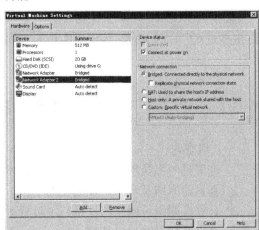

图 1-36　双网卡安装完毕窗口

3. 安装操作系统

在虚拟机中安装操作系统，和在真实的计算机中安装并无区别，但在虚拟机中安装操作系统，可以直接使用保存在主机上的安装光盘镜像(或者软盘镜像)作为虚拟机的光驱(或者软驱)。

打开前面创建的 Windows 2003 虚拟机配置文件, 在"虚拟机设置"的"Hardware"选项卡中, 选择"CD/DVD(IDE)"项, 如图 1-37 所示, 在"Connection"选项区域内选中"Use ISO image file"单选按钮, 然后浏览选择 Windows 2003 安装光盘镜像文件(ISO 格式)。如果使用安装光盘, 则选择"Use physical drive"并选择安装光盘所在光驱。

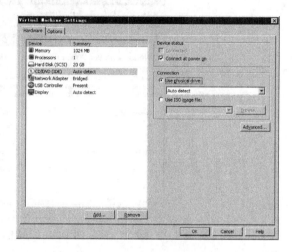

图 1-37　装载光驱窗口

选择光驱完成后, 单击工具栏上的播放按钮, 打开虚拟机的电源, 用鼠标在虚拟机工作窗口中单击一下, 进入虚拟机。在光标进入虚拟机以后, 如果想从虚拟机窗口中切换回主机, 需要按下 Ctrl+Alt 组合键。

4. 安装 VMware Tools

在虚拟机中安装完操作系统之后, 接下来需要安装 VMware Tools。VMware Tools 相当于 VMware 虚拟机的主板芯片组驱动和显卡驱动、鼠标驱动, 在安装 VMware Tools 后, 可以极大提高虚拟机的性能, 并且可以让虚拟机分辨率以任意大小进行设置, 还可以使用鼠标直接从虚拟机窗口中切换到主机中。安装 VMware Tools 的步骤如下:

(1) 从 VM 菜单下选择安装 VMware Tools。

(2) 按照提示安装, 最后重新启动虚拟机即可。

5. 使用虚拟机

虚拟机在使用中, 除了在物理机上通过窗口方式或全屏方式访问外, 还可以通过远程桌面(参看 6.6 节)来访问。远程桌面访问可以让使用虚拟机的感觉更像在使用一台真实的计算机。

1.8　习　　题

一、填空题

1. 计算机网络是现代_____技术与_____技术紧密组合的产物。

2. 真正的网络是从网络发展史的第_____阶段开始的。

3. 计算机网络按网络的作用范围可分为_____、_____和_____三种。

4. 路由选择是在 OSI 模型中的_____层实现的。

5. 局域网的英文缩写为_____, 广域网的英文缩写为_____。

6. 通信子网主要由_____和_____组成。

7. 常见的网络拓扑结构有_____、_____、_____、_____等。

8. 模拟信号一般是存在于自然界中的信号, 例如_____信号、_____信号等。

9. 数字通信和模拟通信相比，具有_____、_____、_____等一系列优点。

10. 在数据通信中，表示计算机二进制比特序列的数字信号是典型的矩形脉冲信号，人们把矩形脉冲信号的固有频带称做_____。

11. 数据交换技术主要有_____、_____和_____三种类型。

12. _____是通过软件模拟的具有完整硬件系统功能的、运行在一个完全隔离环境中的完整计算机系统。

13. 目前流行的虚拟机软件有_____和_____。

14. VMware 在安装_____后，可以极大提高虚拟机的性能，并且可以让虚拟机分辨率以任意大小进行设置，还可以使用鼠标直接从虚拟机窗口中切换到主机中。

二、选择题

1. 计算机网络可分为三类，分别为(　　)。

A. Internet、Intranet、Extranet　　　B. 广播式网络、移动网络、点到点式网络

C. X.25、ATM、B-ISDN　　　D. LAN、MAN、WAN

2. 下列说法中(　　)是正确的。

A. 互联网计算机必须是个人计算机

B. 互联网计算机必须是工作站

C. 互联网计算机必须使用 TCP/IP 协议

D. 互联网计算机在相互通信时必须遵循相同的网络协议

3. 组建计算机网络的目的是实现连网计算机系统的(　　)。

A. 硬件共享　　　B. 软件共享　　　C. 数据共享　　　D. 资源共享

4. 一座大楼内的一个计算机网络系统，属于(　　)。

A. PAN　　　B. LAN　　　C. MAN　　　D. WAN

5. 在有互联的开放系统中，位于同一水平行(同一层)上的系统构成了 OSI 的(　　)层。

A. 物理　　　B. 对等　　　C. 传输　　　D. 网络

6. OSI 中，实现系统间二进制信息块的正确传输，为上一层提供可靠、无误的数据信息的协议层是(　　)。

A. 物理层　　　B. 数据链路层　　　C. 网络层　　　D. 传输层

7. 假设传输 1 KB 的数据，其中有 1 位出错，则信道的误码率为(　　)。

A. 1　　　B. 1/1024　　　C. 0.125　　　D. 1/8192

8. 在同一信道上的同一时刻，能够进行双向数据传送的通信方式为(　　)。

A. 单工　　　B. 半双工　　　C. 全双工　　　D. 以上三种均不是

9. 下列交换方式中实时性最好的是(　　)。

A. 数据报方式　　　B. 虚电路方式　　　C. 电路交换方式　　　D. 各种方法都一样

10. 以下的网络分类中，有错误的是(　　)。

A. 局域网、广域网　　　B. 对等网、城域网

C. 环状网、星状网　　　D. 有线网、无线网

11. 最早出现的网络是(　　)。

A. ARPANet　　　B. Ethernet　　　C. Internet　　　D. Windows NT

12. 下列属于 TCP/IP 参考模型的是(　　)。

A. 会话层　　　　B. 数据链路层　　　　C. 网络接口层　　　D. 表示层

13. 在网络中，将语音与计算机产生的数字、文字、图像同时传输，将语音数字化的技术是(　　)。

A. 差分 Manchester 编码　　　　　　　B. PCM 技术

C. Manchester 编码　　　　　　　　　　D. FSK 方法

14. 在下列多路复用技术中，(　　)具有动态分配时隙的功能。

A. 同步时分多路复用　　　　　　　　　B. 统计时分多路复用

C. 频分多路复用　　　　　　　　　　　D. 波分多路复用

15. 在数字通信中，使收发双方在时间基准上保持一致的技术是(　　)。

A. 交换技术　　　　B. 同步技术　　　　C. 编码技术　　　　D. 传输技术

16. 在 VMware Workstation 中安装操作系统的方式有(　　)。

A. 使用光盘安装　　　　　　　　　　　B. 使用镜像文件安装

C. 在虚拟光驱中加载镜像文件安装　　　D. 使用远程方式安装

17. VMware Workstation 创建虚拟机时，虚拟机的网卡连接属性可以是(　　)。

A. Bridged　　　　B. NAT　　　　C. Host-only　　　D. 以上都可以

18. 在 VMware Workstation 中，默认有(　　)个虚拟交换机。

A. 1　　　　B. 2　　　　C. 3　　　　D. 4

三、问答题

1. 什么是计算机网络？计算机网络由什么组成？

2. 计算机网络的发展可划分为几个阶段？每个阶段各有何特点？

3. 计算机网络可从哪几个方面进行分类？

4. 局域网与广域网的主要特征是什么？

5. 什么叫网络协议？协议的三个要素及其含义是什么？

6. 试解释以下名词：数据、信息、信号、模拟数据、模拟信号、数字数据、数字信号。

7. 试简述分组交换的工作过程。

8. 试从多方面比较电路交换、报文交换及分组交换的主要优缺点。

9. 计算机网络拓扑结构有哪些类型？各有什么优缺点？

10. 在电路交换的通信系统中，其通信过程包括哪些阶段？

11. 简述虚拟机的概念及使用虚拟机有什么优势和不足。

1.9　实　　训

实训 1　熟悉实训环境，认识网络设备

一、实训目的

1. 熟悉网络实训室软件及硬件环境；

2. 了解网络实训室的相关规定；

3. 了解网络实训室中使用的主要相关设备的名称及型号；

4. 理解网络物理拓扑结构和逻辑拓扑结构，并绘制网络拓扑图。

二、实训环境要求

网络实训室和计算机中心机房。

三、实训内容

1. 了解熟悉计算机网络实验、实训室的相关规定，如进入网络实训室应注意的用电安全、室内卫生及其他规定，特别应注意人身安全的规章制度要求，自觉维护工作场所的正常秩序，具有规范的安全操作理念。

2. 观察网络实验室布线及物理拓扑结构，软、硬件环境。要做好详细的记录。

3. 参观网络管理中心，了解相关设备、记录设备类型，通过观看与讲解，对计算机网络形成感性认识。由老师介绍实验室中的设备、拓扑结构、实验环境、能够完成的实训项目，做好详细的记录。

四、实训步骤

(1) 分组参观网络实训室，了解关于安全、卫生、使用方面的规章。

(2) 参观网络实训室，了解计算机的硬件性能(CPU 型号、内存、硬盘及分区情况)。

(3) 参观网络实训室，了解放置在实训室的网络设备型号、类型以及实训计算机与这些网络设备的物理连接、逻辑连接、连接互联网的方式。

(4) 了解实训计算机中安装的主要软件、网络实训中用到软件、资源及其在计算机中的位置。

(5) 参观网络中心机房，了解校园网的结构。

(6) 根据了解到的资料，手工绘制或用绘图软件绘制实训室的物理网络连接图及逻辑连接图。

五、实训指导

1. 网络实训室可由任课老师讲解，网络管理中心可由相关管理人员讲解；

2. 本实训不必了解太多的全网信息，只需知道实训室与外网的物理连接及逻辑连接即可，可以不必搞清楚每个设备的作用；

3. 要强调计算机使用安全要求，包括用电、移动存储及其他外设的安全使用。

六、实训思考

1. 常用的网络拓扑结构有哪些?画出局域网实验室的拓扑结构图。

2. 写出在参观过程中，所看到的网络设备的名称及相关参数。

3. 写出市场上常见的交换机和路由器的产品名称、型号。

4. 网络实训室一般都采用星型拓扑，这种结构有什么优缺点?

实训 2　虚拟网络实训环境的安装和配置

一、实训目的

安装并配置 Windows 2003 操作系统，为后续学习做好准备。

二、实训环境

1. Windows Server 2003　光盘 ISO 文件；

2. 安装有虚拟机环境的计算机 1 台；

3. 每人一组。

三、实训内容

1. 根据用户的情况正确选择 Windows Server 2003 网络操作系统版本；

2. 安装 Windows Server 2003 操作系统；

3. 配置 Windows Server 2003 的网络属性。

四、实训步骤

1. 参考实训指导安装 Windows Server 2003；

2. 配置服务器的 IP 地址为 192.168.102.X，(X 为 100+各组的组号)；

3. 配置服务器的计算机名称为 ServerX(X 为各组的组号)；

4. 配置工作组为 Workgroup。

五、实训指导

在安装系统之前，需要准备一张 Windows Server 2003 企业简体中文版的光盘。另外，还需要确定文件系统、授权模式和网络模式的类型。安装过程如下：

(1) 将光盘放在光驱中，启动计算机，进入计算机系统的 CMOS 设置程序(启动时按 Del 键)，将计算机启动顺序设置为 CD-ROM 启动优先。在出现提示信息 "Press any key to boot on CD" 时，在键盘上按任意键，计算机系统由光盘开始引导。

在运行安装程序过程中，要注意屏幕下面的提示，如果服务器需要安装第三方 SCSI 或 RAID 卡及网卡等驱动，则按 F6 键安装相应的驱动程序。

(2) 安装程序向计算机中复制安装所需要的文件及驱动程序后，屏幕提示进行 Windows Server 2003 操作系统的安装，如图 1-38 所示，此时按 Enter 键。

(3) 系统显示 "Windows 授权协议" 界面，如图 1-39 所示，用户可以按 Page Down 键向下翻页。该页面要求用户确认 Windows Server 2003 的许可协议，用户必须按 F8 键接受协议方可继续安装。

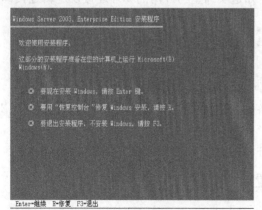

图 1-38　运行安装程序开始安装　　　　　图 1-39　Windows 授权协议图

(4) 建硬盘分区。根据提示，按 C 键创建分区，默认值为硬盘的全部空间。用户可根据实际设置空间大小。完成创建分区的操作后，可继续在剩余空间创建其他分区。若分区大小不合理，可按 D 键再按 L 键删除分区，并重新创建，如图 1-40 所示。建议选择 C 盘安装操作系统。

(5) 择安装 Windows Server 2003 的文件系统类型，如图 1-41 所示。对于已经存在的 C 盘分区可选择"用 NTFS 文件系统格式化磁盘分区"选项，将磁盘格式化为 NTFS 文件系统。

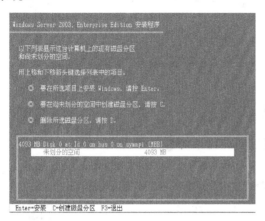

图 1-40　创建硬盘分区　　　　　　　　图 1-41　选择文件系统图

(6) 格式化硬盘。在格式化完成后，安装会向硬盘中复制安装文件，如图 1-42 所示。复制安装文件的过程需要几分钟时间，在这段时间内用户需要耐心等候。文件复制完成后，计算机自动重新启动。

(7) 系统重新从硬盘启动后，会自动执行检测计算机硬件配置，如图 1-43 所示。当检测完成后开始安装系统，这个过程需要几十分钟。

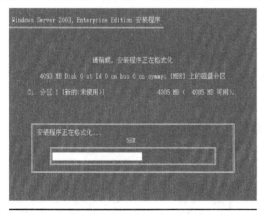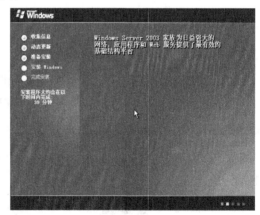

图 1-42　格式化硬盘　　　　　　　　图 1-43　系统安装

(8) "区域和语言选项"设置如图 1-44 所示。对于中文版而言，可采用默认值。

(9) "自定义软件"设置如图 1-45 所示。在对应的文本框中输入使用者姓名及单位名称。

(10) 输入 Microsoft Windows Server 2003 的安装序列号，如图 1-46 所示。

(11) 选择"授权模式"，设置"每服务器。同时连接数"，在局域网中可设置为实际可用的最大连接数，如图 1-47 所示。

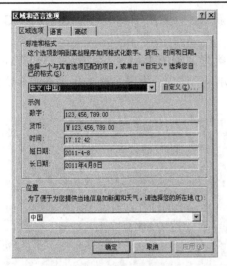

图 1-44　区域和语言选项

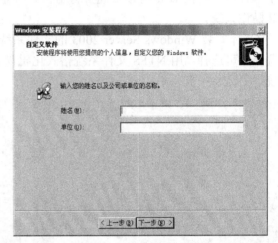

图 1-45　自定义软件图

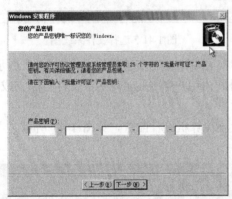

图 1-46　输入安装序列号

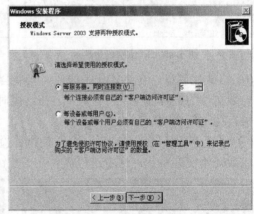

图 1-47　授权模式图

(12) 指定计算机名称和管理员密码，如图 1-48 所示。

(13) 设置"日期和时间设置"，如图 1-49 所示，一般可采取系统默认值。

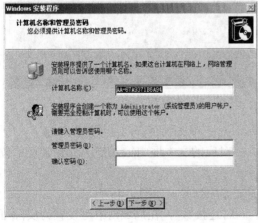

图 1-48　设置管理员密码

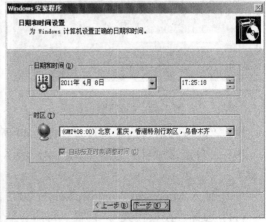

图 1-49　设置系统日期和时间

(14) 设置"网络设置"，如图 1-50 所示。在安装过程中，如对网络连接没有特殊要求，可选择"典型设置"；如需要网络连接进行通信，则可以选择"自定义设置"，设置相应的 IP 地址、子网掩码、网关及 DNS 服务器 IP 地址。

(15) 设置"工作组或计算机域"，如图 1-51 所示。在安装 Windows Server 2003 系统时，要考虑网络中是否存在域控制器，如果存在，可选择"是，把此计算机作为下面域的成员"单选按钮，并在文本框中输入计算机域的名称，也可以在安装完成后再将计算机加入到域中。如果不存在域控制器，则应选择"不，此计算机不在网络上，或者在没有域的网络上。把此计算机作为下面工作组的一个成员"单选按钮，并在文本框中输入对应工作组的名称。

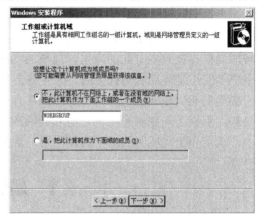

图 1-50　网络设置　　　　　　　　图 1-51　设置工作组或计算机域

(16) 配置完成后，计算机开始复制文件并对系统进行配置，这个过程需耗时几十分钟，完成后系统自动重新启动。

(17) 系统重新启动成功后，将出现"欢迎使用 Windows"窗口(见图 1-52)并提示"请按 Ctrl-Alt-Delete 开始"，正确按键并输入正确的用户名和密码后，即可登录 Windows Server 2003 系统。

图 1-52　系统启动后界面

(18) 网络操作系统安装过程中的注意事项如下：

① 在系统安装前，首先要设置计算机系统由光盘开始引导。

② 在任务实施的第(4)步中，首先要创建磁盘分区，然后再在磁盘分区上安装系统。

六、实训思考

1. 选择操作系统应考虑哪些方面的要求(功能、性能、价格、管理)？

2. 思考虚拟机安装的操作系统与实机在网络课程的学习中的区别。

第2章 局域网技术

计算机网络的应用包括局域网应用和广域网应用两个主要方面。目前人们一提到网络应用，多数想到的还是互联网之类的广域网应用，对于局域网的具体应用知之甚少。其实局域网同样存在着多方面的应用，局域网的应用也同样非常重要。在我们的日常生活和工作中更多的还是与局域网打交道，特别是企事业单位的网管人员。有效地利用单位局域网，对于提高企业局域网的利用率、员工的工作效率和企业形象都将非常有益。而且目前有一种趋势，那就是局域网应用正在与互联网应用走向统一。本章在介绍局域网基本知识的基础上，重点介绍局域网的两个具体应用：虚拟局域网和无线局域网。

2.1 局域网概述

局域网 LAN(Local Area Network)是在较小区域内将大量个人电脑及各种设备互连，以实现数据通信和资源共享的通信网络。所谓较小区域，可以是一个办公室、一幢居民楼、一个工厂或企业等。

局域网的研究始于 20 世纪 70 年代。其关键技术以太网(Ethernet)技术由施乐公司(Xerox)于 1973 年提出并实现，它采用"载波监听多路访问/冲突检测(CSMA/CD)"的共享访问方案，将多个工作站都连接在一条总线上，所有的工作站都不断向总线发出监听信号，但在同一时刻，只能有一个工作站在总线上传输，其他工作站必须等待传输结束后，再开始自己的传输。由于以太网技术具有共享性、开放性，加上设计技术上的一些优势(如结构简单、算法简洁、良好的兼容性和平滑升级)以及关键的传输速率的大幅提升，它不但在局域网领域站稳了脚跟，而且在城域网甚至广域网范围内都得到了进一步的应用。

最早的以太网传输速率为 10 Mb/s。采用 CSMA/CD 介质访问控制方式的局域网技术，由 Xerox 公司于 1975 年研制成功。在 1979 年 7 月至 1982 年间，当时的 DEC、Intel 和 Xerox 三家公司共同制定了以太网的技术规范 DIX。在这个技术规范的基础上，形成了 IEEE 802.3 以太网标准，并在 1989 年正式成为一种以太网用的局域网技术。此后，随着微型计算机的迅速普及，局域网的发展一日千里，逐渐成为应用最广泛的网络。现在，世界上每天都有许多局域网在运行，其数量远远超过其他类型的网络。

随后出现的千兆以太网技术作为一种高速以太网技术，给用户带来了提高核心网络速度的有效解决方案。它继承了传统以太网技术价格便宜的特点，采用相同的帧格式、帧结构、网络协议、全/半双工工作方式、流控模式以及布线系统。由于这项技术可以不用改变传统以太网的桌面应用和操作系统，因此可与 10M 或 100M 的以太网很好地配合工作。在升级到千兆以太网时，不必改变网络应用程序、网管部件和网络操作系统，能够最大程度地保护用户投资，所以这项技术的市场前景被用户看好。

继千兆以太网之后就进入到以太网的万兆时代。万兆以太网使用 IEEE 802.3 以太网介质接入控制(MAC)协议、IEEE 802.3 以太网帧格式和 IEEE 802.3 帧格式，不需要修改以太网介质接入控制(MAC)协议或分组格式。所以，能够支持所有网络的上层服务，包括在 OSI 七层模型的第二、三层或更高层次上运行的智能网络服务，具有高可用性、多协议标记交换(MPLS)、含 IP 语音(VoIP)在内的服务质量(QoS)、安全与策略实施、服务器负载均衡(SLB)和 Web 高速缓存等特点。

2.1.1　局域网的特点

区别于其他网络，局域网通常具有以下三个显著特点：

(1) 网络覆盖范围小。局域网的地理覆盖范围一般从 0.1～10 km，可以是一个企业、一所学校或者是一幢大楼，一般情况下，一个局域网为一个机构所拥有。

(2) 数据传输速率高。局域网的数据传输速率可以达到 10 Gb/s 以上，而且速度稳定。随着光纤(Optical Fiber)技术的发展，其传输速率仍有较大的提升空间。

(3) 通信质量好，误码率低。

一般网络可以接受的误码率是 10^{-6}，而局域网可以达到 $10^{-8}～10^{-11}$。

2.1.2　传输介质的主要特性和应用

网络上的数据传输需要有"传输媒体"，这好比车辆必须在道路上行驶一样，道路质量的好坏会影响到行车的安全舒适程度。同样，网络传输媒介的质量好坏也会影响数据传输的质量，包括速率、数据丢失等。

1. 传输介质的主要类型

常用的网络传输介质可分为两类，一类是有线的，一类是无线的。有线传输介质主要有双绞线、同轴电缆及光缆；无线介质有无线电和微波等。

2. 双绞线(Twisted Pair)

1) 双绞线的物理特性

双绞线是由相互绝缘的两根铜线按一定扭矩相互绞合在一起的类似于电话线的传输媒体,每根铜线加绝缘层并用不同颜色来标记,如图 2-1 所示。成对线的扭绞是为了使电磁辐射和外部电磁干扰减到最小。由于它性能好、价格低,因此是目前使用最广泛的传输介质。

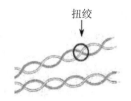

图 2-1　双绞线结构示意图

双绞线可以用于传输模拟信号和数字信号,传输速率根据线的粗细和长短而变化。一般情况下,线的直径越大,传输速率也就越高。

局域网中使用的双绞线分为屏蔽(Shielded Twisted Pair，STP)和非屏蔽(Unshielded Twisted Pair，UTP)两类。两者的差异在于屏蔽双绞线在双绞线和外皮之间增加了一个铅箔屏蔽层，如图 2-2(a)所示，而非屏蔽双绞线则没有，如图 2-2(b)所示。屏蔽双绞线的目的是提高双绞线的抗干扰性能，但其价格是非屏蔽双绞线的两倍以上。屏蔽双绞线主要用于安全性要求较高的网络环境中，如军事网络和股票网络等，而且使用屏蔽双绞线的网络为了达到屏蔽的效果，要求所有的插口和配套设施均使用屏蔽的设备，否则就达不到真正的屏蔽效果，所以整个网络的造价会比使用非屏蔽双绞线的网络高出很多。

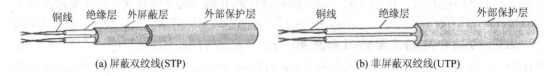

(a) 屏蔽双绞线(STP)　　　　　　　　　　　(b) 非屏蔽双绞线(UTP)

图 2-2　STP 与 UTP 结构示意图

2) 非屏蔽双绞线的类型

按照 EIA/TIA(电子工业协会/电信工业协会)568A 标准，UTP 共分为 1 至 5 类，其中计算机网络常用的是 3 类和 5 类。

1 类线：可用于电话传输，但不适用于数据传输。这一级电缆没有固定的性能要求。

2 类线：可用于电话传输和最高为 4 Mb/s 的数据传输，包括 4 对双绞线。

3 类线：可用于最高为 10 Mb/s 的数据传输，包括 4 对双绞线，常用于 10Base-T 以太网的语音和数据传输。

4 类线：可用于 16 Mb/s 的令牌环网和大型 10Base-T 以太网，包括 4 对双绞线。其测试速度可达 20 Mb/s。

5 类线：既可用于 100 Mb/s 的快速以太网连接又支持 150 Mb/s 的 ATM 数据传输，包括 4 对双绞线，是连接桌面设备的主要传输介质。

使用双绞线组网时，网卡必须带有 RJ-45 接口，如图 2-3 所示。另外，还需要一个交换机或集线器进行连接。

图 2-3　RJ-45 接口示意图

3. 同轴电缆(Coaxial Cable)

1) 同轴电缆的物理特性

同轴电缆也是一种常用的传输介质，这种电缆在实际中的应用很广泛，比如有线电视网。组成同轴电缆的内外两个导体是同轴的，如图 2-4 所示，同轴之名由此而来。它的外导体是一个由金属丝编织而成的圆柱形套管，内导体是圆形的金属芯线，一般都采用铜制材料。内外导体之间填充有绝缘介质。同轴电缆可以是单芯的，也可以将多条

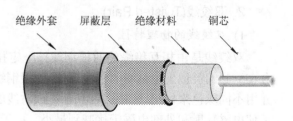

图 2-4　同轴电缆结构示意图

同轴电缆安排在一起形成同轴电缆。由于同轴电缆绝缘效果佳，频带也宽，数据传输稳定，价格适中，性价比高，因此是局域网中普遍采用的一种传输介质。

同轴电缆又可分为两类：粗缆和细缆。经常提到的 10Base-2 和 10Base-5 以太网就是分别使用细缆和粗缆组网的。

使用同轴电缆组网时，需要在两端连接 50 Ω 的反射电阻，即终端匹配器。

使用同轴电缆组网时的其他连接设备,随细缆和粗缆的差别而不尽相同,即使名称一样,其规格、大小也是有区别的。

2) 细缆连接设备及技术参数

采用细缆组网,除需要电缆外,还需要 BNC 头、T 型头和终端匹配器等,如图 2-5 所示。同轴电缆组网的网卡必须带有细缆连接接口(通常在网卡上标有"BNC"字样)。

| BNC 接头 | T 型头 | 终端匹配器 |

图 2-5 细缆连接设备示意图

下面是细缆组网的技术参数。

- 最大的网段长度:185 m。
- 网络的最大长度:925 m。
- 每个网段支持的最大节点数:30 个。
- BNC、T 型连接器之间的最小距离:0.5 m。

3) 粗缆连接设备及技术参数

粗缆连接的设备包括转换器(粗缆上的接线盒)、DIX 连接器及电缆、N 系列插头和 N 系列匹配器。使用粗缆组网时,网卡必须有 DIX 接口(一般标有"DIX"字样)。

下面是采用粗缆组网的技术参数。

- 最大的网段长度:500 m。
- 网络的最大长度:2500 m。
- 每个网段支持的最大节点数:100 个。
- 收发器之间的最小距离:2.5 m。
- 收发器电缆的最大长度:50 m。

4. 光缆(Fiber Optical Cable)

1) 光纤的物理特性

光纤由纤芯、包层和涂覆层组成,如图 2-6 所示。每根光纤只能单向传送信号,因此若要实现双向通信,光缆中至少应包括两条独立的光纤,一条发送,另一条接收。光纤两端的端头都是通过电烧烤或化学环氯工艺与光学接口连接在一起的。一根光缆可以包括二至数百根光纤,并用加强芯和填充物来提高机械强度。光束在光纤内传输,防磁防电,传输稳定,传输质量高。由于可见光的频率大约是 1014 Hz,因而光传输系统可使用的带宽范围极大,因此光纤多适用于高速网络和骨干网。

光纤传输系统中的光源可以是发光二极管(LED)或注入式二极管(ILD),当光通过这些器件时发出光脉冲,光脉冲通过光缆从而传输信息,光脉冲的出现表示为 1,不出现表示为 0。在光纤传输系统的两端都要有一个装置来完成电/光信号或光/电信号的转换，接收端将光信号转换成电信号时，要使用光电二极管(PIN)检波器或 APD 检波器。一个典型光纤传输系统的结构示意图如图 2-7 所示。

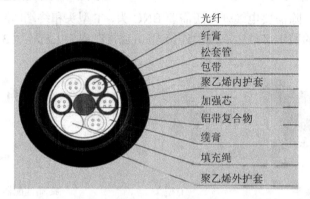

图 2-6　光纤结构示意图

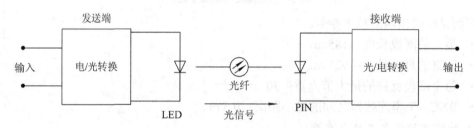

图 2-7　光纤传输系统结构示意图

根据使用的光源和传输模式的不同，光纤分为单模和多模两种。如果光纤做得极细，纤芯的直径细到只有光的一个波长，这样光纤就成了一种波导管，这种情况下光线不必经过多次反射式的传播，而是一直向前传播，这种光纤称为单模光纤。多模光纤的纤芯比单模光纤的粗，一旦光线到达光纤内发生全反射后，光信号就由多条入射角度不同的光线同时在一条光纤中传播，这种光纤称为多模光纤。光波在多模光纤和单模光纤中的传播，如图 2-8 所示。

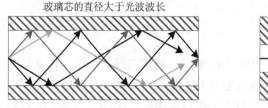

图 2-8　光波在多模光纤和单模光纤中的传播

单模光纤性能很好，传输速率较高，在几十千米内能以几 Gbit/s 的速率传输数据，但其制作工艺比多模更难，成本较高；多模光纤成本较低，但性能比单模光纤差一些。单模光纤与多模光纤的比较如表 2-1 所示。

表 2-1　单模光纤与多模光纤的比较

内　容	单模光纤	多模光纤
距离	长	短
数据传输率	高	低
光源	激光	发光二极管
信号衰减	小	大
端接	较难	较易
造价	高	低

2) 光纤的特点

光纤的很多优点使得它在远距离通信中起着重要作用,它与同轴电缆相比有如下优点:

① 光纤有较大的带宽,通信容量大;

② 光纤的传输速率高,能超过 1000 Mb/s;

③ 光纤的传输衰减小,连接的距离更长;

④ 光纤不受外界电磁波的干扰,适宜在电气干扰严重的环境中使用;

⑤ 光纤无串音干扰,不易被窃听和截取数据,因而安全保密性好。

目前,光缆通常用于高速的主干网络,若要组建快速网络,光缆是最好的选择。

5. 双绞线、同轴电缆与光缆的性能比较

双绞线、同轴电缆与光缆的性能比较如表 2-2 所示。

表 2-2　双绞线、同轴电缆与光纤的比较

传输介质	价格	电磁干扰	频带宽度	单段最大长度
UTP	最便宜	高	低	100 m
STP	一般	低	中等	100 m
同轴电缆	一般	低	高	185 m/500 m
光缆	最高	没有	极高	几十千米

2.2　局域网介质访问控制方法

介质访问控制(Medium Access Control,MAC)是构建一个局域网首要考虑的问题,也是局域网二要素中最重要的一环。它通过建立一个仲裁机制,实现对信道的分配,以避免各站点在争用信道时发生冲突。介质访问控制方法是局域网的关键技术之一,对网络特性起着十分重要的作用。

介质访问控制所采用的方法,就是介质访问控制方法。本节将以局域网领域的权威组织电气电子工程师协会(Institute of Electrical and Electronic Engineer,IEEE)制定的 IEEE 802 标准为线索,为大家讲解三种不同的介质访问控制方法。

2.2.1　IEEE 802 模型

IEEE 802 委员会于 1980 年 2 月成立,专门从事局域网标准化工作,并制定了 IEEE 802 标准。按 IEEE 802 标准,局域网的体系结构由物理层、介质访问控制(Media Access Control,

MAC)子层和逻辑链路控制(Logical Link Control，LLC)子层组成。前面我们讲过 OSI 参考模型，两种模型的对应关系如图 2-9 所示。

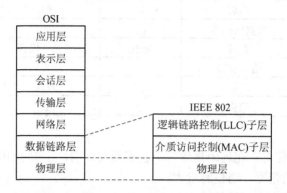

图 2-9　IEEE 802 局域网参考模型与 OSI 参考模型的对应关系

当局域网内部传输数据时，任意两个节点间都有唯一路由，即网络层的功能可由数据链路层完成，所以在局域网体系结构中只涉及 OSI 体系结构中物理层和数据链路层的功能。由于局域网的种类繁多，其媒体接入控制的方法也各不相同，为了使局域网中的数据链路层不至于太复杂，IEEE 802 委员会又将 OSI 模型的数据链路层划分为两层，即介质访问控制子层和逻辑链路子层，故局域网的体系结构共有三层，每一层功能如下。

· 物理层：提供编码、解码、时钟提取与同步、发送、接收和载波检测等，为数据链路层提供服务。

· 介质访问控制子层：实现帧的寻址和识别，数据帧的校验以及支持 LLC 子层完成介质访问控制。

· 逻辑链路控制子层：实现数据帧的组装与拆卸，帧的收发，差错控制，数据流控制和发送。

IEEE 802 委员会又分成如下三个分会。

· 传输介质分会：研究局域网物理层协议。

· 信号访问控制分会：研究数据链路层协议。

· 高层接口分会：研究从网络层到应用层的有关协议。

IEEE 802 委员会制定了一系列局域网的标准，具体如下：

· 802.1(A)：综述和体系结构。

· 802.1(B)：寻址、网络管理、网间互联及高层接口。

· 802.2：逻辑链路控制 LLC，用于实现高层协议与 MAC 子层的接口。

· 802.3：带冲突检测的载波监听多路访问(CSMA/CD)方法和物理层规范。

· 802.4：令牌总线访问方法和物理层规范。

· 802.5：令牌环访问方法和物理层规范。

· 802.6：城域网访问方法和物理层规范。

· 802.7：IEEE 为宽带 LAN 推荐的实用技术。

· 802.8：光纤技术。

· 802.9：介质访问控制子层与物理层上的集成服务接口。

- 802.10：互操作 LAN 安全标准。
- 802.11：无线局域网介质访问控制子层与物理层规范。
- 802.12：需要优先权的访问方法及物理层和重发器(Repeater)描述。
- 802.13：100Base-X 以太网。
- 802.14：交互式电视网(包括 Cable Modem)。
- 802.15：无线个人网络 WPAN(蓝牙技术)。
- 802.16：宽带无线网络。
- 802.3z：千兆以太网。
- 802.3ab：1000Base-T(铜质千兆以太网)。
- 802.3ac：虚拟局域网中的标签交换。
- 802.3ad：链路集成。
- 802.3ae：10 千兆以太网。

图 2-10 是 IEEE 802 标准之间的关系。

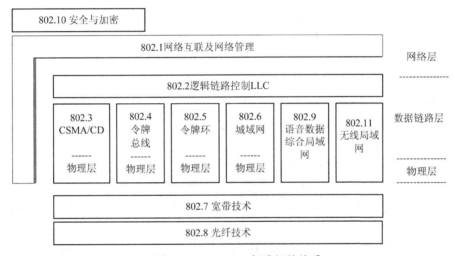

图 2-10　IEEE 802 标准间的关系

2.2.2　IEEE 802.3 标准：CSMA/CD 访问控制

局域网中常用的 IEEE 802 介质访问控制方法有三种。

- 带有冲突检测的载波监听多路访问控制(CSMA/CD)技术——IEEE 802.3 标准。
- 令牌总线访问控制(Token-Bus)技术——IEEE 802.4 标准。
- 令牌环访问控制(Token-Ring)技术——IEEE 802.5 标准。

根据 IEEE 802.3 标准构建的局域网又称为以太网。1983 年，IEEE 802.3 委员会以 Ethernet 2.0 为基础，正式制定并颁布了 IEEE 802.3 以太网标准。CSMA/CD(Carrier Sense Multiple Access/Collision Detection)，是“带有冲突检测的载波监听多路访问”的缩写，它是目前局域网使用最广泛的一种介质访问控制方法，是 IEEE 802.3 标准的核心协议，也是以太网所采用的协议。

CSMA/CD 介质访问控制方法可实现对共享信道的分配，是一种解决争用信道冲突的分布式控制策略。以太网是一种共享式局域网，它没有中央控制器去通知每台计算机怎样按顺序使用共享电缆，而是所有连接在以太网中的计算机都使用 CSMA/CD 技术来对信道进行分配。

那么，CSMA/CD 技术是怎样实现信道分配的呢?这就要我们对它进行深入了解。CSMA/CD 技术的发展可分为三个阶段，即多路访问(MA)、载波监听多路访问(CSMA)和带有冲突检测的载波监听多路访问(CSMA/CD)。

1) 多路访问

多路访问(Multiple Access，MA)又叫多址访问，是 CSMA/CD 技术的前身，也是局域网中常提到的 ALOHA 协议。这个阶段的技术核心可用四个字来概括：想发就发。

早期的以太网没有中央控制器去通知每台计算机怎样按顺序使用共享电缆，这就要求网络上的计算机按照一定的介质访问控制方法去实现数据传输，ALOHA 技术应运而生。"ALOHA"是夏威夷方言"你好"的意思，由于美国夏威夷大学于 20 世纪 70 年代最早采用此争用信道协议，故而得名。ALOHA 网的介质访问控制方法很简单，它几乎是不加控制，任何用户站点有数据帧就可以发送，如果发现冲突，则冲突的站点都分别重发。因此，当用户站点较多时，ALOHA 协议很容易出现冲突，信道利用率很低。

为了改进这种技术，在 ALOHA 的基础上加入了载波监听(Carrier Sense)来提高信道利用率。

2) 载波监听多路访

载波监听多路访问(Carrier Sense Multiple Access，CSMA)，是在多路访问(MA)的基础上加入了载波监听技术，提高了信道利用率。这个阶段的技术核心可用四个字来概括：先听再发。

在该方法中，为了避免冲突，提高信道利用率，工作站在每次发送前，都要先监听总线是否空闲。如发现总线空闲，则发送信息；如发现总线已被占用，便推迟本次的发送。那么，如何确定推迟的时间呢?常用的有三种算法：0-坚持 CSMA、1-坚持 CSMA 和 P-坚持 CSMA。

- 0-坚持 CSMA(又叫不坚持 CSMA)：发送信息前先监听总线，若信道空闲，则发送；若信道已被占用，则等待一段随机时间重复上述步骤。

- 1-坚持 CSMA：若信道空闲，则发送；若信道已被占用，继续监听，直到空闲为止。

- p-坚持 CSMA：是一种折中的算法。如果信道空闲，为了减少冲突，以 P(0<P<1) 的概率发送，以(1-P)的概率延迟一个时间单位；如果信道繁忙，则继续监听直到空闲，重复第一步。在此算法中要注意 P 值的大小(P 值过小，信道利用率会大大降低，过大则冲突难以避免)。

三种算法的比较如下。

- 0-坚持 CSMA：不能及时发现信道空闲，所以发送数据的概率低，但发生冲突碰撞的机会也少。

- 1-坚持 CSMA：能及时发现信道空闲，所以发送数据的概率高，但发生冲突碰撞的机会也多。

- p-坚持 CSMA：可以根据信道的实际情况来灵活掌握 P 的值，发送数据的概率和产生冲突的机会介于前两者之间。

CSMA 协议较 ALOHA 协议而言，提高了信道利用率。然而由于信号在信道上传输有传播时延，所以采用 CSMA 协议并不能完全消除冲突。为了解决这一问题，又在 CSMA 协议的基础上加入了冲突检测(Collision Detection)。

3) 带有冲突检测的载波监听多路访问

带有冲突检测的载波监听多路访问(Carrier Sense Multiple Access/Collision Detection，CSMA/CD)，是在 CSMA 的基础上加入了冲突检测技术，可以有效地避免冲突的出现。这个阶段的技术核心可用四个字来概括：边发边听。

信号在信道的传输过程中存在传播延迟，这就导致在不同地点检测到同一信号的出现或消失的时刻是不同的。因此在使用 CSMA 算法发出载波前，监听到的总线是空闲时，信道未必是空闲的，只不过其他站点发送的信号还没有传播到此。这时，如果正在监听的站点发送数据，必然和信道中已有的信号发生冲突，造成传输失败。

冲突检测可以较好地解决这一问题。当站点监听到信道空闲时，发送数据，发送的同时继续监听信道，一旦检测到冲突，就立即停止发送，并向总线发一串阻塞信号，通知总线上的各站点冲突已发生，这样就可以有效地避免冲突的发生。

CSMA/CD 的工作流程如图 2-11 所示：

(1) 准备发送站点监听信道。

(2) 信道空闲进入第 4 步，开始发送数据，并监听冲突信号。

(3) 信道忙，就返回到第 1 步。

(4) 传输数据并监听信道，如果无冲突就完成传输，检测到冲突则进入第 5 步，成功发送数据。

(5) 发送阻塞信号，然后按退避算法等待，再返回第 1 步，准备重新发送。

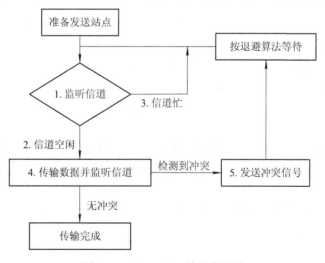

图 2-11 CSMA/CD 的工作流程

2.2.3 IEEE 802.5 标准：令牌环访问控制

令牌环网最初是由 IBM 在 20 世纪 80 年代开发的一种网络传输系统。到了 20 世纪 90 年代，令牌环网体系结构与以太网进行了激烈的竞争并成为最流行的连网技术。此后，以太网不断改进它的实用性、速度和可靠性，并最终超过了令牌环网。现在，令牌环网的地位已经完全被以太网所取代。

令牌环访问控制方法是针对环型拓扑结构局域网的一种介质访问方式。它根据环型的特点，采用了和 CSMA/CD 完全不同的思路解决介质访问权的问题：通过对环上各节点建立一种顺序关系来实现对介质的访问。

1) 令牌环网的物理结构

令牌环的基本结构如图 2-12 所示，工作站以串行方式顺序相连，形成一个封闭的环路结构。数据顺序通过每一个工作站，直至到达数据的原发者才停止。

令牌环的改进型结构如图 2-13 所示，在此结构中，工作站未直接与物理环相连，而是连接到令牌环网集线器上。

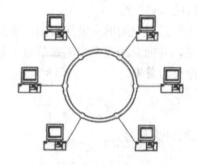
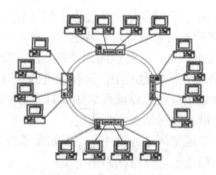

图 2-12　基本型令牌环结构　　　　　图 2-13　改进型令牌环结构

2) 令牌环网的工作原理

(1) 网络空闲时，只有一个令牌在环路上绕行。令牌是一个特殊的比特模式，其中包含一位"令牌/数据帧"标志位，标志位为"0"表示该令牌为可用的空令牌，标志位为"1"表示有站点正占用令牌在发送数据帧。

(2) 当一个站点要发送数据时，必须等待并获得一个令牌，将令牌的标志位置为"1"，随后便可发送数据。

(3) 环路中的每个站点边转发数据，边检查数据帧中的目的地址，若为本站点的地址，便读取其中所携带的数据。

(4) 数据帧绕环一周返回时，发送站将其从环路上撤销。同时根据返回的有关信息确定所传数据有无出错。若有错则重发存于缓冲区中的待确认帧，否则释放缓冲区中的待确认帧。

(5) 发送站点完成数据发送后，重新产生一个令牌传至下一个站点，以使其他站点获得发送数据帧的许可权。

3) 令牌环的维护

令牌环的故障处理功能主要体现在对令牌和数据帧的维护上。令牌本身就是比特串，绕环传递过程中也可能受干扰而出错，以至造成环路上无令牌循环的差错；另外，当某站点发送数据帧后，由于故障而无法将所发的数据帧从网上撤销时，又会造成网上数据帧持续循环的差错。令牌丢失和数据帧无法撤销，是环网上最严重的两种差错，可以通过在环路上指定一个站点作为主动令牌管理站，以此来解决这些问题。

主动令牌管理站通过一种超时机制来检测令牌丢失的情况，该超时值比最长的帧完全遍历环路所需的时间还要长一些。如果在该时段内没有检测到令牌，便认为令牌已经丢失，管理站将清除环路上的数据碎片，并发出一个令牌。

为了检测到一个持续循环的数据帧，管理站在经过的任何一个数据帧上置其监控位为"1"，如果管理站检测到一个经过的数据帧的监控位已经置为"1"，便知道有某个站未能清除自己发出的数据帧，管理站将清除环路的残余数据，并发出一个令牌。

4) 令牌环的特点

(1) 令牌环网在轻负荷时，由于存在等待令牌的时间，故效率较低；但在重负荷时，对各站公平访问且效率高。

(2) 访问方式具有可调整性和确定性，且各站具有同等的介质访问权，但也可以有优先级操作和带宽保护。令牌环采用一种分布式的优先级调度算法来支持工作站的优先级访问，以保证为优先级较高的站点提供足够的传输带宽。

(3) 令牌环的主要缺点是有较复杂的令牌维护要求，空令牌的丢失将降低环网的利用率，而令牌的重复也会破坏网络的正常运行。因此必须选择一个工作站作为监控站，以保证环网中只有一个令牌绕行，如果丢失了再插入一个空令牌。

2.2.4　IEEE 802.4 标准：令牌总线访问控制

前面介绍过的 CSMA/CD 介质访问控制方法，具有结构简单、在轻负载下延迟小等优点，但随着负载的增加，冲突概率增加，其性能会明显下降；令牌环介质访问控制方法，具有重负载下利用率高、网络性能对距离不敏感以及公平访问等优越性能，但环型网络结构复杂，存在检错和可靠性等问题。IEEE 802.4 提出的令牌总线介质访问控制方法，综合了以上两种方法的优点。

令牌总线介质访问控制方法，是将局域网中物理总线的站点构成一个逻辑环，每一个站点都在一个有序的序列中指定一个逻辑位置，每个站点都知道在它之前的前趋站点和在它之后的后继站点的标识，从而达到有序传输的目的。

从图 2-14 中可以看出，令牌总线构成的局域网，在物理结构上，是总线型；在逻辑结构上，是环型。和令牌环一样，站点只有取得令牌，才能发送帧，而令牌在逻辑环上按照 (A→B→E→F→A)的顺序循环传递。

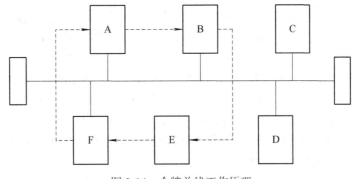

图 2-14　令牌总线工作原理

2.3　虚拟局域网

交换式局域网不仅可以提高网络性能，还可引入一项先进的局域网管理技术，即 VLAN(Virtual Local Area Networks)，它的中文名为"虚拟局域网"，而不是"虚拟专用网(VPN)"。VLAN 是建立在物理网络基础上的一种逻辑子网，它是网络设备(如交换机)上连接的不受物理位置限制的用户的逻辑组，可以是设备，也可以是用户，但通常是以用户来划分的。由此可见，建立 VLAN 需要支持 VLAN 技术的网络设备。VLAN 是通过交换机的软件实现的，由于 VLAN 不是标准的，因此要求交换机厂商使用其专有的 VLAN 软件。

最早的 VLAN 技术是 1996 年由 Cisco 公司提出的。随着近几年的发展，VLAN 技术得到了广泛的支持，在大大小小的企业网络中被广泛应用，成为当前最为热门的一种以太局域网技术。

许多企业随着规模的不断扩大，特别是从事多媒体开发、应用的企业，每个部门内部的数据传输量非常大。此外，由于某些原因，可能一个部门的员工不能相对集中办公。更重要的是，公司的财务、人事等敏感部门所需要的安全性越来越高，既需要与整个企业的局域网相互连接，但又不能像其他部门那样，允许一般用户随便访问，还要防止非法用户的数据拦截和监听。这些新问题都需要为这些特别的部门网络进行更灵活的网络配置，VLAN 技术则满足了这样的需求。

1. VLAN 的概念

虚拟局域网是以交换式局域网为基础，把局域网上的网段或节点分为若干个逻辑组，每个逻辑组就是一个虚拟网络，这种在逻辑上划分的虚拟网络通常称为虚拟局域网。

VLAN 技术的出现，使得管理员可以根据实际应用需求，把同一物理局域网内的不同用户逻辑地划分成不同的广播域，每一个 VLAN 都包含一组有着相同需求的计算机工作站，与物理上形成的 LAN 有着相同的属性。由于它是从逻辑上划分，而不是从物理上划分，所以同一个 VLAN 内的各个工作站没有限制在同一个物理范围中，即这些工作站可以在不同物理 LAN 网段。由 VLAN 的特点可知，一个 VLAN 子网内部的广播和单播流量都不会转发到其他 VLAN 子网中，从而有助于控制流量、减少设备投资、简化网络管理、提高网络的安全性。

VLAN 技术的引入，使交换机承担了网络的分段工作，而不再使用路由器来完成。通过使用 VLAN，能够把一个原来的物理局域网划分成很多个逻辑意义上的子网，而不必考虑各用户的具体物理位置。每一个 VLAN 子网都可以对应一个逻辑单位，如部门、车间和项目组等。由于在相同 VLAN 子网内的主机间传送的数据不会影响到其他 VLAN 子网上的主机，因此减少了数据交互影响的可能性，大大地增强了网络的安全性。

总的来说，VLAN 分段和传统的 LAN 分段存在以下主要区别：

· VLAN 工作在 OSI 参考模式的第二层和第三层，而传统的 LAN 分段纯粹是工作于网络的第一层，即物理层。

· VLAN 可以根据实际需要，灵活划分。VALN 可以超越单个物理建筑物限制，而互联多个建筑物中的用户；而 LAN 分段通常只能是相邻或相近用户分成一个组，缺乏灵活性。

• VLAN 之间的通信是通过第三层的路由器完成的，也可以由具有路由功能的第三层交换机完成，而 LAN 分段只能通过路由器来完成。

• VLAN 提供了一种控制网络广播的方法，因此不同网段的用户不能随便访问，可以有效地提高网络的安全性，LAN 分段则达不到此要求。

2. 划分虚拟局域网的好处

(1) 有效控制网络上的广播。在传统局域网中，各站点共享传输信道所造成的信道冲突，以及同一个广播域造成的广播风暴(Broadcast Storm)，是影响网络性能的重要因素。虚拟局域网可以将一个物理上的广播域划分成多个逻辑上的广播域，隔离了广播，缩小了广播范围，消除了因广播信息泛滥造成的网络拥塞，提高了网络性能。

(2) 增强网络的安全性。在传统局域网中，每个用户的计算机都可以直接访问网络，难以保证网络的安全性。而采用了 VLAN 技术的局域网，则可以通过 VLAN 的划分来控制用户的访问权限和逻辑网段大小，将特定的用户限制在特定的子网内。不经过网络管理员的允许，就不能访问未授权的其他网络，从而提高交换式网络的整体性能和安全性。

(3) 优化网络管理及降低管理成本。传统网络若要增加一些用户，或者对某些用户重新进行网段分配，需要网络管理员对网络系统的物理结构重新进行调整，甚至需要追加网络设备，增大了网络管理的工作量。而对于采用 VLAN 技术的网络来说，VLAN 的建立、修改和删除都十分简便，一个 VLAN 可以根据部门职能、对象分组或者应用将不同地理位置的网络用户划分为不同的逻辑网段，在不改动网络物理连接的情况下可以任意地将工作站在工作组或子网之间移动。可见，VLAN 技术大大减轻了网络管理和维护工作的负担，降低了网络维护费用，优化了网络管理。

3. VLAN 的划分方法

目前，VLAN 在交换机上的划分方法主要有以下几种：

(1) 基于端口划分 VLAN。基于端口的虚拟局域网根据局域网交换机的端口定义虚拟局域网成员。可以把同一个交换机的不同端口划分为不同的虚拟子网，如图 2-15 所示。

基于端口的 VLAN 的划分是最简单、最有效、最常用的 VLAN 划分方法。该方法只需网络管理员针对网络设备的交换端口重新分配组合到不同的逻辑网段中即可，不用考虑该端口所连接的设备是什么。

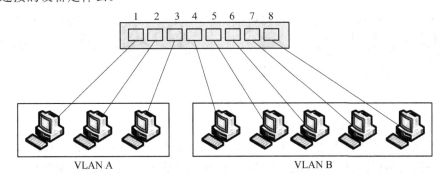

图 2-15　基于端口的虚拟局域网

(2) 基于 MAC 地址划分 VLAN。若根据网卡的 MAC 地址进行组网，所得到的 VLAN 就称为基于 MAC 地址的 VLAN。如图 2-16 所示。

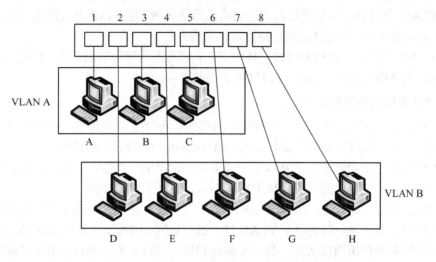

图 2-16　基于 MAC 地址的虚拟局域网

MAC 地址是指网卡的标识符，每一块网卡的 MAC 地址都是唯一的。基于 MAC 地址的 VLAN 划分其实就是基于工作站、服务器的 VLAN 的组合。在网络规模较小时，该方案是一个不错的选择，但随着网络规模的扩大，网络设备、用户的增加，管理的难度也会成倍地增加。

(3) 基于 IP 地址划分 VLAN。若根据计算机的 IP 地址进行分组，所得到的 VLAN 即为基于 IP 地址的 VLAN，如图 2-17 所示。在基于 IP 地址的虚拟局域网中，新站点在入网时无需进行太多配置，交换机将根据各站点网络地址自动将其划分成不同的虚拟局域网。在三种虚拟局域网的实现技术中，基于 IP 地址的虚拟局域网智能化程度最高，实现起来也最复杂。

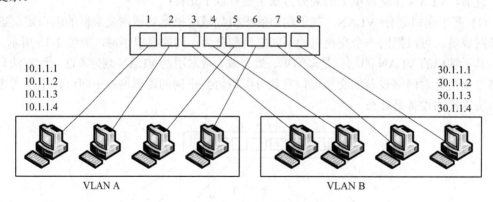

图 2-17　基于 IP 地址的虚拟局域网

(4) 基于网络层协议划分 VLAN。

VLAN 按网络层协议来划分，可分为 IP、IPX、DECNet、AppleTalk、Banyan 等 VLAN 网络。这种按网络层协议来组成的 VLAN，可使广播域跨越多个 VLAN 交换机，对于希望针对具体应用和服务来组织用户的网络管理员来说是非常具有吸引力的。而且，用户可以在网络内部自由移动，但其 VLAN 成员身份仍然保留不变。

这种方法的优点是用户的物理位置改变后，不需要重新配置所属的 VLAN，而且可以根据协议类型来划分 VLAN，对网络管理者来说这一点很重要。另外，此方法不需要附加的帧标签来识别 VLAN，可以减少网络的通信量。此方法的缺点是效率低，因为检查每一个数据包的网络层地址是需要消耗处理时间的(相对于前述方法)，一般的交换机芯片都可以自动检查网络上数据包的以太网帧头，但要让芯片能检查 IP 帧头，需要更高的技术，同时也更费时。当然，这与各个厂商的实现方法有关。

(5) 根据 IP 组播划分 VLAN。IP 组播实际上也是一种 VLAN 的定义，即认为一个 IP 组播就是一个 VLAN。这种划分的方法将 VLAN 扩大到了广域网，因此这种方法具有更大的灵活性，而且也很容易通过路由器进行扩展。主要适用于不在同一地理范围的局域网用户组成一个 VLAN，但不适用于局域网，主要原因是其效率不高，而且配置相对复杂。

(6) 按策略划分 VLAN。基于策略组成的 VLAN 能实现多种分配方法，包括 VLAN 交换机端口、MAC 地址、IP 地址、网络层协议等自由组合。网络管理人员可根据自己的管理模式和本单位的需求来决定选择哪种类型的 VLAN。

(7) 按用户定义、非用户授权划分 VLAN。基于用户定义、非用户授权来划分 VLAN，是指为了适应特别的 VLAN 网络，根据具体的网络用户的特别要求来定义和设计 VLAN，而且可以让非 VLAN 群体用户访问 VLAN，但是需要提供用户密码，在得到 VLAN 管理的认证后才可以加入一个 VLAN。

4. 虚拟局域网的标准和协议

近几年来，虚拟局域网得到了飞速发展，各厂商纷纷推出自己的技术和相应的产品。然而，这些技术和产品所遵循的标准和协议互不兼容，妨碍了 VLAN 技术和市场的进一步发展。为了改变这种局面，IEEE、Cisco、3Com、IBM 等虚拟局域网的权威组织一直致力于对虚拟局域网统一标准的开发。日前，国际上有两大标准得到了厂商的广泛认可，一个是 IEEE 委员会制定的 802.1Q 标准，另一个是 Cisco 公司提出的 ISL 协议。

(1) IEEE 802.1Q 标准。IEEE 802.1Q 标准制定于 1996 年 3 月，它规定了虚拟局域网逻辑子网之间传输的 MAC 数据帧在帧的头部增加 4 个字节的 VLAN 信息，并制定了帧的发送与校验、回路检测、对服务质量参数的支持以及对网管系统的支持等方面的标准。

802.1Q 标准包括三个方面的内容：VLAN 的体系结构、MAC 数据帧的改进标准以及对未来的展望。新的标准进一步完善了 VLAN 的体系结构，统一了帧标签方式中不同厂商的标签格式，并制定了 VLAN 标准在未来一段时间内的发展方向。IEEE 802.1Q 标准提供了对 VLAN 明确的定义及其在交换式网络中的应用。IEEE 802.1Q 标准得到了业界的广泛认可，推动了 VLAN 的迅速发展。

(2) ISL 协议。VLAN 的标准最初是由 Cisco 公司提出的，ISL(Interior-Switch Link，交换机间链路)是 Cisco 公司制定的一个虚拟局域网方面的重要协议。它规定了交换机与交换机之间、交换机与路由器之间以及交换机与服务器之间传递多个 VLAN 信息及 VLAN 数据流的标准。但 ISL 协议是 Cisco 公司的专有标准，因此仅支持 Cisco 的设备。

ISL 协议对 IEEE 802.1Q 进行了很好的补充，使得交换机之间的数据传送具有更高的效率。ISL 协议多用于互连多个交换机，把 VLAN 信息作为通信量在交换机间传送。在全双工或半双工模式下，在快速以太网链路上，ISL 可以提供 VLAN 的功能，同时仍保持全线速的性能。

对于较大型的企业局域网，在追求网络通信"安全第一"的今天，在局域网中进行 VLAN 划分显得越来越重要。因为 VLAN 可以有效地抑制传统局域网广播风暴所带来的负面影响，满足了当今企业局域网既要求互连互通，又要求限制机密部分网络访问的当代网络应用需求。

2.4 无线局域网

无线局域网(Wireless LAN，WLAN)宽带接入的核心技术就是无线局域网的组建，通过将无线局域网与 ISP 互联网接入服务器进行连接，ISP 互联网接入服务器则是通过如 ADSL、CM 或 FTT+LAN 方式与互联网出口连接的。

WLAN 是目前正在兴起的一种宽带接入方式，由于其网络连接比较灵活，成本较低，拥有较高的网络连接速度，受到业界的肯定，在较短时间内得到了广大用户的认可。

2.4.1 无线局域网(WLAN)概述

无线网络早就应用于计算机通信之中了，最简单的如笔记本电脑的红外线通信，后来有蓝牙、HomeRF，到现在的 IEEE 802.11 系列。下面就是基于 IEEE 802.11 系列标准下的局域网接入技术。

因为笔记本电脑有着便于移动的优点，所以无线接入一开始只在笔记本电脑之间应用，对应地只有笔记本专用的计算机 MCIA 无线网卡。随着无线接入技术应用的不断发展，人们发现台式机中应用无线接入技术也非常必要，于是有网络开发商成功开发了台式机用的无线网卡，所以现在的无线局域网，无论是笔记本电脑，还是台式机都可以作为网络终端。

无线局域网就像局域网一样，可以很简单，也可以复杂，最简单的网络可以只要两个装有无线适配卡(Wireless Adapter Card)的计算机，放在有效距离内即可连接，这就是所谓的对等(Peer-to-peer)网络。这类简单网络无需经过特殊组合或专人管理，任何两个移动式计算机之间不需中央服务器(Central Server)就可以相互对通。

无线网络访问点(Access Point，简称 AP)可增大两台互联计算机之间的有效距离到原来的两倍。因为访问点是连接在有线网络上，每一台计算机都可经无线访问点与其他计算机实现网络的互联互通，而且每个访问点可容纳许多计算机互联，视其数据的传输实际要求不同，一般每个访问点容量可达 15~63 对计算机。

无线网络交换机和终端计算机之间也有一定的距离限制，一般在室内约为 150 米，户外约为 300 米。在空间较大的场所，例如仓库或学校中，可能需要多个访问点，网桥的位置需要事先考查决定，使有效范围覆盖全场并互相重叠，使每个用户都不会和网络失去联络。用户可以在一群访问点覆盖的范围内漫游。

为了解决覆盖问题，在设计网络时可用接力器(Extension Point，EP)来增大网络的转接范围。接力器的外观和功能都像是访问点，但接力器并不接在有线网络上，而是在无线网络上。接力器的作用就是把信号从一个 AP 传递到另一个 AP 或 EP 来延伸无线网络的覆盖范围。EP 可串在一起，将信号从一个 AP 传递到距离较远的其他地方。

在无线网络中还有一个设备，就是定向天线，它的作用就是扩大无线电磁波的覆盖范围，以方便终端用户的接收。这主要应用于一些有多栋相距不是很远的建筑中，仅通过无线访问 AP 不足以覆盖如此大的范围，如学校、生活小区等，这时就得在每栋建筑上安装定向天线，以接收局端天线发射来的无线电磁波。

随着无线局域网技术的日益成熟，各种无线接入标准也逐渐增多。各网络设备开发商为了及时占领市场，往往是在标准还没有颁布之前就开发、生产出相应的产品。所以随着多种无线接入标准的颁布，各网络设备开发商在短时间内也就开发了适应各种标准的无线网络产品。但遗憾的是，由于各无线网络标准自身的原因，在开发设计之初就没有充分考虑相互兼容这一问题，所以导致后来各种标准的无线网络产品彼此不兼容。最明显的表现就是后来颁发的 IEEE 802.11a 标准产品与最早推出的 IEEE 802.11b 产品不兼容，不能混合使用。虽然 IEEE 802.11a 标准下的产品在无线接入速率等特性方面要远好于 IEEE 802.11b 类产品，但由于 IEEE 802.11b 标准推出时间较长，产品市场比较成熟，如果不解决兼容问题，就会导致大量的 IEEE 802.11b 无法得到实际应用。在这样的背景下，一种致力于解决 IEEE 802.11 系统标准兼容性问题的组织(或称"认证标准")开始浮出水面，那就是 Wi-Fi(无线兼容性认证)。

2.4.2　IEEE802.11 系列无线局域网标准

近几年，随着无线局域网应用的不断深入，出现了多种无线接入标准，最广为人知的当然是 IEEE 802.11 标准系列。由于同由一个组织颁发，人们很难区别清楚各标准的具体应用范畴。下面对这个无线局域网系列标准分别进行简单介绍。

(1) IEEE 802.11。IEEE 802.11 是 IEEE 最初制定的一个无线局域网标准。主要用于解决办公室局域网和校园网中用户与用户终端的无线接入问题，属单纯局域网连接。其业务主要限于数据存取，速率最高只能达到 2 Mb/s。目前，3Com 等公司都有基于该标准的无线网卡。由于 802.11 在速率和传输距离上都不能满足人们的需要，因此，IEEE 小组又相继推出了 802.11b 和 802.11a 两个新标准。

(2) IEEE 802.11b。IEEE 802.11b 工作于 2.4 GHz 频带上，物理层支持 5.5 Mb/s 和 11 Mb/s 两个新速率。802.11 标准在扩频时使用了一个 11 位的调制芯片，而 802.11b 标准采用一种新的调制技术 CCK 完成，并使用了动态速率漂移技术，可随着环境变化，在 11 Mb/s、5.5 Mb/s、2 Mb/s、1 Mb/s 之间切换，且在 2 Mb/s、1 Mb/s 速率时与 802.11 兼容。

(3) IEEE 802.11a。IEEE 802.11a 标准虽然发布的时间要晚于 IEEE 802.11b，但它开始研究的时间要早于 IEEE 802.11b，所以才会出现编号在前，发布时间却要晚于 IEEE 802.11b 的现象。IEEE 802.11a 工作在 5 GHz 频带上，物理层速率可达 54 Mb/s，传输层带宽可达 25 Mb/s，采用正交频分复用(OFDM)的独特扩频技术，可提供 25 Mb/s 的无线 ATM 接口和 10 Mb/s 的以太网无线帧结构接口，以及 TDD/TDMA 的空中接口。这一标准支持语音、数据、图像业务，同时一个扇区可接入多个用户，每个用户可带多个用户终端。由于它与 IEEE 802.11 及 IEEE 802.11b 标准不兼容，所以使用不是很广。

(4) IEEE 802.11g。2002 年 11 月 15 日，IEEE 试验性地批准了一种新标准 IEEE 802.11g，使无线网络传输速率可达 54 Mb/s，比现在通用的 IEEE 802.11b 要快出 5 倍，它虽然与 IEEE 802.11a 具有同样高的输速率，但工作频带和 IEEE 802.11b 相同，这就保证了与 IEEE 802.11b 完全兼容。

(5) IEEE 802.11b+。IEEE 802.11b+ 是一个非正式的标准，称为"增强型 IEEE 802.11b"。

它与 IEEE 802.11b 完全兼容，只是采用了特殊的数据调制技术，所以能够实现高达 22 Mb/s 的通信速率，这比原来的 IEEE 802.11b 标准要快一倍。

(6) 802.11n。802.11n 是在 802.11g 和 802.11a 的基础之上发展起来的一项技术，采用 MIMO(多入多出)与 OFDM(正交频分复用)技术相结合而产生的 MIMO OFDM 技术，它提高了无线传输质量，也使传输速率得到极大提升，理论速率最高可达 600 Mb/s(目前业界主流为 300 Mb/s)。802.11n 可工作在 2.4 GHz 和 5 GHz 两个频段。

802.11n 采用智能天线技术，通过多组独立天线组成的天线阵列，可以动态调整波束，保证让 WLAN 用户接收到稳定的信号，并可以减少其他信号的干扰。因此其覆盖范围可以扩大到好几平方公里，使 WLAN 移动性得到极大提高。

802.11n 采用了一种软件无线电技术，它是一个完全可编程的硬件平台，使得不同系统的基站和终端都可以通过这一平台的不同软件实现互通和兼容，这使得 WLAN 的兼容性得到极大改善。这意味着 WLAN 将不但能实现 802.11n 向前后兼容，而且可以实现 WLAN 与无线广域网络的结合，比如 3G。

(7) 802.11ac。IEEE 802.11ac 是一种 802.11 无线局域网(WLAN)通信标准，它通过 5 GHz 频带(也是其得名原因)进行通信。理论上，它能够提供最少 1 Gb/s 带宽进行多站式无线局域网通信，或是最少 500 Mb/s 的单一连接传输带宽。

802.11ac 是 802.11n 的继承者。它采用并扩展了源自 802.11n 的空中接口(Air Interface)概念，包括：更宽的 RF 带宽(提升至 160 MHz)，更多的 MIMO 空间流(Spatial Streams)(增加到 8)，多用户的 MIMO，以及更高阶的调制(Modulation)(达到 256QAM)。

部分无线局域网标准的比较情况如表 2-3 所示。

表 2-3　无线局域网系列标准的比较

特　性	IEEE 80211.b	IEEE 802.11g	IEEE 802.11n	IEEE 802.11ac
频率	2.4 GHz	2.4 GHz	2.4 GHz、5 GHz	5 GHz
带宽	11/5.5/2/1 Mb/s	54 Mb/s	600 Mb/s	1.73 Gb/s、3.47 Gb/s
距离	100～300 m	5～10 km	室内 12～70 m	室内 12～35 m
业务	数据、图像	语音、数据、图像	语音、数据、图像	语音、数据、图像，并发高清流媒体

2.4.3　无线局域网的特点

与有线局域网相比，WLAN 一般具有以下几个显著的特点：

(1) 建网容易。一般在有线局域网建设中，施工工期最长、难度最大的就是网络综合布线，往往需要破墙掘地、穿线架管。而无线局域网则完全免去了网络布线的工作量，只要安装一个或多个接入点 AP，就可以覆盖整个网络。

(2) 使用灵活。无线局域网中的站点可以不受固定位置的限制，只要在接入点 AP 的覆盖范围内，即可任意移动安放。

(3) 易于扩展。在有线网络中，增加站点往往需要通过改变网络配置，甚至增加设备来实现。而在 WLAN 中则可以轻松完成从几个用户的小网络到上千个用户的大型网络的过渡，并且能提供"漫游"等有线网络无法提供的服务。

2.4.4　无线局域网设备

目前，国际上已有多家厂商生产符合 802.11 标准的产品，比较有名的有 Cisco、3Com、Apple、Lucent 等公司。下面简要介绍几种 WLAN 中的常用设备。

(1) 无线网卡。无线网卡是 WLAN 组网必不可少的设备，它的作用与有线网卡一样，负责发送和接收信号。无线局域网网卡根据与计算机的接口和连接方式的不同，可分为 PCI 接口、USB 接口等多种形式，如图 2-18 及图 2-19 所示。无线网卡传输速率为 800 kb/s～1 Mb/s，在有障碍的室内通信，距离为 60 m 左右，在无障碍的室内通信，距离可达 150 m 左右。

　　图 2-18　PCI 接口的无线网卡　　　　　　图 2-19　USB 接口的无线网卡

(2) AP 设备。AP 在 WLAN 组网中使用非常广泛，是单接入点、多接入点组网方案中必不可少的设备。AP 可为 WLAN 提供计算机无线网卡通信、桥接以及介质转换功能，相当于有线网络中的交换机。AP 的网络覆盖范围可达 40 km 左右，在这个范围内可灵活连接多个网络，这些网络可以是有线网络，也可以是无线网络。AP 接入点设备主要用于办公室内和楼内的无线连接。

AP 设备一般由天线、有线网络接口和桥接软件组成。目前常用的 AP 设备工作频率为 2.4～2.484 GHz，传输距离为 200～400 m。如图 2-20 及图 2-21 所示就是常用的 AP 设备。

(3) 天线。天线主要用于大型无线网络的远距离通信，其功能类似于移动通信的基站，将源端的信号，通过天线本身的特性传送至远处，如图 2-22 所示。

　图 2-20　D-LINK AP 设备　　　图 2-21　TP-LINK AP 设备　　　图 2-22　无线局域网中的天线

2.4.5　无线局域网的组网方式

无线局域网的组网方式可分为三大类。

　　第一类是有固定基础设施的(如设有基站)，称为集中控制方式，又叫做接入点网络。此类方式中，所有工作站都要与一个接入点设备 AP 连接，然后通过 AP 转接与其他站点互联。如图 2-23 所示。

　　第二类没有固定的基础设施，称为点到点方式，又叫做自组网络。此类方式中，所有工作站都可以在无线通信覆盖范围内移动，并自动建立点到点的连接，站点之间通过争用信道直接进行数据通信，而不需要接入点 AP 的参与，如图 2-24 所示。

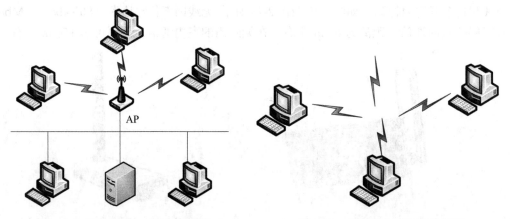

图 2-23　集中控制方式组网示意图　　　　图 2-24　点到点方式组网示意图

　　第三类为 WDS，WDS 的全名为 Wireless Distribution System，即无线分布式系统，以往在无线应用领域中都是帮助无线基站之间进行联系通讯的系统。

　　而 WDS 在家庭应用方面略有不同，它主要的功能是充当无线网络的中继器，通过在无线路由器上开启 WDS 功能，让路由器可以延伸扩展无线信号，从而覆盖更广更大的范围。说白了，WDS 就是可以让无线 AP 或者无线路由器之间通过无线进行桥接(中继)，而在中继的过程中并不影响其无线设备覆盖效果的功能。这样我们就可以用两个无线设备，在它们之间建立 WDS 信任和通讯关系，从而将无线网络覆盖范围扩展到原来的一倍以上，大大方便了我们无线上网。

　　WDS 可以把有线网络的资料，透过无线网络这一中继架构来传送，借此可将网络资料传送到另外一个无线网络，或有线网络环境中去。由于透过无线网络形成虚拟的网络线，所以也称为无线网络桥接。严格说起来，无线网络桥接功能通常是一对一的，但是 WDS 架构可以做到一对多，并且桥接的对象可以是无线网卡或者是有线系统。所以 WDS 最少要有两台同功能的 AP，最多数量则要看厂商设计的架构来决定。所以WDS 是可以让无线 AP 之间通过无线进行桥接(中继)的一种技术，如图 2-25 所示。

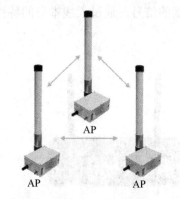

图 2-25　无线分布式系统组网示意图

2.5 习 题

一、填空题

1. 局域网通信选用的有线通信介质通常包括同轴电缆、_____和_____。

2. 非屏蔽双绞线由_____对导线组成，10Base-T 用其中的_____对进行数据传输。

3. 在 IEEE 802 局域网体系结构中，数据链路层被细化成_____和_____两层。

4. UTP 是指_____，STP 是指_____。

5. 光纤由玻璃或特制塑料拉制而成。它分为_____和_____。

6. 在局域网中，采用 UTP 电缆连接时，其长度不能大于_____m。

7. 网卡工作在_____层。

8. 在广播式通信信道中，介质访问方法有多种。IEEE 802 规定中包括局域网中最常用的三种，包括：_____、_____、_____。

9. CSMA/CD 是一种_____型的介质访问控制方法，当监听到_____时，停止本次帧的传送。

10. 按 T568B 标准接线，线序为_____。

11. VLAN 的英文全称为_____，中文名为_____。它工作在 OSI 参考模型的_____。

12. VLAN 的组网方法包括_____、_____和_____三种。

13. 无线局域网是利用_____，在一定的局部范围内建立的网络，是计算机网络与无线通信技术相结合的产物。

14. 无线局域网的组建主要需要两种硬件设备，分别为_____和_____。

15. 无线局域网常用的组网方式有三种：_____、_____和_____。

二、选择题

1. 双绞线绞合的目的是(   )。
A. 增大抗拉强度　　　B. 提高传送速率　　　C. 减少干扰　　　D. 增大传输距离

2. 对局域网来说，网络控制的核心是(   )。
A. 工作站　　　　　　B. 网卡　　　　　　C. 网络服务器　　　D. 网络互连设备

3. Ethernet 的核心技术是它的随机争用型介质访问控制方法，即(   )。
A. CSMA/CD　　　　B. Token-Ring　　　C. Token-Bus　　　D. XML

4. 企业 Intranet 要与 Internet 互联，必需的互连设备是(   )。
A. 中继器　　　　　　B. 调制解调器　　　C. 交换器　　　　　D. 路由器

5. 在 IEEE 802.3 的标准网络中，10Base-TX 所采用的传输介质是(   )
A. 粗缆　　　　　　　B. 细缆　　　　　　C. 双绞线　　　　　D. 光纤

6. 在某办公室内铺设一个小型局域网，总共有 4 台 PC 需要通过一台集线器连接起来。采用的线缆类型为 5 类双绞线。则理论上任意两台 PC 机的最大间隔距离是(   )。

A. 400 m　　　　　　B. 100 m　　　　　　C. 200 m　　　　　D. 500 m

7. 非屏蔽双绞线的直通电缆可用于下列哪两种设备间的通信(　　)。

A. 集线器到集线器　　　　　　　　　B. PC 到集线器

C. PC 到交换机　　　　　　　　　　D. PC 到 PC

8. 在以太网中，交换机级联(　　)。

A. 必须使用直通 UTP 电缆　　　　　B. 必须使用交叉 UTP 电缆

C. 不能使用不同速率的交换机　　　　D. 可以使用交叉或级联电缆

9. 下面哪种说法是错误的：(　　)。

A. 以太网交换机可以对通过的信息进行过滤

B. 在交换式以太网中可以划分 VLAN

C. 以太网交换机中端口的速率可能不同

D. 利用多个以太网交换机组成的局域网不能出现环路

10. 路由器运行于 OSI 参考模型的(　　)。

A. 数据链路层　　　　B. 传输层　　　　C. 网络层　　　　　D. 应用层

11. 对于采用集线器连接的以太网，其网络逻辑拓扑结构为(　　)。

A. 总线结构　　　　B. 星形结构　　　C. 环形结构　　　D. 以上都不是

12. 在常用的传输介质中，(　　)的带宽最宽，信号传输衰减最小，抗干扰能力最强。

A. 光纤　　　　　　B. 同轴电缆　　　C. 双绞线　　　　D. 微波

13. IEEE 802.3 物理层标准中的 10Base-T 标准采用的传输介质为(　　)。

A. 双绞线　　　　　B. 粗同轴电缆　　C. 细同轴电缆　　D. 光纤

14. 无线局域网技术目前比较流行的有(　　)标准。

A. 802.11 标准　　　B. 蓝牙标准　　　C. HomeRF 标准　　D. 以上都是

三、简答题

1. IEEE 802.4 是什么网的标准？这种网是哪两种网络优点的综合？

2. 在 10Base-2、10Base-T 和 10Base-5 中，"10"、"Base"、"2"、"5" 和 "T"，各代表什么含义？

3. 在 10Base-2、10Base-T 和 10Base-5 中，它们各自使用什么介质、什么网络设备和网络接口？

4. 常见的高速局域网有哪些？各自有什么特点？

5. 简述 Ethernet 和 Token-Ring 这两种局域网工作原理？

6. 什么是 VLAN？它的关键优势有哪些？

7. 组建以太局域网需要哪些设备？

8. 试述局域网的基本分类。

9. 什么是无线局域网？它有什么特点？

10. 试述无线局域网的配置方式。

11. 信息插座分为哪几类? T568B 与 T568A 标准接线方式有何不同？

12. 局域网的拓扑结构分为几种？每种拓扑结构具有什么特点？

13. 简述带有冲突检测的载波监听多路访问(CSMA/CD)的工作原理。

2.6 实　　训

实训 3　网线制作与测试

一、实训目的
1. 掌握双绞线的制作标准、制作步骤、测试方法;
2. 掌握直通线和交叉线的含义、制作方法和使用场合。

二、实训环境
2 人一组，每组 RJ-45 连接器若干、双绞线若干米、RJ-45 接线钳一把、测线器一套。

三、实训内容
每组制作两条双绞线，并测试通过。

四、实训步骤
1. 制作直通双绞线

(1) 用 RJ-45 压线钳的切线槽口剪裁适当长度的双绞线。

(2) 用 RJ-45 压线钳的剥线口将双绞线一端的外层保护壳剥下约 1.5 cm(太长接头容易松动，太短接头的金属刀口不能与芯线完全接触)，注意不要伤到里面的芯线，将 4 对芯线成扇形分开，按照相应的接口标准(T568A 或 T568B)从左至右整理线序并拢直，使 8 根芯线平行排列，整理完毕用斜口钳将芯线顶端剪齐。

(3) 将水晶头有弹片的一侧向下放置，然后将排好线序的双绞线水平插入水晶头的线槽中，注意导线顶端应插到底，以免压线时水晶头上的金属刀口与导线接触不良。

(4) 确认导线的线序正确且到位后，将水晶头放入压线钳的 RJ-45 夹槽中，再用力压紧，使水晶头夹紧在双绞线上。至此，网线一端的水晶头就压制好了。

(5) 同理，制作双绞线的另一头接头。

2. 制作交叉双绞线

交叉双绞线的制作和上述直通双绞线制作类似，区别在于交叉线的两端排序标准不同。按照制作直通双绞线的方法，对双绞线的一端进行剥线、理线、插线、压线，排线方式按照 T568B 标准进行；在双绞线的另一头也按照上述方法完成，但是在理线步骤中，双绞线 8 根线应按 T568A 标准排列，其他步骤相同。

3. 测试双绞线的连通性

将制作好的双绞线两端分别插入测线仪的信号发射器和接收器，打开电源，同一条线的指示灯会一起亮起来。如果发射器的第一个指示灯亮时，接收器第一个灯也亮，表示两者第一只脚接在同一条线上；如果发射器的第一个灯亮时，接收器却没有任何灯亮起，那么这只脚与另一端的任一只脚都没有接通，可能是导线中间断了，或是两端至少有一个金属片未接触该条芯线。

五、实训指导

1. 双绞线电缆

双绞线电缆是将一对或一对以上相互缠绕的两根绝缘铜导线封装在一个绝缘外套中而形成的传输介质，是目前局域网最常用到的一种布线材料，一般用于星型网络的布线连接，两端安装有 RJ-45 连接器(水晶头)，连接网卡与集线器，最大网线长度为 100 m。

实训中使用的双绞线是 5 类非屏蔽双绞线，由 8 根线组成，颜色分别为：橙白、橙、绿白、绿、蓝白、蓝、棕白、棕。

2. RJ-45 连接器和双绞线线序

RJ-45 连接器由金属片和塑料构成，特别需要注意的是引脚序号，金属片面对使用者时，从左至右引脚序号是 1～8，这序号对于制作网络连线时非常重要，不能将其顺序弄错。在工程中使用比较多的是 T568A 和 T568B 标准，如图 2-26 所示。

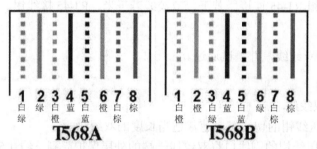

图 2-26　T568A 和 T568B 标准示意图

(1) 直通双绞线。直通双绞线一般用于设备节点的延伸，也就是说双绞线的作用只是将连接点的位置进行了改变，接头中各线位置并没有发生变化。采用直通线，双绞线的两端接头线序一致，即双绞线两端均采用 T568A 或 T568B 标准，下面显示了两端均采用 T568B 标准的情况：

	1	2	3	4	5	6	7	8	
A 端：	橙白	橙	绿白	蓝	蓝白	绿	棕白	棕	T568B 标准
B 端：	橙白	橙	绿白	蓝	蓝白	绿	棕白	棕	T568B 标准

(2) 交叉双绞线。在连接的设备之间存在通信的情况时，即双绞线两端连接的设备要通过双绞线进行数据通信时，一般采用交叉线。所谓交叉线，就是双绞线两端连接水晶头时采用不同的连接标准，一端采用 T568A 标准，另一端采用 T568B 标准。在进行集线器级联或交换机级联时，通常需要使用交叉双绞线。即双绞网线一端按照正常的线序(T568B)标准排列线缆，另一端按照 T568A 标准制作，将 1 线与 3 线交换，2 线与 6 线交换，下面显示了连接的情况：

	1	2	3	4	5	6	7	8	
A 端：	橙白	橙	绿白	蓝	蓝白	绿	棕白	棕	T568B 标准
B 端：	绿白	绿	橙白	蓝	蓝自	橙	棕白	棕	T568A 标准

(3) 说明：

① 双绞线在使用时，一段长度一般不能超过 100 m；

② 现代网络技术的发展，对交叉线和直通线的不同已经能够自适应，因此很多场合下都可以使用直通线，但有些严格要求必须使用交叉线的情况下，必须使用交叉线。

3. 压接工具

制作双绞线需要使用专门工具，主要有剥线钳和压线钳(见图 2-27)。现在一般有专门的多功能双绞线钳(卡线钳)，可以同时完成剪线、剥线、压线工作。

4. 测试工具

双绞线制作完成后，需要借助测线器来测试双绞线的连通性。实训中采用电缆测试仪。电缆测试仪是比较便宜的专用网络测试器，通常一组有两个部分：一个为信号发射器，另一个为信号接收器(见图 2-28)，双方各有 8 个 LED 灯及至少一个 RJ-45 插槽(有些同时具有 BNC、AUI、RJ-45 等测试功能)，使用非常方便。

图 2-27 压线钳

图 2-28 测线器

六、实训思考

1. 从理论上讲，直通双绞线和交叉双绞线的使用场合是什么？

2. 双绞线的布线标准有哪些？

3. 利用双绞线组建星型网络，线两端分别连接什么网络设备？

实训 4 组建小型局域网

一、实训目的

1. 掌握网络拓扑结构的概念；

2. 掌握组建小型局域网的方法；

3. 学习局域网共享资源的一般方法。

二、实训环境

网络实训室的环境本身就是一个小型的局域网，本实训的主要目的是通过网络参数的设置，在逻辑上对局域网有一个更深的认识；

实训时每四台计算机一组：

工作组名为：Z_X(X 为组号)；

计算机名称为：JSJ_X_n(X 为组号，n 为 X 组中的第 n 台计算机)；

计算机 IP：192.168.a.b(a=100+X，b=100+n，X 为组号，n 为 X 组中的第 n 台计算机)；

子网掩码：255.255.255.0。

三、实训内容

1. 组建小型局域网，配置网络参数；

2. 安装打印机；

3. 实现资源共享(文件夹、打印机共享)。

四、实训步骤

(1) 检查计算机和交换机的连接状态，保障网络硬件连接正常。

(2) 根据给各组分配的网络参数(工作组、计算机名、IP 地址)，标识各自的计算机。

(3) 添加其他网络硬件(如打印机等)。

(4) 设置共享资源。

(5) 访问共享资源。

五、实训指导

1. 对等网络

对等网络也称为工作组。处在对等网中的计算机可直接相互通信，所有计算机可直接访问其他计算机上的数据、软件和资源，不需要服务器来管理网络资源，维护费用、技术难度比较低，但是其安全性不高且功能有限，通常用于对网络要求不是很高的家庭和小规模的商业网络。每个用户决定自身计算机上的哪些数据在网络上共享，且每台计算机上的用户账号由其自身进行管理。

为了建立对等网络，应确保所有必要的硬件、设置、协议和服务都配置正确。所需要做的工作主要包括：在需要加入到网络中的每台计算机上安装合适的网卡，确定网络的拓扑结构，安装相关的网络服务(用来连接到网络上其他计算机的软件)，安装正确的网络协议。

2. 安装对等网络

目前的计算机应用环境中，大多采用 TCP/IP 协议。通过该协议既能实现内部局域网访问，又能满足浏览 Internet 网络的需求；而其他协议如 NetBEUI 在局域网中的应用也比较普遍。针对不同操作系统的计算机，添加协议的过程存在一些差别。值得注意的是，在有些操作系统中，如 Windows 2000/2003 等，默认有 TCP/IP 协议，所以不用添加；如果没有，可以通过手工的方式进行添加。下面以添加 NetBEUI 协议为例，介绍在计算机里安装协议的方法。具体的操作步骤如下：

(1) 右击"网上邻居"图标，在弹出的快捷菜单中选择"属性"命令，在出现的窗口中打开"本地连接属性"对话框，如图 2-29 所示。

(2) 单击"安装"按钮，弹出"选择网络组件类型"对话框，显示类型列表，如图 2-30 所示。

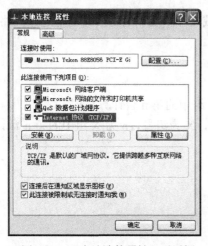

图 2-29　"本地连接属性"对话框

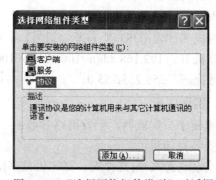

图 2-30　"选择网络组件类型"对话框

(3) 选择"协议"选项，再单击"添加"按钮，弹出"选择网络协议"对话框，常用网络协议名称列表显示其中，如图 2-31 所示。

(4) 单击待添加协议名称，如"NWLink IPX/SPX/NetBIOS Compatible Transport Protocol"，单击"确定"按钮即可完成添加。

注意：图 2-31 所示对话框中的"从磁盘安装"，用于安装操作系统本身不能提供的协议的情况，如用户自定义的网络协议。

(5) 按照相同方法可以添加其他协议。

计算机要想访问因特网，就必须添加并设置 TCP/IP 协议。协议设置包括 IP 地址、DNS、子网掩码、网关和 WINS 等内容。在图 2-29 所示的对话框中选择"Internet 协议(TCP/IP)"选项，单击"属性"按钮，弹出图 2-32 所示的对话框。

(6) 选择"使用下面的 IP 地址"单选按钮，在"IP 地址"文本框中输入合理的 IP 地址，如"192.168.101.1"，并输入相应的子网掩码，如"255.255.255.0"。当然，也可以设置该计算机通过自动获取的方式获得一个 IP 地址，这时在网络中要求有一个可用的 DHCP 服务器存在。

(7) 根据需要设置默认的网关地址和 DNS 服务器地址。默认网关可以是一台路由器或者一台主机，负责处理数据的目的地址未知的数据包。DNS 服务器主要负责主机名称到 IP 地址的解析工作。

(8) 单击"确定"按钮，设置完成。

至此，完成了对等网的各台计算机中协议的添加配置工作。

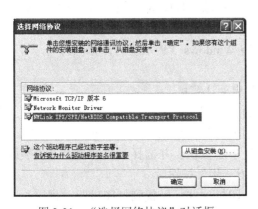

图 2-31 "选择网络协议"对话框

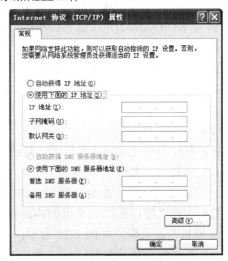

图 2-32 TCP/IP 属性对话框

3. 在网络中标识计算机

在网络中标识计算机，实际上是为计算机起一个具有唯一性的名字，目的是为了在网络中区别于其他的主机。建议在组网连接过程中，按具体情况对各台计算机进行统一的标识，这有助于对整个网络的管理操作。

设置计算机的标识步骤比较简单，步骤如下：

(1) 右击桌面上的"我的电脑"图标，在弹出的快捷菜单中选择"属性"命令，弹出"系统属性"对话框，单击"网络 ID"按钮，如图 2-33 所示。

(2) 单击"属性"按钮，弹出"计算机名称更改"对话框，如图 2-34 所示。

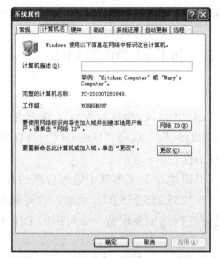

图 2-33　"系统特性"对话框　　　　图 2-34　"计算机名称更改"对话框

(3) 在"计算机名"文本框中输入计算机标识名，如"Computer-01"，在"隶属于"选项组中选择"工作组"单选按钮，并在文本框输入工作组名称"WORKGROUP"。

(4) 单击"确定"按钮，计算机要求重新启动。

注意：同一工作组成员的各台计算机在设置标识的过程中，"工作组"名称必须相同，如本例为 WORKGROUP，但名称不区分大小写。

4. 添加其他硬件——打印机

为了节约成本，往往需要对网络中某一台计算机添加打印机，并将其设置为共享状态，这样对等网络中其他多台计算机可通过网络共用这台打印机实现打印任务。

添加打印机的步骤也比较简单，这里以安装 Windows XP 系统的计算机为例，对应步骤如下：

(1) 将打印机连接到计算机上，接通电源并启动计算机。

(2) 选择"开始"—"设置"—"打印机和传真"命令，在打开的窗口中选择"文件"—"添加打印机"命令，弹出"添加打印机向导"对话框，单击"下一步"按钮。

(3) 选择"连接到此计算机的本地打印机"单选按钮，并选择"自动检测并安装即插即用打印机"复选框，如图 2-35 所示，单击"下一步"按钮。

(4) 系统将自动检测打印机。如果检测到打印机，并可以找到打印机驱动程序，则自动安装相应驱动程序并配置，如果找不到，则出现提示信息，如图 2-36 所示。

(5) 选择"使用以下端口"单选按钮，在下拉列表框中选择"LPT1"选项或根据需要选择其他端口，单击"下一步"按钮，如图 2-36 所示。

(6) 根据打印机的型号在"厂商"列表框中选择正确的选项，如这里选择"HP"。在"打印机"列表框中选择选项，如这里选择"HP DeskJet 1100C"，单击"下一步"按钮，如图 2-37 所示。若打印机不在列表中，可单击"从磁盘安装"按钮进行安装。

(7) 显示"命名打印机"界面，如图 2-38 所示，可以采用默认的名称，也可以指定其他的名称，单击"下一步"按钮。

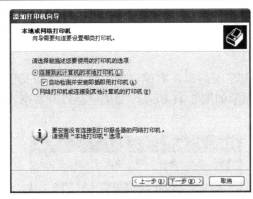

图 2-35 "本地或网络打印机"对话框

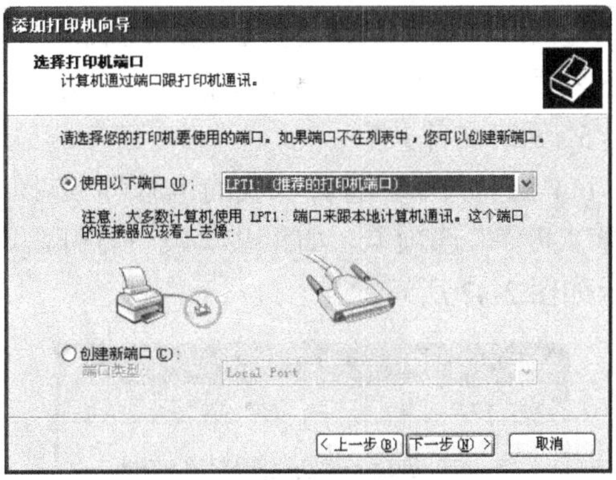

图 2-36 "选择打印机端口"对话框

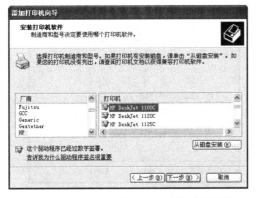

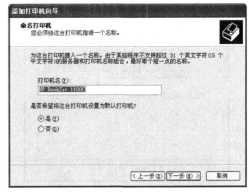

图 2-37 "安装打印机软件"对话框

图 2-38 "命名打印机"对话框

(8) 弹出"打印机共享"对话框，选择"不共享这台打印机"单选按钮，因为首先要保证打印机的安装是正确的，可以正常使用才能共享，否则设置共享是没有意义的。可以在安装结束后再设置共享。单击"下一步"按钮，确定是否打印测试页。

(9) 在"要打印测试页吗?"中选择根据情况选择"是"或"否"，安装正确的情况下，如果选择"是"，则可打印出一张测试样张，单击"下一步"按钮。

(10) 弹出"正在完成添加打印机向导"对话框，单击"完成"按钮，完成打印机的安装，如图 2-39 所示。安装完成后，计算机提示打印测试页是否正确。如果正确，单击"确定"按钮，会在"打印机和传真"窗口内出现已经安装成功的打印机图标，如图 2-40 所示。

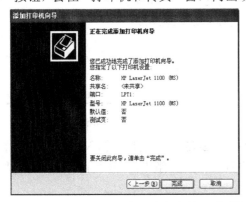

图 2-39 "正在完成添加打印机向导"对话框

图 2-40 "打印和传真"窗口

在网络中的各个设备安装完成之后，只需要做一些简单的设置就可以实现资源的共享。接下来看一看如何在网络中设置共享资源。

5. 网络文件共享

(1) 磁盘共享。打开"我的电脑"，选择要共享的磁盘，右键菜单选择"共享和安全"，选择"共享"选项卡，如果共享没有打开，则显示如图 2-41 所示，如果已经打开共享，则显示如图 2-42 所示。

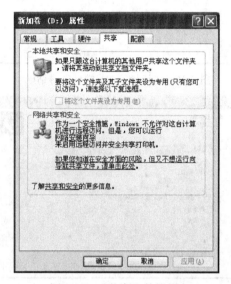

图 2-41　"共享"关闭状态　　　　　图 2-42　"共享"打开状态

第一次使用共享时，单击"网络共享和安全"框下的"网络安装向导"，出现欢迎及网络列表说明，单击"下一步"直到出现如图 2-43 所示界面，根据网络实际情况进行选择，对于类似网络实训室的局域网结构，可以选择"此计算机通过居民网关或网络上的其他计算机连接到 Internet"，单击"下一步"继续，如图 2-44 所示，根据实际情况修改计算机名。

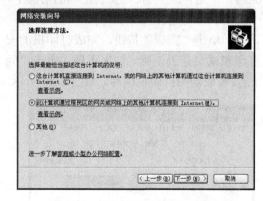
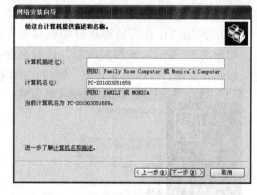

图 2-43　"选择连接方式"对话框　　　图 2-44　计算机名称和描述对话框

输入计算机描述后，单击"下一步"，出现如图 2-45 所示窗口，输入工作组的名称，原则上共享资源和使用共享资源的计算机应该在同一个工作组中，单击"下一步"，选择"启用文件和打印机共享"，如图 2-46 所示。

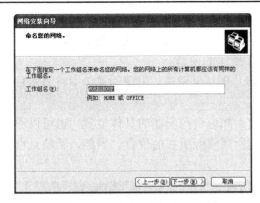

图 2-45 命名网络对话框

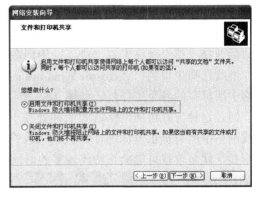

图 2-46 "文件和打印机共享"对话框

点击"下一步"直到出现如图 2-47 所示界面，选择"完成该向导，我不需要在其他计算机上运行该向导"，单击"下一步"直到回到图 2-42 所示界面，勾选"在网络上共享这个文件夹"。并根据实际使用情况决定是否勾选"允许网络用户更改我的文件"。最后单击"确定"完成共享工作。

共享成功后在共享的项目上会显示一个蓝袖子的手的图标，如图 2-48 所示。

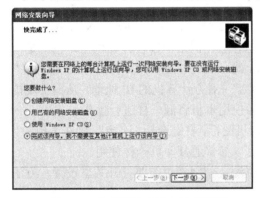

图 2-47 完成网络安装向导对话框

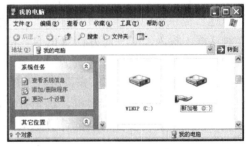

图 2-48 共享后图标窗口

文件夹的共享方法与磁盘共享方法相同。

(2) 打印机共享。选择"开始"—"打印机和传真"，选择要共享的打印机，右键选择"共享"菜单，如图 2-49 所示，输入要打印机的共享名称，确定即可。共享后的打印机上会出现一个蓝袖子的手的图标，如图 2-50 所示。

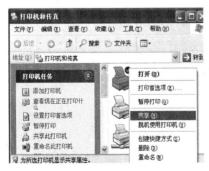

图 2-49 打印机和传真共享菜单

图 2-50 共享打印机后的窗口

(3) 共享资源的访问。可以通过两种方法进行访问：

一是通过"网上邻居"窗口。双击计算机的 Windows 桌面的"网上邻居"图标，打开窗口后选择"整个网络"双击进入，出现图 2-51 所示的窗口。

继续选择出现的"Microsoft Windows network"图标并双击，出现的窗口中将显示目前网络中所具有的各个工作组，如图 2-52 所示。

通过这种方式访问网络资源的好处在于即使不知道资源所在的具体位置，也可以通过查找网络中所有提供资源的计算机，来最终确定所需资源所在的位置。当然，其缺点也比较明显，就是查找可能会花费比较多的时间。

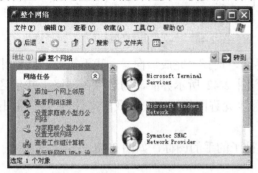

图 2-51　显示整个网络窗口

图 2-52　Microsoft Windows Network 窗口

另外一种方式是，如果用户知道所需的资源存放在网络中哪台计算机上，也就是说用户知道这台提供资源的计算机名称或者 IP 地址，就可以通过搜索计算机的方式，或者在"运行"对话框中输入"\\"+对方计算机的名称或"\\"+对方计算机的 IP 地址，从而实现访问资源的要求。找到共享文件夹资源后，就可以像使用本机资源一样进行操作。

对于共享的打印机，可以先选取共享的打印机图标，右键选择"连接"，则在本地的"打印机和共享"中出现一个打印机，这个打印机可以像普通打印机一样使用。

需要注意的是，要使用别的计算机的共享资源，使用者也需要打开共享设置，方法如前所示。

六、实训思考

1. 在小型网络中，要实现网络资源共享，需要做哪些工作？

2. 对于在局域网中的不同网段的共享资源能否通过网上邻居的方式进行访问？为什么？

实训 5　组建无线局域网络

一、实训目的

1. 通过实训，对无线局域网的知识有更深的理解；

2. 学习配置无线双机互联的方法；

3. 学习配置通过无线 AP 组建的无线局域网；

4. 学习配置无线 AP 互联组建的分布式无线网络。

二、实训环境

每组计算机两台、无线接入设备(AP)两台、无线网两块及无线网卡配套软件。

每组计算机无线网卡 IP 分配为：192.168.X.2—192.168.X.254；X=100+组号。

三、实训内容

1. 组建无线双机互连网络；

2. 组建多机(三机)无线局域网络；

3. 组建多 AP 互联无线局域网络(分布式无线网络)。

四、实训步骤

(1) 在二台计算机上安装无线网卡。

(2) 安装无线网卡驱动程序。

(3) 配置无线网卡 IP。

(4) 在两台计算机上更改"无线网络配置"中的"要访问的网络"选项，把"任何可用的网络"更改为"仅计算机到计算机(特定)"，并勾选"自动连接到非首选的网络"选项。

(5) 将其中作为主机的计算机添加"首选网络"的 SSID 为"PC_A"。

(6) 在作为副机的计算机上连接"PC_A"。

(7) 用 ping 命令测试主副机的连通性，在主机或副机上共享资源，在另外一台计算机上访问共享资源。

(8) 删除前面的无线参数的相关参数。

(9) 接通一台 AP 的电源，设置 AP 的 SSID 为 APX_1(X 为组号)，开启 DHCP 功能，主机和副机上的无线网卡自动获得 IP，查找该 APX_1 并连接，用 ping 命令测试主副机之间的连通性；在主机或副机上共享资源，在另外一台计算机上访问共享资源；考虑这种方式与前面的方式有什么异同。

(10) 清除前面的所有设置，接通两台 AP 的电源。

(11) 设置两台 AP 的 SSID 分别为 APX_1、APX_2(X 为组号)，打开 AP 上的 WDS，将两台 AP 连接起来。

(12) 主机连接 APX_1，副机连接 APX_2，用 ping 命令进行主副机之间连通性测试，在主机或副机上共享资源，在另外一台计算机上访问共享资源；考虑这种方式与前面介绍的两种方式有什么异同。

(13) 如果主副机不在同一个网段，如何设置？

五、实训指导

1. 配置无线双机互联

以第一组为例进行介绍，X=100+1。

(1) 设置无线网卡 IP：选择两台计算机，其中一台作为主机，取名为 PC_A，另一台为副机，取名为 PC_B。设置主机的无线网卡的 IP 地址为 192.168.101.100，副机的无线网卡 IP 设置为 192.168.101.200，掩码为均为 255.255.255.0，网关和 DNS 可以不填写，两台计算机子 IP 可以在 192.168.101.2—192.168.101.254 间任意设置，但要在同网段。

(2) 在主副机的桌面上的"网上邻居"图标上右键，选择"属性"菜单，显示计算机上已经存在的网络连接，右键单击无线网络连接的"无线网络连接 2"图标，选择"属性"菜单，显示"无线网络连接 2"属性，如图 2-53 所示，点击"无线网络配置"选项卡，出现如图 2-54 所示的对话框。

图 2-53　"网络连接"对话框　　　　　图 2-54　"无线网络配置"选项卡

　　注意，如果无线网卡的属性中没有无线网络配置，是因为在系统的服务里禁用了 Wireless Zero Configuration 服务选项。要用无线网卡就把这项服务启动，并且设置成自动即可。

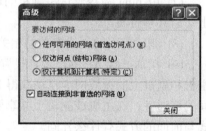

　　(3) 在主、副机的"无线网络配置"选项中，单击右下角的"高级"按钮，在出现的页面中更改"要访问的网络"选项，即把"任何可用的网络"更改为"仅计算机到计算机(特定)"，并勾选"自动连接到非首选的网络"选项，按"关闭"结束此步骤，如图 2-55 所示。两台计算机都进行此步操作。

图 2-55　无线网络高级配置对话框

　　(4) 在作为主机的计算机上，在"无线网络配置"页面，单击"首选网络"下方的"添加"按钮，弹出 "无线网络属性"，如图 2-56 所示，在"网络名(SSID)"栏中输入"PC_A"，将"即使此网络未广播，也进行连接"的对号去掉，将"数据加密"选项改成"已禁用"，依次点击"确定"按钮退出。然后在首选网络中出现刚才设置的"PC_A"网络，如图 2-57 所示。

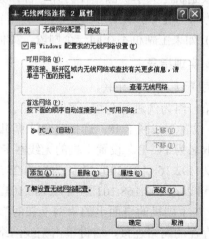

图 2-56　添加首选无线网络对话框　　　图 2-57　"无线网络配置"选项卡

　　(5) 在副机上，用鼠标右键单击任务栏右侧的无线网络连接状态指示图标，这时可以发现在弹出的"连接到无线网络"对话框中已经有了一个标志为"PC_A"的可用无线网络，然后点击"连接"按钮，出现如图 2-58 所示界面。

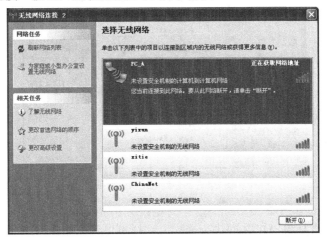

图 2-58　"选择无线网络"窗口

(6) 在主机上用 ping 命令测试与副机的联通性，在副机上进行相同的操作，查看与主机的连通性。

2. 配置无线局域网

无线局域网配置较为简单，可以采用固定 IP 或自动获得 IP 进行，本例以 TP-LINK 的 TL-WR941N 为例进行讲解。

(1) 进入无线路由器的配置界面，在无线设置—基本设置项中设置 SSID 号为"AP1_1"（"APX_n"，X：组号，n：第 n 台 AP），如图 2-59 所示。

(2) 在 DHCP 服务器的 DHCP 服务下，设置启用 DHCP 服务器，地址池的参数输入为 192.168.1.120 至 192.168.1.129(设置为 192.168.X.120—192.168.X.129，X 为组号)，如图 2-60 所示。

图 2-59　设置 SSID 界面

图 2-60　启用 DHCP 界面

(3) 将测试用主副计算机的 IP 设置为自动获得，在桌面上的"网上邻居"图标上右键单击，选择"属性"菜单，显示计算机上已经存在的网络连接，选择"无线网络连接 2"图标并右键单击，选择"查看可用的无线连接"，显示如图 2-61 所示的界面。

无线网络连接界面中，对"选择无线网络"中的"AP1_1"单击选中，单击右下角"连接"按钮，如图 2-61 所示。进行无线连接，将所有用于测试的计算机都用这种方法连接到无线局域网中，在其中一台测试机中用 ping 对其他计算机进行连通性测试。

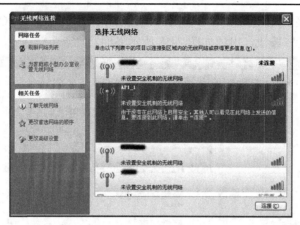

图 2-61　连接无线 AP 窗口

3. 配置无线分布式网络

无线分布式网络是将 AP 之间进行连接，这样可以延长无线网络的连接距离，同时连接的 AP 可以通过抬高天线、增加功率等措施使无线的连接距离更远。

AP 之间的连接需要 AP 具有 WDS 功能，它是无线基站之间进行联系通讯的系统。具体设置方法如下：

(1) 在其中一台无线路由器中，选择"无线设置"—"基本设置"，设置 SSID 号为 AP1_1，另一台设置为 AP1_2。

(2) 勾选"WDS"，显示如图 2-62 所示界面，点击"扫描"，显示如图 2-63 所示界面，选择"AP1_2"，点击"连接"，出现如图 2-64 所示界面。在另一台 AP 上进行相同的设置。

图 2-62　配置无线路由器界面

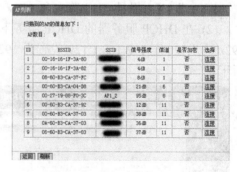

图 2-63　选择连接的 AP

图 2-64　桥接到另一台 AP

(3) 测试：利用前面的无线局域网测试方式，将测试计算机 PC_A 连接到 AP1_1 上，将测试计算机 PC_B 连接到 AP1_2 上，使用 ping 命令进行这两台计算机间的连通性测试。

六、实训思考

1. 双机互连、双机连接到 AP 及 WDS 方式中，都可以访问到对方的共享资源，在连接上有什么异同？这几种方式各适合在什么情况下使用？

2. 如果主机和副机不在一个网段内，在 WDS 方式下能否连通？如何设置？

3. 当主副机距离较远时，无线连接方式中哪一种较为合理？为什么？

第 3 章　　网络互联技术

随着互联网接入技术的不断发展，原来以 56 Kb/s 的 Modem、ISDN 为代表的窄带接入方式很快就被各种实用的宽带接入方式所取代。在各种宽带接入方式中，在我国最先得益的还是在数据通信方面占绝对优势的中国电信。中国电信首先利用其拥有相当完善、庞大的固定电话网的绝对优势，早在 2001 年就开始推出了实用的 ADSL 宽带接入方式，同年中国广播电视总局推出了同样在国外已进入实用阶段的 CM(Cable Modem)接入方式。除此之外，光纤以太网接入、无线宽带接入、电力线宽带接入等方式也得到了很快发展。为系统了解各种接入方式，本章将在逐步展开对各种网络互联技术介绍的基础之上，对以上各种宽带接入方式进行综合介绍。

3.1　TCP/IP 协议的参考模型

TCP/IP 协议是 Internet 所采用的通信协议，同时也是目前使用最广泛、不依赖于特定硬件平台的网络协议之一。随着 Internet 技术和应用的发展，TCP/IP 也成为局域网中必不可少的协议。TCP/IP 协议连接世界各国、各部门、各机构的计算机网络，从而形成了 Internet。目前，各主要计算机公司和一些软、硬件厂商的计算机网络产品，几乎都支持 TCP/IP 协议。因此，TCP/IP 协议已经成为实际上的标准。

TCP/IP 协议使得连接在 Internet 中的每台计算机，不论是否属于同一类型，也不论是否使用相同的操作系统，都能方便地进行数据传输和实现资源共享。TCP/IP 协议是以传输控制协议(Transmission Control Protocol，TCP)和网际协议(Internet Protocol，IP)为核心的一组协议。

TCP/IP 协议采用了分层体系结构，所涉及的层次包括网络接口层、网间网层、传输层、应用层，TCP/IP 协议参考模型如表 3-1 所示。

表 3-1　TCP/IP 协议的参考模型

应用层	HTTP、FTP、SMTP、Telnet、BGP、SNMP、TFTP、RIP、BOOTP、DNS、DHCP
传输层	TCP、UDP
网间网层	IP、ICMP、IGMP、ARP、RARP、OSPF
网络接口层	Ethernet、Token、Ring、FDDI、ATM

(1) 网络接口层。为了在网络上将物理的数据信号准确无误地发送与接收，需要在网络的数据链路层和物理层进行通信控制，包括将直接与网络传输介质接触的硬件设备中的比特流转换成电信号等。在 TCP/IP 网络中，数据链路层和物理层的协议由各物理网络来进

行定义,如 FDDI、以太网、令牌环网、帧中继、X.25 网等,而 TCP/IP 协议的网络接口层提供了 TCP/IP 与各种物理网络的接口,使 TCP/IP 协议与具体的物理传输媒体无关,体现了 TCP/IP 协议的包容性和适应性,为因特网的形成奠定了基础。

(2) 网间网层。网间网层的主要协议是无连接的网际协议 IP。与网际协议配合使用的还有地址解析协议 ARP、反向地址解析协议 RARP 和因特网控制报文协议 ICMP 等。TCP/IP 协议的网间网层对应 OSI 参考模型中的网络层,由于网际协议是用来使互连起来的许多计算机网络能够进行通信的,因此 TCP/IP 体系中的网络层称为网间网层或 IP 层。

网间网层负责主机之间的通信,传输的数据单位是 IP 数据报。其功能有三个:

① 将传输层送来的报文段或用户数据报装入 IP 数据报,填完报头,选择到达目的主机的路由,将 IP 数据报发往适当的网络接口。

② 对从网络接口收到的 IP 数据报,首先检查其合理性,然后进行寻径,若该数据报已到达目的地(本机),则去掉报头,将剩下的数据部分交给传输层;否则转发该 IP 数据报。

③ 处理网间网层差错与控制报文,处理路径、流量控制、拥塞等问题。

该层的其他协议提供 IP 协议的辅助功能,协助 IP 协议完成 IP 数据报的传送。在 TCP/IP 网络中,所有上层软件的外出数据报都必须通过 IP 层传输,而所有下层协议收到的进入数据都必须交 IP 协议处理,判断是转发、接收还是抛弃,即 IP 协议在 TCP/IP 协议簇中处于核心地位。

TCP/IP 通过 IP 层为不同的物理网络搭建了一个平台,作为传输 IP 数据报的通道,而 IP 层又通过网络接口层与不同的网络打交道,向下实现互连,向上提供通用的无连接数据报服务。

(3) 传输层。TCP/IP 的传输层相当于 OSI 参考模型的传输层,提供从信源应用进程到信宿应用进程的报文传送服务。在这一层,主要有传输控制协议(TCP 协议)和用户数据报协议(UDP 协议),它们都建立在 IP 协议的基础上,其中 TCP 协议提供可靠的面向连接服务,UDP 提供简单的无连接服务。

(4) 应用层。TCP/IP 的应用层对应于 OSI 参考模型的会话层、表示层和应用层,向用户提供一组常用的应用协议,是用户访问网络的接口。应用层协议可分为三类:

① 依赖于 TCP 的应用协议,如远程终端协议 Telnet、电子邮件协议 SMTP、文件传输协议 FTP、超文本传输协议 HTTP、外部网关协议 BGP 等。

② 依赖于 UDP 的协议,如单纯文件传输协议 TFTP、简单网络管理协议 SNMP、内部网关协议 RIP、动态主机 IP 地址分配协议 DHCP 和引导程序协议 BOOTP 等。

③ 依赖于 TCP 和 UDP 的协议,如域名系统 DNS。

当然,一些没有标准化地建立在 TCP/IP 协议簇之上的用户应用程序(或专用程序)也属于应用层。

3.2 IP 协 议

IP 协议是 TCP/IP 参考模型中最重要的协议之一,也是最重要的因特网标准协议之一。本节重点介绍 IP 地址、它的组成与分类、子网和子网掩码的概念以及怎样确定子网掩码和子网的划分方法。

3.2.1　IP 协议的作用

　　IP 协议工作时的角色相当于 OSI 参考模型的第三层。IP 协议定义了 Internet 上相互通信的计算机的 IP 地址，并通过路由选择，将数据报由一台计算机传递到另一台计算机。IP 协议提供点到点无连接的数据报传输机制，它只检验 IP 报头，不能保证传输的可靠性，丢失数据的恢复或者数据的纠错是由上一级协议进行的。

3.2.2　IP 地址

1. IP 地址的含义

　　在全球范围内，每个家庭都有一个地址，而每个地址的结构都是由国家、省、市、区、街道和门牌号这样一个层次结构组成的，因此每个家庭地址是全球唯一的。有了这个唯一的家庭住址，信件的投递才能够正常进行，不会发生冲突。同样的道理，覆盖全球的 Internet 主机组成了一个大家庭，为了实现 Internet 上不同主机之间的通信，除使用相同的通信协议(TCP/IP 协议)以外，每台主机都必须有一个不与其他主机重复的地址，这个地址就是 Internet 地址，它相当于通信时每台主机的名字。Internet 地址包括 IP 地址和域名地址，它们是 Internet 地址的两种表示方式。所谓 IP 地址就是给每个连接在 Internet 上的主机分配一个在全世界范围内唯一的 32 位二进制比特串，它通常采用更直观的、以圆点"."分隔的 4 个十进制数字表示，每一个数字对应于 8 个二进制位，如某一台主机的 IP 地址为 10.48.4.158。IP 地址的这种结构使每一个网络用户都可以很方便地在 Internet 上进行寻址。

　　主机(Host)是资源子网的重要组成单元，它既可以是大型机、中型机或小型机，也可以是局域网中的微型机，是软件资源和信息资源的拥有者。

2. IP 地址的组成及分类

1) IP 地址的组成

　　从逻辑上讲，在 Internet 中，每个 IP 地址由网络地址和主机地址两部分组成，如图 3-1 所示。位于同一物理子网的所有主机和网络设备(如服务器、路由器、工作站等)的网络地址是相同的，而通过路由

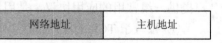

图 3-1　IP 地址的结构

器互连的两个网络，一般认为是两个不同的物理网络。对于不同物理网络上的主机和网络设备而言，其网络地址是不同的。网络地址在 Internet 中是唯一的。

　　主机地址是用来区别同一物理子网中不同的主机和网络设备的，在同一物理子网中，必须给出每一台主机和网络设备的唯一一主机地址，以区别于其他的主机。

　　在 Internet 中，网络地址和主机地址的唯一性决定了每台主机和网络设备的 IP 地址的唯一性。在 Internet 中根据 IP 地址寻找主机时，首先根据网络地址找到主机所在的物理网络，在同一物理网络内部，主机的寻找是网络内部的事情，主机间的数据交换则是根据网络内部的物理地址来完成的。因此，IP 地址的定义方式是比较合理的，它对于 Internet 上不同网络间的数据交换非常有利。

2) IP 地址的表示方法

　　前面已经提到，基于 IPv4 的一个 IP 地址共有 32 位二进制，即由 4 个字节组成，平均

分为 4 段，每段 8 位二进制(1 个字节)。为了简化记忆，用户实际使用 IP 地址时，几乎都将组成 IP 地址的二进制数记为 4 个十进制数表示，每个十进制数的取值范围是 0～255，每相邻两个字节的对应十进制数间用 "." 分隔。IP 地址的这种表示法叫做 "点分十进制表示法"，显然这比全是 "1"、"0" 容易记忆。

下面是一个将二进制 IP 地址用点分十进制来表示的例子：

二进制地址格式：　　　　00001010 00110000 00000100 10011110

十进制地址格式：　　　　10.48.4.158

计算机的网络协议软件很容易将用户提供的十进制地址格式转换为对应的二进制 IP 地址，再供网络互连设备识别。

3) IP 地址的分类

IP 地址的长度确定后，其中网络地址的长度将决定 Internet 中能包含多少个网络，主机地址的长度将决定每个网络能容纳多少台主机。由于各种网络的差异很大。有的网络拥有的主机多，而有的网络上的主机则很少，而且各网络的用途也不尽相同。所以，根据网络的规模大小，IP 地址一般分为 5 类：A 类、B 类、C 类、D 类和 E 类。其中 A、B 和 C 类地址是基本的 Internet 地址，是用户使用的地址，为主类地址。D 类和 E 类为次类地址。各类 IP 地址的表示如图 3-2 所示。

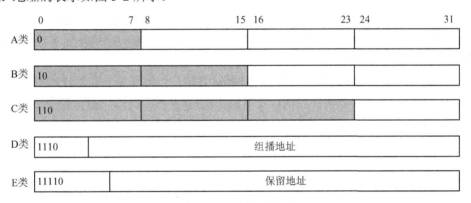

图 3-2　IP 地址的分类

A 类地址的前一个字节表示网络地址，且最前端一个二进制位固定是 "0"，因此其网络地址的实际长度为 7 位。主机地址的长度为 24 位，表示的地址范围是 1.0.0.0～126.255.255.255。A 类地址允许有 $2^7-2 = 126$ 个网络(网络地址的 0 和 127 保留用于特殊目的)，每个网络有 $2^{24}-2 = 16\ 777\ 214$ 个主机。A 类 IP 地址主要分配给具有大量主机而局域网络数量较少的大型网络。

B 类地址的前两个字节表示网络地址，且最前端的两个二进制位固定是 "10"，因此其网络地址的实际长度为 14 位。主机地址的长度为 16 位，表示的地址范围是 128.0.0.0～191.255.255.255。B 类地址允许有 $2^{14} = 16\ 384$ 个网络，每个网络有 $2^{16}-2 = 65\ 534$ 个主机。B 类 IP 地址适用于中等规模的网络，一般用于一些国际性大公司和政府机构等。

C 类地址的前 3 个字节表示网络地址，且最前端的 3 个二进制位是 "110"，因此其网络地址的实际长度为 21 位。主机地址的长度为 8 位，表示的地址范围是 192.0.0.0～223.255.255.255。C 类地址允许有 $2^{21} = 2\ 097\ 152$ 个网络，每个网络有 $2^8-2 = 254$ 个主机。

C 类 IP 地址结构适用于小型的网络,如一般的校园网、一些小公司和研究机构等。

D 类 IP 地址不标识网络,一般用于其他一些特殊用途,如供特殊协议向选定的节点发送信息时使用,它又被称做广播地址。它的地址范围是 224.0.0.0～239.255.255.255。

E 类 IP 地址尚未使用,暂时保留以备将来使用。它的地址范围是 240.0.0.0～247.255.255.255。

从 IP 地址的分类方法来看,A 类地址的网络数量最少,只有 126 个;B 类地址有 16 000 多个;C 类地址最多,总计达 200 多万个。值得一提的是,5 类地址是完全平级的,它们之间不存在任何从属关系。

3. Internet 上的几个特殊 IP 地址

除了上面五种类型的 IP 地址外,还有以下几种特殊类型的 IP 地址。

(1) 多点广播地址。凡 IP 地址中的第一个字节以"1110"开始的地址都叫多点广播地址。因此,第一个字节大于 223 小于 240 的任何一个 IP 地址都是多点广播地址。

(2) "0"地址。网络地址的每一位都为"0"的 IP 地址,叫"0"地址。网络地址全为"0"的网络被称为本地子网,当主机跟本地子网内的另一主机进行通信时,可使用"0"地址。

(3) 全"0"地址。IP 地址中的每一个字节都为"0"的地址("0.0.0.0"),对应于当前主机。

(4) 有限广播地址。IP 地址中的每一个字节都为"1"的 IP 地址("255.255.255.255")叫做当前子网的广播址。当不知道网络地址时,可以通过有限广播地址向本地子网的所有主机进行广播。

(5) 环回地址。IP 地址一般不能以十进制数"127"作为开头。以"127"开头的地址,如 127.0.0.1,通常用于网络软件测试以及本地主机进程间的通信,也即环回地址。

3.2.3　划分子网

1. 子网

上小节中的分类地址存在一些不合理之处,具体体现在以下几个方面:

(1) IP 地址空间利用率低。如采用 A 类地址的网络可连接 1600 万个以上的主机,而每个 B 类地址网络可连接的主机数也达到 65000 个以上,可是实际上有些网络连接的主机数目远远达不到这样大的数值,如 10Base-T 以太网的工作站数最大只有 1024 个。一个单位的剩余地址,无法供其他单位使用,造成了 IP 地址的浪费,导致有限地址空间资源被过早耗尽。

(2) 如果一个网络上安装过多主机,会因拥塞而影响网络性能。

(3) 如果一个单位的物理网络太多,给每个物理网络分配一个网络号,会使路由表太大,并在查询路由时耗费更多的时间。同时,也使路由器之间定期交换的路由信息大量增加,从而使路由器和整个因特网的性能下降。

为了解决分类地址存在的不合理性,人们提出了"划分子网"概念。

子网是指一个组织中相连的网络设备的逻辑分组。一般来说,子网可表示为某地理位置内(某大楼或相同局域网中)的所有计算机。将网络划分成一个个逻辑段(即子网),可以更好地管理网络,同时,也可以提高网络性能,增强网络安全性。另外,将一个组织内的网络划分成各个子网,只需要通过单个共享网络地址,即可将这些子网连接到因特网上,从而减缓了因特网 IP 地址的耗尽问题。用路由器来连接 IP 子网，还可最小化每个子网必须接收的通信量。

IP 地址的 32 个二进制位所表示的网络数目是有限的，因为每一个网络都需要一个唯一的网络地址来标识。在制定编码方案时，人们常常会遇到网络数目不够用的情况，解决这题的有效手段是采用子网寻址技术。划分子网的方法是：将表示主机地址的二进制数中划分出一定的位数用来作为本网的各个子网，剩余的部分作为相应子网的主机地址。划分多少位二进制给子网，主要根据实际所需的子网数目而定。这样在划分了子网以后，地址实际上就由三部分组成：网络地址、子网地址和主机地址。

划分子网是解决 IP 地址空间不足的一个有效措施。把较大的网络划分成小的网段，并由路由器、网关等将网络互连设备连接，这样既可以方便网络的管理，又能够有效地减轻网络拥挤，提高网络的性能。

2. 子网掩码

为了进行子网划分，就必须引入子网掩码的概念。子网掩码是一个 32 位二进制的值，用于屏蔽 IP 地址的一部分以区别网络地址和主机地址，并说明该 IP 地址是在局域网上还是在远程网上。子网掩码的表示形式和 IP 地址的表示类似，也是用圆点“.”分隔开的 4 段共 32 位二进制数，如图 3-3 所示。为了便于记忆，通常用十进制数来表示。

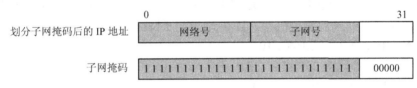

图 3-3　子网掩码

用子网掩码判断 IP 地址的网络地址与主机地址的方法是用 IP 地址与相应的子网掩码进行“AND”运算，这样可以区分出网络地址部分和主机地址部分。二进制“AND”运算规则如表 3-2 所示。

表 3-2　二进制“AND”运算规则

组合类型	结　果
0 “AND” 0	0
0 “AND” 1	0
1 “AND” 0	0
1 “AND” 1	1

例如：

IP 地址：	11000000.10101000.00000010.00001100	192.168.2.12
子网掩码：	11111111.11111111.11111111.00000000	255.255.255.0
AND		
	11000000.10101000.00000010.00000000	192.168.2.0

这是一个 C 类 IP 地址和子网掩码，该 IP 地址的网络地址为 192.168.2.0，主机地址为 12。上述子网掩码的使用，实际上是把一个 C 类地址作为一个独立的网络，前 24 位为网络地址，后 8 位为主机地址，一个 C 类地址可以容纳的主机数为 $2^8 - 2 = 254$ 个(全 0 和全 1 除外)。

3. 子网掩码的确定

由于表示子网地址和主机地址的二进制位数分别决定了子网的数目和每个子网中的主机个数，因此我们在确定子网掩码前，首先必须弄清楚实际要使用的子网数和主机数目。下面我们来看一个例子。

某一物流公司申请了一个 C 类网络，假设其 IP 地址为 192.168.a.b 该企业由 10 个子公司构成，每个子公司都需要自己独立的子网络。确定该网络的子网掩码一般分为以下几个步骤：

(1) 确定哪一类 IP 地址可供使用。该网络的 IP 地址为"192.168.a.b"，说明是 C 类 IP 地址，网络地址为"192.168.a"，主机地址为"b"。

(2) 根据现在所需的子网数以及将来可能扩充到的子网数，用一些二进制位来定义子网地址。比如现在有 10 个子公司，需要 10 个子网，将来可能扩建到 14 个。则我们将第四个字节的前 4 位确定为子网地址($2^4-2 = 14$)。前 4 位都置为"1"，即第四个字节为"11110000"。

(3) 把对应初始网络的各个二进制位都置为"1"，即前 3 个字节都置为"1"，则子网掩码的二进制表示形式为"11111111.11111111.11111111.11110000"。

(4) 最后再将该子网掩码的二进制表示形式转化为十进制形式为"255.255.255.240"，这个数即为该网络的子网掩码。

在实际应用中，不论 IP 地址属于哪一类，都可以根据网络建设的需要，人为定义其实际的子网掩码。使用子网掩码能很快地识别实际网络中两个主机的 IP 地址是否属于同一网络。如主机 A 与主机 B 要交换信息。其 IP 地址和子网掩码是：

主机 A：IP 地址为 192.168.1.10

　　　　子网掩码为 255.255.255.0

　　　　路由器地址为 192.168.1.1

主机 B：IP 地址为 192.168.2.11

　　　　子网掩码为 255.255.255.0

　　　　路由器地址为 192.168.2.1

路由器从端口 192.168.1.1 接收到主机 A 发往主机 B 的 IP 数据报文后的处理过程如下：

(1) 首先用端口 192.168.1.1 与子网掩码 255.255.255.0 进行逻辑"与"，得到端口网段地址为 192.168.1.0。

(2) 将目的地址 192.168.2.11 与子网掩码 255.255.255.0 进行逻辑"与"，得到 192.168.2.0。

(3) 将结果 192.168.2.0 与端口网段地址 192.168.1.0 比较。如果相同，则认为是本网段的，不予转发；如果不相同，则将该 IP 报文转发到端口 192.168.2.1 所对应的网段。

4. A 类、B 类、C 类 IP 地址的标准子网掩码

由子网掩码的定义我们可以看出，A 类地址、B 类地址和 C 类地址的标准子网掩码如表 3-3 所示。

表 3-3　IP 地址的标准子网掩码

地址类型	二进制子网掩码表示	十进制子网掩码表示
A 类	11111111 00000000 00000000 00000000	255.0.0.0
B 类	11111111 11111111 00000000 00000000	255.255.0.0
C 类	11111111 11111111 11111111 00000000	255.255.255.0

5. 子网划分的方法

要将一个单位所属的物理网络划分为若干子网,可用主机号的若干比特作为子网号字段,主机号字段则相应减少若干比特,这样两层的 IP 地址在一个单位内部就变成 3 层 IP 地址:{<网络号>,(子网号),<主机号>},如图 3-4 所示。

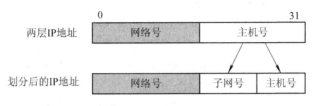

图 3-4 子网的划分

由于划分子网,只是将 IP 地址的主机号字段进行再划分,而不改变 IP 地址的网络号。因此,从外部发往本单位某个主机的 IP 数据报,仍根据 IP 数据报的目的网络号找到连接在本单位网络上的路由器,此路由器再根据目的网络号和子网号找到目的子网,最后由目的子网将 IP 数据报送往目的主机。

6. 配置主机的 IP 地址和子网掩码

IP 地址和子网掩码的配置可按如下步骤进行操作(以 Windows XP 为例):

(1) 在桌面上右击"网上邻居"图标,然后在弹出的快捷菜单中选择"属性"命令。

(2) 在弹出的"网络连接"窗口中选择"本地连接"图标并右击,在弹出的快捷菜单中选择"属性"命令。

(3) 选择"Internet 协议(TCP/IP)"选项,再单击"属性"按钮,弹出如图 3-5 所示的对话框。

(4) 选择"使用下面的 IP 地址"单选按钮,输入本机的 IP 地址为 192.168.6.188,输入本网段的子网掩码为 255.255.255.0。

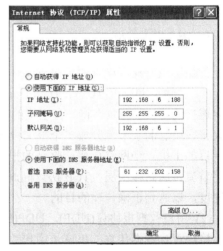

图 3-5 配置 IP 地址和子网掩码

3.2.4 IP 地址的发展趋势

随着全球互联网的快速增长,接入互联网的网络和主机数目随之快速膨胀,32 位的 IPv4 地址空间即将用完。为了满足应用对 IP 地址空间的需求,20 世纪 90 年代初开发出了 128 位的 IPv6 地址格式,IPv6 兼容 IPv4 地址格式以及所有的网络应用,并作为下一代地址互联网的标准协议。

下面对 IPv4、IPv6 进行一些简单的比较。

(1) IPv4 是当前互联网络中广泛采用的地址格式。缺点是:地址不够,整个中国的地址还不及美国一个大学的地址多;不安全,不能进行保密传送;地址分配效率低,只有 0.22%~0.33%;不适合无线及多媒体传送,只适合数据传送。

(2) IPv6 格式有以下几个优点：

① 有更大的地址空间。地址长度为 128 位，几乎可以不受限制地提供地址。按保守方法估算 IPv6 实际可分配的地址，可以使整个地球每平方米面积上分配 1000 多个地址。

② 更小的路由表。IPv6 的地址分配一开始就遵循聚类(Aggregation)原则，这使得路由器能在路由表中用一条记录(Entry)的长度表示一片子网，提高了路由器转发数据包的速度。

③ 增强的组播(Multicast)支持以及流控制(Flow Control)。这使得网络上的多媒体应用有了长足发展的机会，为服务质量(QoS)控制提供了良好的网络平台。

④ 加入了对自动配置(Auto-configuration)的支持。这是对 DHCP 协议的改进和扩展，使得网络(尤其是局域网)的管理更加方便和快捷。

⑤ 更高的安全性。在 IPv6 网络中用户可以对网络层的数据进行加密并对 IP 报文进行校验，极大地增强了网络安全。

IPv6 的缺点是：地址分配效率特别低，只有 0.01%～0.03%。

3.3　TCP/IP 协议簇简介

3.3.1　传输层协议

传输层主要使用以下两种协议：

(1) 传输控制协议(TCP)。TCP(Transmission Control Protocol，TCP)协议是一种可靠的面向连接的协议，它允许将一台主机的字节流(Byte Stream)无差错地传送到目的主机。TCP 协议将应用层的字节流分成多个报文段(Segment)，然后将一个个报文段传送到网络层，发送到目的主机。当网络层将接收到的报文段传送给传输层时，传输层再将多个报文段还原成字节流传送到应用层。TCP 协议同时还要完成流量控制功能，协调收发双方的发送与接收速度，以达到正确传输的目的。

(2) 用户数据报协议(UDP)。UDP(User Datagram Protocol，UDP)协议是一种不可靠的无连接协议，数据传输的单位是用户数据报。它主要用于不要求分组顺序到达的传输中，分组传送顺序检查与排序由应用层完成。它也被广泛地应用于只有一次的客户/服务器模式的请求/应答查询，以及快速递交比准确递交更重要的应用程序，如传输语音或图像。

3.3.2　应用层协议

应用层是体系结构中的最高一层。应用层直接为用户的应用进程提供服务。这里的进程就是指正在运行的程序。应用层包括了所有的高层协议，并且总是不断有新的协议加入。目前，常用应用层协议主要有以下几种：

(1) 远程终端协议 Telnet。Telnet 协议是 TCP/IP 协议族中的一员，是 Internet 远程登录服务的标准协议和主要方式。它为用户提供了在本地计算机上完成远程主机工作的能力。在终端使用者的电脑上使用 Telnet 程序，用它连接到服务器后，终端使用者可以在 Telnet 程序中输入命令，这些命令会在服务器上运行，就像直接在服务器的控制台上输入一样，可以在本地控制服务器。要开始一个 Telnet 会话，必须输入用户名和密码来登录服务器。

Telnet 是常用的远程控制 Web 服务器的方法。

(2) 文件传送协议(File Transfer Protocol，FTP)。FTP 协议用于 Internet 上的控制文件的双向传输。用户可以通过它把自己的 PC 机与世界各地所有运行 FTP 协议的服务器相连，访问服务器上的大量程序和信息。FTP 的主要作用，就是让用户连接上一个远程计算机(这些计算机上运行着 FTP 服务器程序)查看远程计算机有哪些文件，然后把文件从远程计算机上拷到本地计算机，或把本地计算机的文件送到远程计算机去。

(3) 简单邮件传送协议(Simple Mail Transfer Protocol，SMTP)协议。SMTP 协议是一组用于由源地址到目的地址传送邮件的规则，由它来控制信件的中转方式。SMTP 协议属于 TCP/IP 协议族，它帮助每台计算机在发送或中转信件时找到下一个目的地。通过 SMTP 协议指定服务器，就可以把 E-mail 寄到收信人的服务器上。SMTP 服务器则是遵循 SMTP 协议的发送邮件服务器，用来发送或中转发出的电子邮件。

(4) 简单网络管理协议(Simple Network Management Protocol，SNMP)。SNMP 协议是专门设计用于 IP 网络管理网络节点(服务器、工作站、路由器、交换机及集线器等)的一种标准协议。SNMP 使网络管理员能够管理网络效能，发现并解决网络问题以及规划网络增长。通过 SNMP 接收随机消息(及事件报告)，网络管理系统可获知网络出现问题。

(5) 超文本传送协议(Hyper Text Transfer Protocol，HTTP)协议。HTTP 协议是客户端浏览器或其他程序与 Web 服务器之间的应用层通信协议。在 Internet 上的 Web 服务器上存放的都是超文本信息，客户机需要通过 HTTP 协议传输所要访问的超文本信息。HTTP 包含命令和传输信息，不仅可用于 Web 访问，也可以用于其他因特网/内联网应用系统之间的通信，从而实现各类应用资源超媒体访问的集成。

3.4　端口与服务

3.4.1　端口的概念

端口位于传输层与应用层的接口处，对应于 OSI/RM 的传输层服务访问点 TSAP。TCP 和 UDP 都使用端口与上层的应用进程进行通信。即应用层的各种进程通过相应端口将数据报文传输给传输层实体。反之，当传输层收到 IP 层传输来的数据(TCP 报文段、UDP 用户数据)时，也要根据其首部的端口号来决定应当通过哪一个端口上交给应当接收此数据的应用进程。由此可知，没有端口，传输层就无法知道应将接收的数据交给应用层的哪个进程，也就谈不上应用进程与传输层进行交互。所以，端口是用来标识应用进程的。但是，由于在传输层使用了复用和分用技术，在传输层与网络层的交互过程中看不见各种应用进程，而只有 TCP 报文段或 UDP 用户数据，就如同网络层和数据链路层的交互只有 IP 数据报一样。

在传输层与应用层的接口上所设置的端口用 16 比特的地址来标识，称为端口号。端口号的范围为 0～65535。端口号只用来标识本计算机应用层中的各进程，不同计算机中的相同端口号之间没有联系，端口号只具有本地意义。

端口号分为两类。一类是由 ICANN(The Internet Corporation for Assigned Names and Numbers，互联网名称与数字地址分配机构)分配的常用端口，固定给一些常用应用程序使用，其数值一般为 0～1023。常用端号是 TCP/IP 体系公布的，为所有用户进程熟知。当一种新的应用程序出现时，为了与其他的应用进程进行交互，必须给它指派一个熟知端口，而且在应用层中的各种常用应用程序的不同服务器进程要不断检测分配给它们的熟知端口，以便发现是否有某个客户进程要和它通信；另一类为一般端口，用来随时分配给请求通信的客户进程。

在因特网中，为了区别不同主机的不同进程，就必须把主机的 IP 地址(32 bit)和端口的地址(16 bit)结合在一起使用，用 48 bit 的地址唯一确定一个端点，这样的端点称为插口(Socket)或套接字。有了插口的概念，一个 TCP 连接就可以用源主机插口和目的主机插口来标识。

如果使用无连接的 UDP，虽然不需要在相互通信的两个进程之间建立一条虚连接，但为了区分多个主机之间同时通信的多个进程，发送端 UDP 一定要有一个发送端口，而在接收端 UDP 也一定要有一个接收端口，因而同样可以使用插口的概念。

3.4.2　常用的端口与服务

在网络通信的过程中，和应用进程相关的有多种不同的服务，而每种服务往往对应于不同的端口。部分常用端口与服务的对应关系如表 3-4 所示。

表 3-4　端口与服务对应表

端口号	服务	说　　　明
21	FTP	FTP服务器所开放的端口，用于上传和下载
23	Telnet	远程登录
25	SMTP	SMTP服务器所开放的端口，用于发送邮件
53	DNS	域名服务
80	HTTP	用于浏览网页
137 138 139	NetBIOS Name Service	其中137、138是UDP端口，当通过网上邻居传输文件时用这个端口。通过139端口进入的连接可以获得NetBIOS/SMB服务

3.5　Internet 接入方式

作为承载互联网应用的通信网，宏观上可划分为接入网和核心网两大部分。现在核心网已形成以光纤线路为基础的高速信道。因而国际权威专家把宽带综合信息接入网比做信息高速公路的"最后一英里"，并认为它是信息高速公路中难度最大、耗资最多的一部分，是信息基础建设的"瓶颈"。

目前 Internet 接入技术主要有：① 基于传统电信网的有线接入；② 基于有线电视网(Cable Modem)接入；③ 以太网接入；④ 无线接入；⑤ 光纤接入。其中，无线接入和光纤接入是未来接入网技术的两个发展方向。无线网络技术的相关知识已在第 2 章里介绍。

3.5.1　基于传统电信网的有线接入

基于传统电信网的有线接入包括拨号入网、DDN 专线接入、ISDN 专线接入、ADSL

接入等，本小节只介绍拨号入网和 ADSL 接入。

1. 拨号入网

拨号入网是一种利用电话线和 Modem，通过公用电话网(Public Switched Telephone Network，PSTN)接入 Internet 的技术如图 3-6 所示。

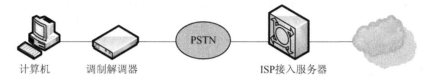

计算机　　调制解调器　　　　　　　　ISP接入服务器

图 3-6　拨号接入 Internet 示意图

普通电话 Modem 接入技术的速度极限是 56 Kb/s，它采用调制解调器作为通信设备，从原理上讲，只要电话能连通到的地方都可以使用这种方式上网，因此用这种方式接入的限制较少，但因为其接入速率较低、其他接入方式的普及和利益方面的考虑，现在提供这种接入的 ISP 已经越来越少了。

2. ADSL 接入

ADSL(Asymmetric Digital Subscriber Line)的中文全称是非对称数字用户线，它的主要技术特点是可以充分利用现有的电话线网络，在线路两端加装 ADSL 设备即可为用户提供宽带接入服务。它能够在普通电话线上提供高达 8 Mb/s 的下行速率和 1 Mb/s 上行速率，传输距离达 3～5 km。

这种接入方式如图 3-7 所示。

ADSL 接入技术具有如下的特点：

(1) 具有很高的传输速率。下行速率可达 8 Mb/s，上行速率 1 Mb/s，为普通拨号 Modem 的百倍以上。

(2) 不需要更改和添加线路，直接使用原有的电话线。在现有的电话线上安装 ADSL，除了在用户端安装 ADSL 通信终端外，不用对现有线路做任何改动。ADSL 使用电话线同时传送电话语音和数据，但数据并不通过电话交换机，因此使用 ADSL 上网不需要缴纳拨号上网的电话费用。

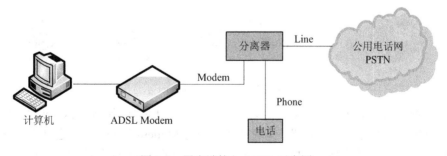

计算机　　　　ADSL Modem

图 3-7　用户端接入 ADSL 示意图

(3) 语音信号和数字信号可以并行，可同时"上网"和"通话"。ADSL 在同一铜线上分别传送 ADSL 数据信号和电话音频信号，ADSL 数据信号和电话音频信号以频分复用原理调制，各自频段互不干扰，数据信号并不通过电话交换机设备，减轻了电话交换机的负载，并且不需要拨号。其具体工作流程是：经 ADSL Modem 编码后的信号通过电话线传到电信局，再通过一个信号识别器/分离器，如果是语音信号就传到交换机，如果是数字信号就接入 Internet。上网的同时可以使用电话，避免了拨号上网时不能通话的问题。

ADSL 是一种新的信息高速接入技术，在一定范围内解决部分用户对宽带的需求。ADSL 宽带接入技术近年来在我国的发展非常迅速，是传递交互式多媒体业务最经济和最有效的方法之一。在实现光纤宽带接入之前，ADSL 接入技术以及其他 xDSL 接入技术将是宽带接入的非常重要的手段。

3.5.2　基于有线电视网接入

1. CATV 和 HFC

CATV 和 HFC 是电视电缆技术。CATV(Cable Television)即有线电视网，是由广电部门规划设计的用来传输电视信号的网络，其覆盖面广、用户多。有线电视网是单向的，只有下行信道，因为它的用户只要求接收电视信号，而并不上传信息。如果要将有线电视网应用到 Internet 业务，就必须对其改造，使之具有双向功能。

HFC(Hybrid Fiber-Coaxial，混合光纤同轴电缆网)是在 CATV 网的基础上发展起来的，除可以提供原 CATV 网提供的业务外，还能提供数据和其他交互型业务。HFC 是对 CATV 的一种改造，在干线部分用光纤代替同轴电缆作为传输介质。CATV 和 HFC 的一个根本区别是：CATV 只传送单向电视信号，而 HFC 提供双向的宽带传输。

2. 利用 Cable Modem 接入 Internet

Cable Modem(电缆调制解调器)是一种通过有线电视网络进行高速数据接入的装置。它一般有两个接口，一个用来接室内墙上的有线电视端口，另一个与计算机或交换机相连。如图 3-8 所示。

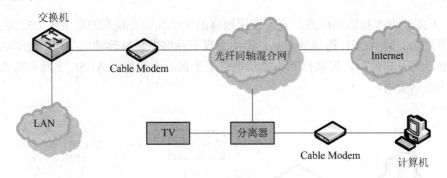

图 3-8　Cable Modem 接入 Internet 示意图

Cable Modem 与普通的 Modem 在原理上都是将数据进行调制后在 Cable(电缆)的一个频率范围内传输，接收时进行解调，传输机理与普通 Modem 相同，不同之处在于它是通过有线电视 HFC 的某个传输频带进行调制解调的，而普通 Modem 的传输介质在用户与交换机之间是独立的，即用户独享通信介质。

Cable Modem 属于共享介质系统，其他空闲频段仍然可用于有线电视信号的传输。Cable Modem 通过有线电视网络进行数据传输，速度范围为 500 Kb/s～10 Mb/s，甚至更高。

迅速增长的 Cable Modem 接入技术是一项稳妥而实用的技术。首先，基础设施已经到位。有线电视线缆无论是在欧洲、北美还是在亚洲都非常普及且运行稳定。其次，需求也是稳定的。无数的用户正期盼着借助于有线电视线缆支持多媒体的数字技术所带来的优势，来享受 Internet 上丰富的资源。

3.5.3　光纤接入技术

目前，主干网线路迅速光纤化，光纤在接入网中的广泛应用也是一种必然趋势。光纤接入技术实际就是在接入网中全部或部分采用光纤传输介质，构成光纤用户环路，实现用户高性能宽带接入的一种方案。根据光网络单元(Optical Network Unit, ONU)所设置的位置，光纤接入网分为光纤到户(FTTH)、光纤到路边(FTTC)、光纤到大楼(FTTB)、光纤到办公室(FTTO)、光纤到楼层(FTTF)、光纤到小区(FTTZ)等几种类型，其中 FTTH 将是未来宽带接入网的发展趋势。

光纤接入网(Optical Access Network, OAN)就是指采用光纤传输技术的接入网，泛指本地交换机或远端模块与用户之间采用光纤通信或部分采用光纤通信的系统。光纤接入网具有以下特点：

(1) 带宽很宽。由于光纤接入网本身的特点，可以提供高速接入因特网、ATM 以及电信宽带 IP 网的各种应用系统，因此，光纤接入可以享用宽带网提供的各种宽带业务。

(2) 网络的可升级性能好。光纤网易于通过技术升级成倍扩大带宽，因此，光纤接入网可以满足近期各种信息的传送需求。以此网络为基础，可以构建面向各种业务和应用的信息传送系统。

(3) 双向传输。电信网本身的特点决定了这种接入技术的交互性能极好。特别是在向用户提供双向实时业务方面具有明显优势。

(4) 接入简单、费用少。用户端只需要一块网卡，就可高速接入 Internet，实现 10 Mb/s 到桌面的接入。

3.5.4　以太网接入技术

基于以太网技术的宽带接入网目前流行的是 FTTx+LAN 方案，如图 3-9 所示。它由局端设备和用户端设备组成。局端设备一般位于小区内，用户端设备一般位于居民楼内。局端设备提供与 IP 骨干网的接口，用户端设备提供与用户终端计算机相接的 10/100 Base-T 接口。局端设备具有汇聚用户侧设备网管信息的功能。

应该说将来的接入网是一个以 FFTH(光纤到户)形式实现的宽带接入网，但是要建设这样一个宽带接入网目前还存在投资、业务需求等诸多方面的困难，因此，就出现了 FTTx+LAN 这样的过渡性的产品。

FTTx+LAN 方案是以以太网技术为基础，来建设智能化的社区网络的一种方案。在用户的家中添加以太网 RJ-45 信息插座作为接入网络的接口，可提供 10M 或 100M 的网络速度。通过 FTTx+LAN 接入技术能够实现千兆到小区、百兆到居民大楼、十兆到桌面的接入，为用户提供信息网络的高速接入。该方案对用户来讲，并没有增加什么设备，只是墙上多了个"信息插座"而已。

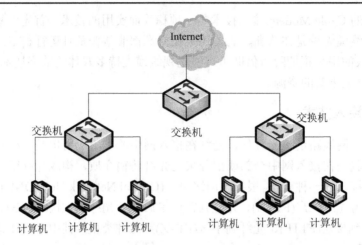

图 3-9　FTTx+LAN 接入 Internet 示意图

FTTx+LAN 对用户计算机的硬件要求和普通局域网的要求一样，只需在计算机上安装一块 10M 以太网卡即可进行 24 小时高速上网。

光节点汇接点通过单模或多模光纤连接居民楼、学校、公司等，其距离在几百米以内。在居民楼内设置以太网交换机和交换集线器，通过双绞线(五类，超五类)连接终端用户。目前从光节点汇接点到居民楼的传输速率是 10/100 Mb/s，将来可以发展到 1G/10 Gb/s 甚至更高。在光节点处，以太网接入系统设置一台三层交换机通过居民楼的交换机连接终端用户，每一个用户独享 10/100 Mb/s 信道。

3.6　NAT 技术

NAT 英文全称是 "Network Address Translation"，中文名为 "网络地址转换"。它是一个 IETF 标准，通过它可允许一个机构以一个合法的 IP 地址出现在 Internet 上。NAT 将每个局域网节点的私有地址转换成一个公网 IP 地址，反之亦然。它也可以应用到防火墙技术里，把个别 IP 地址隐藏起来不被外界发现，使外界无法直接访问内部网络设备；同时，它也可以帮助网络超越地址的限制，合理地安排网络中有限的公网 IP 地址和私有 IP 地址的使用。

1. NAT 的两种应用环境

(1) 一个企业不想让外部网络用户知道自己的网络内部结构，可以通过 NAT 将内部网络与外部网络(如因特网)隔离开，则外部用户就无法得知通过 NAT 设置的内部 IP 地址。

(2) 一个企业申请的合法 Internet IP 地址很少，而内部网络用户很多，可以通过 NAT 功能实现多个用户同时公用一个合法 IP 与外部 Internet 进行通信。

2. NAT 技术的基本原理

NAT 技术能帮助解决令人头疼的 IP 地址紧缺的问题，而且能使内外网络隔离，提供一定的网络安全保障。其解决问题的办法是：在内部网络中仍只需和原来一样使用内部私有 IP 地址，通过 NAT 把内部地址翻译成合法的公网 IP 地址在 Internet 上使用，把 IP 包内的地址域用合法的 IP 地址来替换。

NAT 功能通常被集成到路由器、防火墙、ISDN 路由器或者单独的 NAT 设备中，但微软的 Windows Server 2000 和 Windows Server 2003 系统的软件路由器中也对 NAT 进行了全面提供。NAT 设备(包括 Windows 2000 Server 和 Windows Server 2003 系统软件路由器)维护一个状态表，用来把非法的 IP 地址映射到合法的 IP 地址上去，每个包在 NAT 设备中都被翻译成正确、合法的公网 IP 地址，发往下一级。

3. NAT 技术的类型

NAT 有静态 NAT(Static NAT)、动态 NAT(Pooled NAT)和网络地址端口转换(Network Address Port Translation，NAPT)三种类型。其中静态 NAT 设置起来最为简单且最容易实现，该方法将内部网络中的每个主机都永久映射成外部网络中的某个合法的地址；而动态 NAT 则在外部网络中定义了一系列的合法地址，采用动态分配的方法映射到内部网络；NAPT 则把内部地址映射到外部网络的一个 IP 地址的不同端口上(因为一个 IP 地址可以与多个逻辑端口绑定)。这 3 种 NAT 方案各有利弊，用户可根据不同需要选择。

动态 NAT 只是转换 IP 地址，它为每一个内部的 IP 地址分配一个临时的外部 IP 地址，主要应用于拨号，对于频繁的远程连接也可以采用动态 NAT。当远程用户连接上之后，动态 IP 地址 NAT 设备就会分配一个 IP 地址，用户断开时，这个 IP 地址就会被释放而留待以后使用。

NAPT 是人们比较熟悉的一种转换方式。NAPT 普遍应用于接入设备中，它可以将中小型的网络隐藏在一个合法的 IP 地址后面。NAPT 与动态 NAT 不同，它将内部连接映射到外部网络中的一个单独的 IP 地址上，同时在该地址上加上一个由 NAT 设备选定的 TCP 端口号，属于复用限制方式。

在 Internet 中使用 NAPT 时，所有不同的 TCP 和 UDP 信息流看起来好像来源于同一个 IP 地址。这个优点在小型办公室内非常实用，通过从 ISP 处申请的一个 IP 地址，将多个连接通过 NAPT 接入 Internet。实际上，许多 SOHO 远程访问设备都支持基于 PPP 的动态 IP 地址。这样，ISP 甚至不需要支持 NAPT，就可以做到多个内部 IP 地址共用一个外部 IP 地址。虽然这样会导致信道的堵塞，但考虑到节省 ISP 上网费用和易管理的特点，用 NAPT 还是很合适的。

4. NAT 的工作过程

NAT 地址转换协议的工作过程主要有以下四步：

(1) 客户机将数据包发给运行 NAT 的计算机。

(2) NAT 将数据包中的端口号和专用的 IP 地址转换成它自己的端口号和公用的 IP 地址，然后将数据包发送至外部网络的目的主机，同时记录一个跟踪信息在映像表中，以便向客户机发送回答信息。

(3) 外部网络发送回答信息至 NAT。

(4) NAT 将所收到的数据包的端口号和公用 IP 地址转换为客户机的端口号和内部网络使用的专用 IP 地址并转发给客户机。

以上步骤对于网络内部的主机和网络外部的主机都是透明的，对它们来讲就如同直接通信一样，如图 3-10 所示。

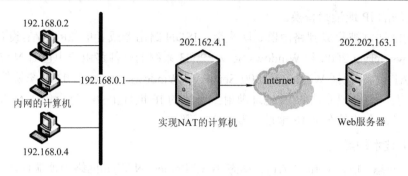

图 3-10　NAT 的工作原理

3.7　VPN 技术

1. VPN 概述

虚拟专用网(Virtual Private Network，VPN)，是专用网络的延伸，它包含了类似 Internet 的共享或公共网络链接。通过 VPN 可以以模拟点对点专用链接的方式通过共享或公共网络在两台计算机之间发送数据。

VPN 是一条穿过混乱的公用网络的安全、稳定的隧道。通过对网络数据的封包和加密传输，在一个公用网络上(通常是因特网)建立一个临时的、安全的连接，从而实现在公网上传输私有数据的目的。如果接入方式为拨号方式，则称为 VPDN。通常，VPN 是对企业内部网的扩展，通过它可以帮助远程用户、公司分支机构、商业伙伴及供应商与公司的内部网建立可信的安全连接，并保证数据的安全传输。VPN 可用于不断增长的移动用户的全球因特网接入，以实现安全连接；可用于实现企业网站之间安全通信的虚拟专用线路；可用于经济有效地连接到商业伙伴和用户的安全外联虚拟专用网。

在整个 VPN 通信中，主要有两种 VPN 通信方式，适用于两类不同用户选择使用，满足各方面用户与企业 VPN 服务器进行通信的需求。这两种 VPN 通信方式就是"远程访问 VPN" 和"路由器到路由器 VPN"，前者也称之为"Access VPN"(远程访问 VPN)，后者又包括"Intranet VPN"(企业内联 VPN)和"Extranet VPN"(企业外联 VPN)；前者是采用 Client-to-LAN(客户端到局域网)的模式，而后者所采用的是 LAN-to-LAN(局域网到局域网)模式；前者适用于单机用户与企业 VPN 服务器之间的 VPN 通信连接，而后者适用于两个企业局域网 VPN 服务器之间的 VPN 通信连接。

在家里或者旅途中工作的用户可以使用远程访问 VPN，通过公共网络(例如 Internet)提供的基础结构，连接建立到组织服务器的远程访问连接。从用户的角度来讲，VPN 是一种在计算机(VPN 客户端)与企业服务器(VPN 服务器)之间的点对点连接。VPN 与共享或公用网络的具体基础结构无关，因为在逻辑上数据就像是通过专用的私有链接发送的。这种远程访问 VPN 连接只能是单向的，即由远程客户端向 VPN 服务器发起连接请求，VPN 服务器端不可能向客户机发起连接请求。典型的网络结构如图 3-11 所示。在这种 VPN 连接中，VPN 用户先呼叫 ISP，与 ISP 建立连接之后，ISP 服务器就呼叫建立点对点隧道协议(PPTP)或第二层隧道协议(L2TP)的远程访问服务器(这些协议已自动安装到计算机)。建立 VPN 连接之后，就可以访问企业网络了。

图 3-11 典型的网络结构

单位也能够使用 VPN 连接来为地理位置分开的办公室建立路由连接,或者在保持安全通信的同时通过公共网络，例如 Internet，连接到其他单位。这里所用的就是"路由器到路由器 VPN 连接"。这种连接通常是双向的，即连接的双方用户都可以对对方发起 VPN 通信连接，所访问的资源通常也是对方整个网络资源。通过 Internet 建立的路由的 VPN 连接，逻辑上作为专用的 WAN 连接来操作。通过远程访问和路由连接，组织可以使用 VPN 连接将长途拨号或租用线路转换成本地拨号或者通过 Internet 服务提供者(ISP)的租用线路的连接。这种 VPN 连接的典型网络结构如图 3-12 所示。

图 3-12 用 VPN 连接建立路由连接

2. VPN 的优越性

表 3-5 描述了使用 VPN 连接的优点。

表 3-5 VPN 的优点

优 点	示 例
降低费用	Internet 用做代替长途电话或 800 服务的连接。因为由 Internet 服务提供商(ISP)通信硬件维护，例如调制解调器和 ISDN 适配器，所以，要访问 Internet，用户只需要购买和管理少量硬件
外购拨号网络	可以先打电话给当地的电话公司或 ISP，然后由他们将用户连接到远程访问服务器和企业网络。这样可由电话公司或 ISP 来管理拨号访问所需的调制解调器和电话线。因为有 ISP 支持复杂的通信硬件配置,所以网络管理员就可以集中地管理远程访问服务器上的用户账户
通过 VPN 增强安全性	通过 Internet 的连接是加密的、安全的。身份验证和加密是由 VPN 服务器执行的。未经授权的用户无法访问敏感数据，但通过连接获得授权的用户则可以访问
网络协议支持	用户可以远程运行依赖于最常用网络协议的任何应用程序，这些协议包括 TCP/IP 和 IPX。在 Windows XP 64-Bit Edition 和 Windows Server 2003 家族中，IPX/SPX 协议不可用
IP 地址安全	因为通过 VPN 发送的信息是加密的，所以用户指定的地址会受到保护，Internet 仅能看到外部 IP 地址。对于具有专用地址的单位，这种优势非常明显，因为这可避免由于通过 Internet 进行远程访问而更改 IP 地址所产生的管理成本

3. VPN 的组成

一个网络连接通常由三部分组成：客户机、传输介质和服务器。VPN 同样也由这三部分组成，不同的是 VPN 连接使用隧道作为传输通道，这个隧道是建立在公共网络或专用网络基础之上的，如 Internet 或 Intranet。

VPN 使用以下三方面的技术来保证通信的安全性。

(1) 隧道协议：点到点隧道协议 PPTP 和第二层隧道协议 L2TP。

(2) 身份验证：VPN 身份验证协议有 CHAP、MS-CHAP、MS-CHAPv2、EAP 等。

(3) 数据加密：对于 PPTP(Point to Point Tunneling Protocol)服务器采用 MPPE 加密技术，对于 L2TP(Layer Two Tunneling Protocol)服务器使用 IPSec 机制对数据进行加密。

4. VPN 原理

Windows Server 2003 的"虚拟专用网"可以让远程用户与局域网之间通过 Internet 建立起一个安全的通信管道。不过需要在局域网内建设一台 VPN 服务器，以便让 VPN 客户端来连接。当远程的 VPN 客户端通过 Internet 连接到 VPN 服务器时，它们之间所传送的信息会被加密，即使信息在 Internet 传送过程中被拦截，也会因为信息已被加密而无法识别，因此可以确保信息的安全性。

Windows Server 2003 支持以下两种 VPN 通信协议：

(1) PPTP：只有 IP 网络才可以建立 PPTP 的 VPN。两个局域网之间若通过 PPTP 来连接，则两端直接连接到 Internet 的 VPN 服务器必须要执行 TCP/IP 通信协议，但网络内的其他的计算机并不一定需要 TCP/IP，它们执行 TCP/IP、IPX 或 NetBEUI 通信协议，因为当它们通过 VPN 服务器与远程的计算机通信时，这些不同通信协议的数据包会被封装到 PPP 的数据包内，然后经过 Internet 传送，信息到达目的地后，再由远程的 VPN 服务器将其还原为 TCP/IP、IPX 或 NetBEUI 的数据包。

(2) L2TP：它与 PPTP 类似，L2TP 也可以将 IP、IPX 或 NetBEUI 的数据包，封装到 PPP 的数据包内。L2TP 同时具有身份验证、加密和数据压缩的功能。L2TP 的验证与加密方法都是采用 IPSec 机制进行的。

3.8 习 题

一、填空题

1. TCP/IP 协议的参考模型由_____、_____、_____、_____四层构成。

2. A、B、C 这三类 IP 地址的默认子网掩码分别是_____、_____和_____。

3. IP 地址通常由_____和_____两部分组成。

4. 从低到高依次写出 OSI 的七层参考模型中的各层名称：_____、_____、_____、_____、_____、_____和_____。

5. Internet 传输层包含了两个重要协议：_____和_____。

6. IPv4 地址由_____位二进制数组成，IPv6 地址由_____位二进制数组成。

7. 端口号是一个 16 位二进制数，约定_____以下的端口号被标准服务保留，取值大于＿＿＿＿＿＿＿＿的为自由端口。

8. 常用的 Internet 接入方式可大体分为＿＿＿＿＿＿＿＿和＿＿＿＿＿＿＿＿两种。

9. 目前最常用的 Internet 接入技术有＿＿＿＿＿＿、＿＿＿＿＿＿＿、＿＿＿＿＿＿和＿＿＿＿＿＿

等几种。

10. 目前已提出的数字用户线(xDSL)技术主要有＿＿＿＿＿＿、＿＿＿＿＿＿＿、＿＿＿＿＿＿＿。

11. 在 VPN 通信中，主要有＿＿＿＿＿＿＿＿和＿＿＿＿＿＿＿＿两种隧道协议。

二、选择题

1. FTP 服务器用它的(　　)号端口与客户机建立数据连接，从而实现数据传输。

A. 20　　　　　　B. 21　　　　　　　　C. 23　　　　　　　　D. 25

2. 下面不属于 TCP/IP 协议簇的是(　　)。

A. TFTP　　　　　B. SNMP　　　　　C. NetBEUI　　　　D. RARP

3. 下列不属于 TCP/IP 协议层次的是(　　)

A. 应用层　　　　B. 会话层　　　　　C. 传输层　　　　　D. 网络层

4. Internet 实现了世界各地的各类网络的互联，其最基础和核心的协议是(　　)。

A. TCP/IP　　　　B. FTP　　　　　　C. HTML　　　　　D. HTTP

5. 下列 IP 地址中(　　)是 C 类地址。

A. 127.233.13.34　　　　　　　　　B. 212.87.256.51

C. 169.196.30.54　　　　　　　　　D. 202.96.209.21

6. IP 地址 205.140.36.88 的(　　)表示主机号。

A. 205　　　　　　B. 205.140　　　　C. 88　　　　　　　D. 36.88

7. 以下(　　)表示网卡的物理地址(MAC 地址)。

A. 192.168.63.251　　　　　　　　B. 19-23-05-77-88

C. 0001.1234.Fbc3　　　　　　　　D. 50-78-4C-6F-03-8D

8. IP 地址 127.0.0.1 表示(　　)。

A. 一个暂时未用的保留地址　　　　B. 一个 B 类 IP 地址

C. 一个本网络的广播地址　　　　　D. 一个表示本机的 IP 地址

9. ADSL 用户端用于把电话线里面的 ADSL 网络信号和普通电话语音信号分离的设备

是(　　)。

A. 滤波器　　　　B. 网卡　　　　　C. 调制解调器　　　D. 交换机

10. Cable Modem 主要是面向计算机用户的终端，它使用(　　)传送数据，速度可达

10 Mb/s。

A. 电话线路　　　B. 有线电视线路　　C. 电力线路　　　D. 光纤线路

三、简答题

1. 简述 TCP/IP 协议的体系结构以及各层的功能。

2. TCP/IP 模型分为哪几层？

3. 比较 TCP 与 UDP 协议的不同。

4. 一台主机的 IP 地址为 202.16.12.8，子网掩码是 255.255.255.0，则该主的主机号是多

少？主机所在网络的网络号是多少？

5. 如果一个 C 类网络用掩码 255.255.255.192 划分子网，那么会产生多少个可用的子网？

6. 什么是端口？端口有什么作用？

7. 比较 OSI 参考模型与 TCP/IP 参考模型的异同。

8. 一个公司有三个部门，分别为财务、市场、人事，网络管理要求建三个子网，请根据网络号 172.17.0.0/16 划分，写出每个子网的网络号、子网掩码、合法主机范围。要求有步骤。

9. 为什么要推出 IPv6? IPv6 中的变化体现在哪几个方面？

10. 简述 VPN 服务器的安装和配置方法。

3.9　实　训

实训 6　IP 子网规划与划分

一、实训目的

1. 掌握子网规划的方法；

2. 掌握 IP 地址的设置方法。

二、实训环境

网络实训室；分组实训，每组 8 台计算机。

三、实训内容

1. 将一个 B 类网络划分为两个子网，设计子网掩码；

2. 将一个 C 类网络划分为 4 个子网，设计子网掩码；

3. 将划分结果设置在各组的计算机上，进行测试。

四、实训步骤

(1) 将 129.100+X.0.0～129.100+X.255.255(B 类网络，X 为组号)网络划分为两个子网，设计子网掩码。

(2) 将本组计算机分为两个小组，将划分的子网应用到每个小组的计算机上，并将结果设置在计算机上，使用 ping 命令进行同网段和不同网段的连通性测试，查看记录结果并进行分析。

(3) 将 192.168.100+X.0～192.168.100+X.255(C 类网络，X 为组号)网络划分为 4 个子网，设计子网掩码。

(4) 将本组计算机分为 4 个小组，将划分的结果设置在每个小组的计算机上，使用 ping 命令进行同网段和不同网段的连通性测试，查看记录结果并进行分析。

五、实训指导

1. 划分子网方法参考本教材 3.2.3 节 "2.子网掩码" 至 "5.子网划分的方法"。

2. IP 设置方法参考本教材 3.2.3 节 "6.配置主机的 IP 地址和子网掩码"。

提示：设置 IP 地址时，各组 IP 要在不同的地址范围，子网掩码为划分子网后的掩码，网关、DNS 等可以不设置。

3. 连通性测试命令参考本教材 4.6.3 节 ping 命令相关内容。

测试时，可以对本子网和其他子网的计算机分别进行连通性测试，如：ping 本子网计算机 IP；ping 其他子网计算机 IP。

六、实训思考

1. 分析子网掩码所起的作用。

2. 在划分子网的情况下，IP 的分类信息(A、B、C 类等)还有什么意义吗？

实训 7　IE 的设置和使用实例

一、实训目的

1. 学习 IE 的常规设置方法；

2. 练习 IE 的一般使用方法。

二、实训环境

网络实训室，可以访问互联网络。

三、实训内容

IE 的常用设置项目；

IE 的常规使用方法。

四、实训步骤

(1) 练习用 IE 浏览器浏览网页。

(2) IE 浏览器使用技巧使用。① 练习网页内容的保存；② 练习查找网页内容；③ 练习查看源文件；④ 练习使用收藏夹。

3. 练习 IE 浏览器设置：① 设置主页为空白页、常用的站点主页；② 清除 Internet 临时文件；③ 删除 Cookies 文件；④ 配置缓存大小；⑤ 清除上网历史记录；⑥ 将安全级别设为不同的值，浏览网页查看效果；⑦ 清除上网留下的用户名和密码。

五、实训指导

1. 浏览网页

以访问网易为例，介绍 IE 的使用方法。

(1) 将计算机与 Internet 连接，然后打开浏览器窗口；

(2) 在地址栏输入网易站点的 URL：http://www.163.com，然后按 Enter(回车)键；

(3) 在搜索栏输入要搜索的关键字，单击工具栏"搜索"按钮，进入搜索结果页面；

(4) 选取感兴趣的网站链接(如果有)，单击进入相应网站，浏览信息。

2. Internet Explorer 6 浏览器使用技巧

(1) 网页内容的保存。浏览网页时，选择菜单"文件"—"另存为"，弹出保存网页对话框。选择要保存的路径并输入文件名，然后单击"保存"按钮，网页就存入本地计算机了。

如果只是想保存网页中的某幅图片或者动画，可以移动鼠标到该图形上，然后单击鼠标右键，这时会出现一个弹出式菜单，单击"图片另存为"选项，系统会弹出一个保存文件对话框，设置好路径和文件名后，单击"保存"按钮，图片就保存到本地计算机上了。

如果对网页上某段文字感兴趣，可以拖动鼠标选中文字(若选取整个网页的内容则可选择菜单项"编辑"—"全选"，或按 Ctrl+A 键)，然后选择菜单"编辑"—"复制"或按 Ctrl+C

组合键，接下来可以打开其他编辑软件(如 Word 等)，执行菜单"编辑"—"粘贴"命令或按 Ctrl+V 组合键，将剪贴板中的内容粘贴到打开的软件中进行编辑。

(2) 查找网页内容。如果要在网页中查找需要的内容，可以选择菜单"编辑"—"查找(在当前页)"，弹出查找对话框。在"查找内容"文本框中输入要查找的关键字，然后单击"查找下一个"按钮，如果在当前网页中找到关键字，那么光标就会停留在关键字所在的位置上。

(3) 查看源文件。网页是用 HTML 代码编写的，查看源代码有助于了解网页的制作技术。特别对网页制作有一定水平的人来说，查看源代码几乎是提供了免费的教程。查看源代码的步骤很简单，选择菜单"查看"—"源文件"，就会自动启动"记事本"并加以显示。

(4) 收藏夹的使用。浏览网页时经常会遇到一些很有用的网页或地址，可将其保存起来，以便下次能够轻松进入该网址。收藏夹能为用户解决上述问题。

如果想把正在浏览的网页地址添加到收藏夹中，可以按以下方法进行：
• 执行"收藏"菜单下的"添加到收藏夹"命令，会弹出添加到收藏夹对话框。
• 在"名称"栏中输入一个便于记忆的名称，然后单击"确定"按钮就把它存入收藏夹的根目录中了。
• 如果想把该地址添加到一个新的文件夹中，则单击"新建文件夹"按钮，然后给新文件夹输入一个名称，并选中新建立的文件夹，单击"确定"按钮，则网址就保存到新文件夹中。

(5) 整理收藏夹。收藏夹为保存地址提供了不少方便，但如果存储的地址多了，有时查找起来也不方便，这就需要及时对收藏夹进行分类、清理。方法如下：
• 单击"收藏"菜单，从弹出的子菜单中选择"整理收藏夹"，打开整理收藏夹对话框。
• 可以使用"创建文件夹"按钮在收藏夹列表中建立一个新文件夹。将收藏地址按类别存放，便于地址的查找。
• 可以单击"移至文件夹"按钮将选择的网站地址移至目标文件夹中。
• 单击"重命名"按钮可以将选中的地址或文件夹更改名称。
• 单击"删除"按钮可以将选中的地址或文件夹删除。

(6) 使用历史记录。历史记录列表记录了最近查看过的 Web 页，可以方便地找到曾浏览过的网页，并返回到该页面中进行查看。历史记录的使用方法如下：
• 单击工具栏中的"历史"按钮，打开历史记录窗口。
• 单击历史记录窗口中的"查看"菜单，打开排序方式列表，选择所需要的历史记录排序方式，默认为"按日期"排列。选择所需查看记录的时间范围(如"今天")，打开该时间范围内的访问记录列表，单击所需网页，进行浏览。

3. Internet Explorer 6 浏览器设置

安装 IE 6 时，系统对 IE 6 的某些参数做了初始设置。IE 6 允许用户修改参数设置，定制适合用户自己的浏览器，使它更好地为用户服务。

通过执行"查看"菜单下的"Internet 选项"命令，打开"Internet 选项"对话框，如图 3-13 所示，可以按照下面的方法重新设置各选项卡。

(1) "常规"选项卡的设置。
• "主页"项：每次启动 IE 时自动进入的第一个网页称为主页，默认为微软公司主页。用户可以根据自己的需要在地址输入框中输入自定的网页地址，例如 http://www.baidu.com。"主页"选项组中几个命令按钮的作用如下。

图 3-13 "Internet 选项"对话框

- "使用当前页"：当用户对正在浏览的网页感兴趣，想将它作为每次启动 IE 时进入的页面时，可以单击"使用当前页"按钮。

- "使用默认页"：就是使用 MSN 中国作为主页(中文版 IE)。

- "使用空白页"：将空白页作为主页。为了节约时间和经费，建议选择该项，如图 3-13 所示。

- "Internet 临时文件"选项组：Internet 临时文件是浏览网页时保存在硬盘里的 Web 页，其中包括文本、图像、声音和相关文件。当访问以前曾经浏览过的站点时，IE 首先要检查该 Web 页是否被保存在 Internet 临时文件里。如果曾经保存过，那么就直接调用该数据，而不必到网上去下载，从而大大加快了浏览的速度。"Internet 临时文件"选项组中几个命令按钮的作用如下：

① 删除 Cookies：Cookie 是由 Internet 站点创建的、将信息存储在用户计算机上的文本文件。它记录了用户在该站点上曾经访问过的信息，可帮助用户下次访问该站点时自定义查看，因此 Cookie 有时也是不安全的，要不定期地进行删除，单击"删除 Cookies"按钮即可。

② 删除文件：当缓存中的文件很多时，会占用大量的硬盘空间，这时需要将缓存中的文件删除。在显示某些网页时，出现不正常的现象，也可试一下删除缓存中的文件。

③ 设置：配置缓存时使用。单击"设置"按钮，出现如图 3-14 所示窗口。设置临时文件缓冲区大小，拖动"使用的硬盘空间"的滑块，适当增加可用的磁盘空间可提高浏览速度。但保留过多的页面，又会影响 Windows 运行，影响 IE 的工作效率。IE 默认的临时文件放在 C:\windows\Temporary Internet Files\目录下。用"移动文件夹"可修改临时文件的存放位置。

图 3-14 设置窗口

- "历史记录"项：历史记录存放的是最近浏览过的网页链接。时间长短由"网页保存在历史记录中的天数"决定。可以通过单击"清除历史记录"按钮，将最近的所有浏览记录全部清除掉。

- 自定义网页颜色和字体：在默认情况下，访问的网页的颜色和字体都是由网页设计者决定的。如果用户不满意系统设置的默认颜色和字体的话，可以用"颜色"、"字体"按钮自定义网页所用的颜色和字体。应该注意的是设置了自定义颜色和字体后，还不能立即生效，还得使用"辅助功能"使自定义生效。单击"辅助功能"按钮，在弹出的辅助功能对话框中选择"不使用网页中指定的颜色"、"不使用网页中指定的字体样式"等,自定义网页浏览风格才得以实现。

(2)"安全"选项卡的设置。

为了保护计算机免遭有害软件的侵害,建议创建安全区域。例如,如果相信在企业Intranet 中下载的所有内容都是安全的,可将"本地 Intranet"区域的安全设置调整到较低的级别;如果下载的内容位于"Internet"区域或"受限制的站点"区域,可将安全级设置为"中"或"高",这样,在程序下载之前,系统会提示用户提供有关程序证书的信息,否则将无法下载全部程序。可以根据自己的具体情况设置安全区域。如图 3-15 所示,四种区域中, "本地 Intranet"包含公司的所有本地站点,"受信任的站点"中是用户认为可以信任的一些非本地站点,"受限制的站点"中包含了可能侵害用户计算机的一些站点,可以在这三个区域中添加和删除网站地址。而"Internet 区域"则包含了以上三个区域以外的所有站点。单击四个区域的图标之一,在下方的"该区域的安全级别"框中拉动滑块,可以设置该区域的安全级别。一般来说,可信站点的安全级别设为"低",受限制的站点设为"高","本地 Intranet"和"Internet"设为"中"或者"中低"。用户可以根据需要进行改动。

(3)"隐私"选项卡的设置。

可以通过隐私选项卡来设置隐私级别,以保护用户的隐私不被恶意读取。比如,指定是否允许通过 Cookies 收集客户信息。其隐私级别有六级,分别为阻止所有 Cookies,高、中高、中、低和接受所有 Cookies。用户可以根据不同的要求设置级别,一般设置为默认的"中"即可,如图 3-16 所示。

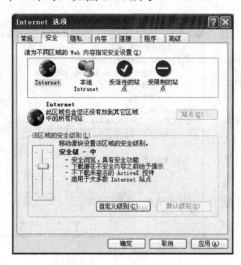

图 3-15 "安全"选项卡   图 3-16 "隐私"选项卡

(4)"内容"选项卡的设置。

如果未成年人上网,如何才能免避他们看到一些和暴力、脏话以及性等方面有关的内容呢?用户可以利用"分级审查"功能,隔离一些不希望让他们看到的网站,如图 3-17 所示。

· 在"分级审查"栏中单击"启用"按钮,弹出"内容审查程序"对话框,如图 3-18所示。

图 3-17　"内容"选项卡　　　　　　　　图 3-18　启用分级审查选项卡

· 在"级别"选项卡中单击"暴力"、"裸体"、"性"或"语言"之一拉动滑块改变它的级别。

· 还可以创建一个站点列表，让其中的一部分任何时候都可以阅读，或者任何时候都不能阅读，单击"许可站点"选项，在"允许该网站"框内输入它的网址。单击"始终"按钮表示可阅读。单击"从不"按钮表示不可以阅读。

· 用户还可单击"常规"选项卡，单击"创建密码"按钮来输入一个密码，以确保只有用户本人才能更改"分级审查"。

· 个人信息：个人信息"自动完成"按钮可以设置 IE 对哪些项目进行自动完成工作。在公用计算机上不应该勾选"表单"、"表单上的用户名和密码"，如果已经勾选，可以在使用完计算机后，在此项中点击"清除表单"和"清除密码"，如图 3-19 所示。

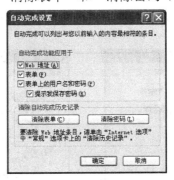

图 3-19　自动完成设置对话框

(5)　"连接"选项卡的设置。

在"连接"选项卡中存放着可以使用的连接项目，存在多个连接项目时，可在此处进行设置。可以设置连接的拨号属性等。

如果使用拨号上网，一般设置为"始终拨默认连接"；如果通过局域网或 ADSL 宽带上网，则可选择"从不进行拨号连接"，如图 3-20 所示。

如果通过代理服务器上网，则需要配置"局域网设置"。单击"局域网设置"按钮，弹出局域网设置对话框，如图 3-21 所示。在"代理服务器"中选中"为 LAN 使用代理服务器"前的复选标记，然后在"地址"和"端口"栏输入服务器的 IP 地址和代理端口号。

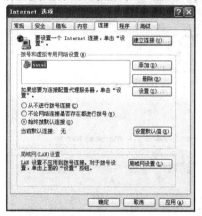

图 3-20 "连接"选项卡

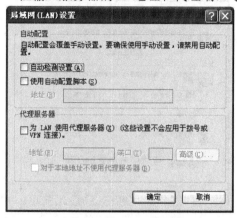

图 3-21 局域网设置对话框

(6) "程序"选项卡的设置。

Internet Explorer 集成了很多应用程序，如邮件、新闻等客户程序。邮件和新闻的默认程序是 Outlook Express，网上呼叫的默认程序是 Microsoft NetMeeting，如果愿意的话也可以将其设置为其他程序，如图 3-22 所示。

如果安装了其他浏览器，当打开链接的时候，系统可能不会打开 IE 而是打开其他的浏览器。"检查 Internet Explorer 是否为默认的浏览器"的选定让用户在双击网页快捷方式的时候，提示是否使用 IE。

(7) "高级"选项卡的设置。

在"高级"选项卡中用户可以对 Internet Explorer 进行全面控制。在高级选项卡中有很多参数，可以逐个进行尝试，以对比它们产生的不同效果。高级选项卡参数的内容比较专业、影响也比较大，因此需要谨慎设置，一旦出问题，可以通过单击"还原默认设置"进行设置恢复，如图 3-23 所示。

图 3-22 "程序"选项卡

图 3-23 "高级"选项卡

六、实训思考

1. 在公用计算机上使用 IE 浏览器上网后，如何清除上网后的留下的上网信息(如浏览过的网页、用过的账号和密码等)?

2. 使用 IE 浏览器后，输入过的密码信息是否会泄露?

实训 8 电话线接入互联网

一、实训目的

1. 了解通过电话线接入互联网的两种方法;

2. 学习使用 Model 接入互联网的方法;

3. 学习使用 ADSL 技术接入互联网的原理和方法;

4. 掌握两种接入方法的设置步骤。

二、实训环境

安装 Windows XP、TCP/IP 协议的计算机;调制解调器;ADSL 宽带调制解调器;拨号上网的账号，宽带接入账号;

三、实训内容

1. 普通电话拨号上网;

2. ADSL 宽带接入互联网。

四、实训步骤

(1) 普通电话拨号上网:

① 连接硬件;

② 安装普通电话上网软件;

③ 配置普通电话上网参数。

(2) ADSL 拨号上网:

① 连接硬件;

② 配置普通电话上网参数。

五、实训指导

1. 普通电话拨号上网

(1) 普通电话拨号上网的条件:

· 硬件:调制解调器(俗称"猫")、电话线(与电话连接的)。

· 软件:浏览器程序(一般在安装 Windows XP 时已自动安装)。

· 账号:向互联网服务提供商(Internet Service Provider，ISP)申请一个拨号上网的账号，电信允许不用申请账号而直接拨号上网。

(2) 连接硬件。拨号上网的硬件连接图如图 3-24 所示。

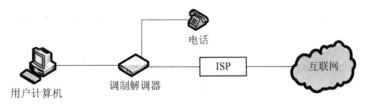

图 3-24　拨号上网连接图

(3) 设置拨号上网。

· 单击"开始"菜单,再单击"控制面板"菜单项。

· 在"控制面板"中找到并单击"网络和 Internet 连接",出现"网络连接"界面。

· 在"网络连接"中,找到并单击"创建一个新的连接",如图 3-25 所示。出现欢迎界面后单击"下一步",选择网络连接类型,如图 3-26 所示。

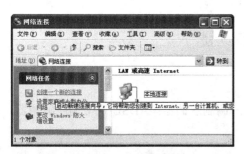
图 3-25　创建一个网络连接窗口

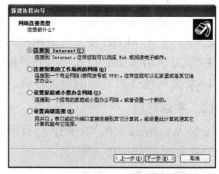
图 3-26　选择网络连接类型对话框

· 选择"连接到 Internet",单击"下一步"按钮,出现如图 3-27 所示界面。选择"手动设置我的连接",单击"下一步",出现"Internet 连接"对话框,如图 3-28 所示,选择"用拨号调制解调器连接",单击"下一步"继续。

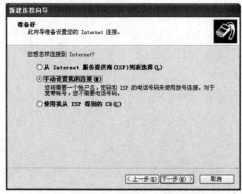
图 3-27　手动设置我的连接对话框

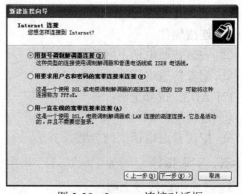
图 3-28　Internet 连接对话框

· 在"ISP 名"框中输入一个名称(这个名称方便自己使用即可,这里使用了 163),如图 3-29 所示,再单击"下一步"按钮,显示输入电话号码对话框,如图 3-30 所示。

图 3-29　连接名对话框

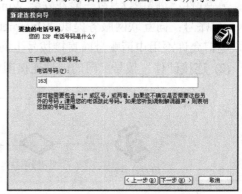
图 3-30　输入电话号码对话框

•　此处在"电话号码"框中输入了"163"，再单击"下一步"按钮，显示 Internet 账户信息，输入用户名和密码，如图 3-31 所示，单击"下一步"进入完成新建连接向导。

•　如果希望在桌面上放一个快捷方式，请单击并勾选"在我的桌面上添加一个到此连接的快捷方式"。单击"完成"按钮，完成"新建连接向导"，如图 3-32 所示。

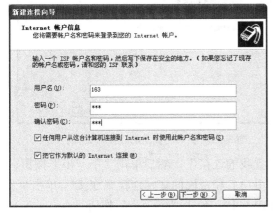

图 3-31　Internet 账户信息对话框

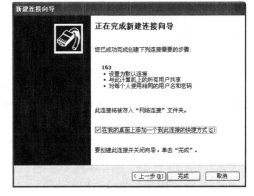

图 3-32　在桌面上创建快捷方式对话框

•　如果在桌面上放置了快捷方式，请在桌面上双击刚才建立的拨号连接(163)，打开"连接"对话框，输入用户名和密码，再单击"拨号"按钮，即可拨号上网。

•　如果没有在桌面上放置快捷方式，可以回到"网络和 Internet 连接"，找到并单击"网络连接"。在"网络连接"里，可以找到刚才建立的拨号连接(163)。双击拨号连接，打开"拨号"对话框进行拨号。如果要查看拨号连接的属性，可以在拨号连接(163)上单击鼠标右键，选择"属性"，打开拨号连接的属性对话框。

2. ADSL 拨号上网

ADSL 拨号上网硬件连接图如图 3-33 所示。

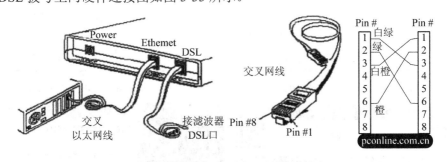

图 3-33　ADSL 拨号上网硬件连接图

ADSL 拨号上网配置的步骤如下：

(1) 单击"开始"菜单，选择"控制面板"。在"控制面板"对话框中找到并单击"网络和 Internet 连接"按钮。在"网络和 Internet 连接"对话框中，找到并单击"创建一个到您的工作位置的网络连接"，单击"创建一个新连接"，打开"新建连接向导"，单击"下一步"按钮，出现如图 3-34 所示界面，选择第一项"连接到 Internet"，单击"下一步"按钮，出现如图 3-35 所示界面。

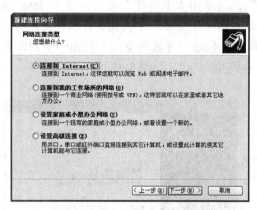

图 3-34　选择网络连接类型对话框　　　　　图 3-35　手动设置我的连接对话框

　　(2) 如图 3-35 所示，选择第二项"手动设置我的连接"，然后单击"下一步"按钮，出现如图 3-36 所示界面，选择第二项"用要求用户名和密码的宽带连接来连接"，单击"下一步"按钮。出现如图 3-37 所示界面，输入 ISP 名称，单击"下一步"按钮。

　　(3) 如图 3-38 所示，输入用户名和密码，单击"下一步"按钮，出现如图 3-39 所示界面，单击"完成"按钮，完成新建连接。

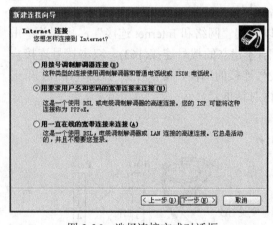

图 3-36　选择连接方式对话框　　　　　　　图 3-37　输入 ISP 名称对话框

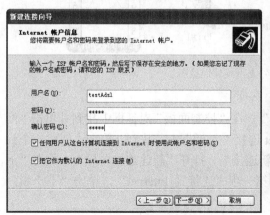
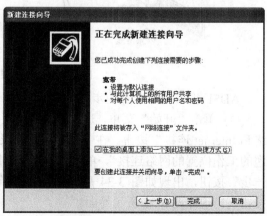

图 3-38　输入用户账户信息对话框　　　　　图 3-39　完成新建连接对话框

(4) 至此，在"连接"对话框中，输入刚户名和密码后，单击"连接"按钮就可以上网了，如图 3-40 所示。

图 3-40 连接到 Internet 窗口

六、实训思考

1. 用调制解调器上网和用 ADSL 上网均采用电话线，电话线中传输的数据有什么本质的区别？

2. ADSL 的调制解调器与一般意义上的调制解调器有什么区别？

第 4 章　网络安全及故障检测

4.1　网络安全技术

安全性是互联网技术中非常关键和重要的事情，随着网络技术的普及和应用，安全问题也逐渐被网络用户重视起来，本节将就此问题开展讨论

4.1.1　网络安全技术概述

计算机网络为用户提供信息服务，其安全性极为重要。自从计算机网络出现以来，曾遭到数以百万次入侵与攻击，不仅包括政府网络系统，也包括私人公司网络系统。各种各样的人为了各自的目的攻击计算机网络，严重时会使相关网络崩溃，无法正常工作。随着计算机和计算机知识的迅速普及，计算机犯罪案例也越来越多。采用计算机网络安全技术可防止未经授权的用户来私自侵入网络，干扰或破坏网络系统的正常工作。

目前信息网络已成为社会发展的重要保证，涉及每个国家的政治、军事、文教、电子商务等诸多领域，在网络中存储、传输和处理的信息相当一部分是政府宏观调控决策、商业经济信息、银行资金转账、股票证券、能源资源数据、科研数据等重要信息，有很多是敏感信息，甚至是国家机密，因此不可避免地会吸引来自世界各地的人为攻击(如信息泄露、信息窃取、数据篡改、数据添加/删除、计算机病毒等)。此外，由于计算机网络具有连接形式多样性、终端分布不均匀性和网络开放性、互连性等特征，也致使网络易受黑客、病毒、恶意软件的攻击。因此，网上信息的安全和保密是一个至关重要的问题。

综上，网络安全是一个关系国家安全和主权、社会稳定、民族文化的继承和发扬的重要问题，并随着全球信息化步伐的加快而变得越来越重要。网络安全技术是一门涉及计算机科学、网络技术、通信技术、密码技术、信息安全技术、应用数学、数论、信息论等多种学科的综合性学科。

网络安全是指网络系统的硬件、软件及其系统中的数据受到保护，不因偶然的或者恶意的原因而遭到破坏、更改、泄露，系统连续可靠正常运行，网络服务不中断。

网络安全从本质上来讲就是网络上的信息安全。从广义上讲，凡是涉及网络上信息的保密性、完整性、可用性、真实性和可控性的相关技术和理论都是网络安全研究的领域。

1. 网络安全的主要特性

网络安全主要有以下几点特性：

保密性：信息不泄露给非授权的用户、实体或过程，或供其利用的特性。

完整性：数据未经授权不能进行改变的特性，即信息在存储或传输中保持不被修改、

不被破坏和丢失的特性。

可用性：可被授权实体访问并按需求使用的特性。

可控性：对信息的传播及内容有控制能力。

可审查性：出现安全问题时可提供依据与手段。

2. 网络安全威胁的表现形式

网络安全的威胁，也就是对网络安全的潜在破坏，计算机网络面临的攻击和威胁因素很多，主要分为人为和非人为两种。非人为的因素有自然灾害造成的不安全因素，如地震、水灾、火灾、战争等造成网络中断、系统破坏、数据丢失等，解决办法有软硬件系统的选择、机房选址与设计、双机热备、数据备份等。人为的威胁因素，主要是威胁源(入侵者或入侵程序)利用系统资源中的脆弱环节进行入侵而产生的，一般分为以下几种：

(1) 中断(Interruption)。威胁源使系统的资源受损不能使用，从而使数据的流动或服务的提供暂停，如网络病毒。

(2) 窃取(Interception)。威胁源未经许可就成功获取了对资源的访问权，从中盗窃了有用的数据或服务。如利用银行网络系统窃取存款信息、盗窃存款等。

(3) 更改(Modification)。威胁源未经许可就成功访问并修改了某项资源，篡改了提供的数据服务。

(4) 伪造(Fabrication)。威胁源未经许可就成功地在网络系统中制造出假源，从而产生了虚假的数据服务。

随着 Internet 的发展，客户/服务器结构逐渐向浏览器/服务器结构迁移，因此 Web 服务在很短时间内也成为 Internet 上的主要服务。Web 文本发布具有简洁、生动、形象等特点，因此，无论是单位和个人，都越来越倾向于用 Web 来发布自己的信息。Web 服务给用户发布信息带来了方便的同时，也给用户带来了不安全因素，特别是在 HTTP 标准协议之上扩展的某些服务，在给用户提供信息交互的同时，也使 Web 在已有的安全隐患之外，又增加了新的不安全因素。

Web 服务所面临的安全威胁大致可归纳为以下两种：一种是机密信息所面临的安全威胁；一种是 WWW 服务器和浏览器主机所面临的安全威胁。前一种安全威胁是 Internet 上各种服务所共有的，后一种威胁则是由扩展 Web 服务的某些软件所带来的。这两种安全隐患也不是截然分开的，而是共同存在并相互作用的，尤其是后一种安全威胁的存在，使得保护机密信息的安全更加困难。

3. 网络安全防护措施

网络安全防护措施有以下几种：

物理措施：例如，保护网络关键设备(如交换机、大型计算机等)，制定严格的网络安全规章制度，采取防辐射、防火以及安装不间断电源(UPS)等措施。

访问控制：对用户访问网络资源的权限进行严格的认证和控制。例如，进行用户身份认证，对口令加密、更新和鉴别，设置用户访问目录和文件的权限，控制网络设备配置的权限，等等。

数据加密：加密是保护数据安全的重要手段。加密的作用是保障信息被人截获后不能读懂其含义。

病毒防治：防止计算机网络病毒的传播，可通过安装网络防病毒系统达到目的。

防火墙应用：防火墙技术是通过对网络的隔离和限制访问等方法来控制网络的访问权限，从而保护网络资源。

其他措施：其他措施包括信息过滤、容错、数据镜像、数据备份和审计等。

4.1.2　计算机系统的安全等级

现在的计算机安全等级一般分为四组七个等级：具体为 D、C(C1、C2)、B(B1、B2、B3)和 A(A1)，安全级别从前到后逐步提高，各级间向下兼容。

(1) D 级别。D 级别是最低的安全级别，对系统提供最小的安全防护。系统的访问控制没有限制，无需登录系统就可以访问数据，这个级别的系统包括 DOS、Windows 98 等。

(2) C 级别。C 级别有两个子系统，C1 级和 C2。C1 级称为选择性保护级，可以实现自主安全防护，对用户和数据的分离，保护或限制用户权限的传播。C2 级具有访问控制环境的权力，比 C1 的访问控制划分得更为详细，能够实现受控安全保护、个人账户管理、审计和资源隔离。这个级别的系统包括 UNIX、Linux 和 Windows NT 系统。

C 级别属于自由选择性安全保护，在设计上有自我保护和审计功能，可对主体行为进行审计与约束。C 级别的安全策略主要是自主存取控制，可以实现：

① 保护数据确保非授权用户无法访问；

② 对存取权限的传播进行控制；

③ 个人用户数据的安全管理。

C 级别的用户必须提供身份证明，(比如口令机制)才能够正常实现访问控制，因此用户的操作与审计自动关联。C 级别的审计能够针对实现访问控制的授权用户和非授权用户，建立、维护以及保护审计记录不被更改、破坏或受到非授权存取。这个级别的审计能够实现对所要审计的事件、事件发生的日期与时间、涉及的用户、事件类型、事件成功或失败等进行记录，同时能通过对个体的识别，有选择地审计任何一个或多个用户。C 级别的一个重要特点是有对于审计生命周期保证的验证，这样可以检查是否有明显的旁路可绕过或欺骗系统，检查是否存在明显的漏路(违背对资源的隔离，造成对审计或验证数据的非法操作)。

(3) B 级别。B 级别包括 B1、B2 和 B3 三个级别，B 级别能够提供强制性安全保护和多级安全。强制防护是指定义及保持标记的完整性，信息资源的拥有者不具有更改自身的权限，系统数据完全处于访问控制管理的监督下。其中，B1 级称为标识安全保护(Labeled Security Protection)；B2 级称为结构保护级别(Security Protection)，要求访问控制的所有对象都有安全标签，以实现低级别的用户不能访问敏感信息，对于设备、端口等也应标注安全级别；B3 级别称为安全域保护级别(Security Domain)，这个级别使用安装硬件的方式来加强域的安全，比如用内存管理硬件来防止无授权访问。B3 级别可以实现：

① 引用监视器参与所有主体对客体的存取以保证不存在旁路；

② 审计跟踪能力强，可以提供系统恢复过程；

③ 支持安全管理员角色；

④ 用户终端必须通过可信通道才能实现对系统的访问；

⑤ 防止篡改。

B 组安全级别可以实现自主存取控制和强制存取控制，通常的实现包括：

① 所有敏感标识控制下的主体和客体都有标识；

② 安全标识对普通用户是不可变更的；

③ 可以审计：(a) 任何试图违反可读输出标记的行为，(b) 授权用户提供的无标识数据的安全级别和与之相关的动作，(c) 信道和 I/O 设备的安全级别的改变，(d) 用户身份和/与相应的操作；

④ 维护认证数据和授权信息；

⑤ 通过控制独立地址空间来维护进程的隔离。

B 组安全级别应该保证：

① 在设计阶段，应该提供设计文档、源代码以及目标代码，以供分析和测试；

② 有明确的漏洞清除和补救缺陷的措施；

③ 无论是形式化的，还是非形式化的模型，都能被证明该模型可以满足安全策略的需求。

④ 监控对象在不同安全环境下的移动过程(如两进程间的数据传递)。

(4) A 级别。A 级别只有 A1 这一级别，A 级别称为验证设计级(Verity Design)，是目前最高的安全级别。在 A 级别中，安全的设计必须给出形式化设计说明和验证，需要有严格的数学推导过程，同时应该包含秘密信道和可信分布的分析，也就是说要保证系统的部件来源有安全保证，例如对这些软件和硬件在生产、销售、运输中进行严密跟踪和严格的配置管理，以避免出现安全隐患。

安全威胁中主要的可实现的威胁分为两类：渗入威胁和植入威胁。主要的渗入威胁有假冒、旁路控制、授权侵犯，主要的植入威胁有特洛伊木马、陷门。

4.1.3　安全管理

1. 网络安全的目标

(1) 保密性。使网络系统只向已被授权的使用者提供信息，对于未被授权的使用者，这些信息不可以获得或不可以理解。

(2) 完整性。只允许授权用户修改系统中的信息，而未经授权者不能修改系统信息，以保证用户得到的信息资源是完整的、正确的。

(3) 可用性。使网络系统可以随时向所有用户提供他们各自应得的信息服务。

(4) 可审查性。网络系统内所发生的与安全有关的动作均有说明性记录可以审查。

2. 安全管理的措施

通过鉴定、授权和访问控制等措施，可以防止有意或无意的破坏，保证网络不至于性能下降和瘫痪。安全管理的功能包括产生、删除和控制安全服务，发放与安全相关的信息，报告与安全相关的事件，此外，还包括为用户设置安全口令，在互联网络中控制网络或主机的存取能力，提供判别是否合法存取网络信息的手段。

安全管理要保护在网上处理的信息不被泄露或修改。在 LAN 中，当前主要的网络操作系统是通过对文件服务器的公共接入，使用集中式的数据存储。对数据的保护应从如下几个方面着手：

(1) 关键设备。局域网上的关键设备是文件服务器、数据库服务器、工作站和电缆系统，还有其他如打印服务器、通信服务器、网桥和路由器等。而对安全而言，危险最大的是工作站和电缆，因为本地工作站上的重要数据容易被盗窃，授权用户可以通过工作站获取服务器上的有用信息。

(2) 操作系统逻辑访问管理。网络操作系统逻辑访问的管理包括两部分：一是控制用户对网络的访问；二是保护文件不被不该访问的用户访问，不被随意修改和删除。不同的操作系统有各自的逻辑访问控制方法，但不外乎使用用户名、口令，限制入网时间和地点等方法。

(3) 访问控制。访问控制的目的是控制用户对网上文件的访问。访问控制具体规定系统授权用户可以访问的磁盘卷、目录和文件，此外，还可对目录和文件规定属性，即层层设防。用户要对某目录下的文件进行某种操作，除了有相应的权限外，其目录和文件的属性必须允许进行这种超作，否则不能进行操作。

访问控制还能对非法入网的用户进行跟踪。在一些操作系统中，当用户入网时，若连续三次输入了不正确的口令，系统即认为是非法用户，会马上封锁该用户的入网请求，并中止其账户若干时间。

(4) 病毒防治。病毒是威胁信息安全的大敌，应受到高度重视。市场上虽有种类繁多的防病毒工具，但很难抵挡住每天多种新病毒的进攻。因而要严格限制下载网络的站点，加强对病毒的监测和及时清除病毒，保证网上信息安全。

4.2　加密技术

加密技术是网络通信过程中的主要安全保密措施，是最常用的安全保密手段，它利用技术手段把重要的数据变为乱码(加密)传送，到达目的地后再用相同或不同的手段还原(解密)。

加密技术包括两个元素：算法和密钥。算法是将普通的文本(或者可以理解的信息)与一串数字(密钥)结合，产生不可理解的密文的步骤。密钥是用来对数据进行编码和解码的一种算法。在安全保密中，可通过适当的密钥加密技术和管理机制来保证网络的信息通讯安全。密钥加密技术的密码体制分为对称密钥体制和非对称密钥体制两种。相应地，对数据加密的技术分为两类，即对称加密(私人密钥加密)和非对称加密(公开密钥加密)。对称加密以数据加密标准 DES(Data Encryption Standard)算法为典型代表，非对称加密通常以RSA(Rivest-Shamir-Adleman)算法为代表。对称加密的加密密钥和解密密钥相同。而非对称加密的加密密钥和解密密钥不同，加密密钥可以公开而解密密钥需要保密。

对称加密采用了对称密码编码技术，它的特点是文件加密和解密使用相同的密钥，即加密密钥也可以用作解密密钥，这种方法在密码学中叫做对称加密算法。对称加密算法使用起来简单快捷，密钥较短，且破译困难，除了数据加密标准(DES)，另一个对称密钥加密系统是国际数据加密算法(IDEA)。

非对称加密技术加密和解密采用了不同的密钥，是美国学者 Dime 和 Henman 为解决信息公开传送和密钥管理问题，于 1976 年提出的一种新的密钥交换协议，其加、解密时需要两个密钥：公开密钥(Public Key)和私有密钥(Private Key)。公开密钥与私有密钥是一对，如果用公开密钥对数据进行加密，只有用对应的私有密钥才能解密；如果用私有密钥对数据进行加密，那么只有用对应的公开密钥才能解密。因为加密和解密使用的是两个不同的密钥，所以这种算法叫做非对称加密算法。

4.2.1　密码学的基本概念

密码学是研究如何隐秘地传递信息的学科，在现代，特别指对信息以及其传输的数学性研究，常被认为是数学和计算机科学的分支，和信息论也密切相关。密码学是信息安全等相关问题(如认证、访问控制)的核心。密码学的首要目的是隐藏信息的涵义，并不是隐藏信息的存在。密码学也促进了计算机科学，特别是电脑与网络安全所使用的技术，如访问控制与信息的机密性。密码学已被应用在日常生活中，包括自动柜员机的芯片卡、电脑使用者存取密码、电子商务等。

密码是通信双方按约定的法则进行信息特殊变换的一种重要保密手段。依照这些法则，变明文为密文，称为加密变换；变密文为明文，称为脱密变换。密码在早期仅对文字或数码进行加、脱密变换，随着通信技术的发展，对语音、图像、数据等都可实施加、脱密变换。

密码学是在编码与破译的斗争实践中逐步发展起来的，随着先进科学技术的应用，已成为一门综合性的尖端技术科学。它与语言学、数学、电子学、声学、信息论、计算机科学等有着广泛而密切的联系。它的现实研究成果，特别是各国政府现用的密码编制及破译手段都具有高度的机密性。

进行明密变换的法则，称为密码的体制。指示这种变换的参数，称为密钥。它们是密码编制的重要组成部分。密码体制的基本类型可以分为四种：

错乱：按照规定的图形和线路，改变明文字母或数码等的位置成为密文；

代替：用一个或多个代替表将明文字母或数码等代替为密文；

密本：用预先编定的字母或数字密码组，代替一定的词组单词等变明文为密文；

加乱：用有限元素组成的一串序列作为乱数，按规定的算法，同明文序列相结合变成密文。

以上四种密码体制，既可单独使用，也可混合使用，以编制出各种复杂度很高的实用密码。

利用文字和密码的规律，在一定条件下，采取各种技术手段，通过对截取密文的分析，以求得明文，还原密码编制，即破译密码。破译不同强度的密码，对条件的要求也不相同，甚至很不相同。

4.2.2　对称加密技术

对称加密技术是对加密和解密使用相同密钥的加密算法。由于其速度快，因而通常在消息发送方需要加密大量数据时使用。对称性加密也称为密钥加密。

所谓对称，就是采用这种加密方法的双方使用同样的密钥进行加密和解密。密钥是控制加密及解密过程的指令。算法是一组规则，规定如何进行加密和解密。

因此对称加密技术的安全性不仅取决于加密算法本身，密钥管理的安全性更是重要。因为加密和解密都使用同一个密钥，如何把密钥安全地传递到解密者手上就成了必须要解决的问题。

下面举个例子来简要说明对称加密的工作过程。甲和乙是一对生意搭档，他们住在不同的城市。由于生意上的需要，他们经常会相互之间邮寄重要的货物。为了保证货物的安全，他们商定制作一个保险盒，将物品放入其中。他们打造了两把相同的钥匙分别保管，以便在收到包裹时用这个钥匙打开保险盒，以及在邮寄货物前用这把钥匙锁上保险盒。

上面是一个将重要资源安全传递到目的地的传统方式，只要甲乙小心保管好钥匙，那么就算有人得到保险盒，也无法打开。这个思想被用到了现代计算机通信的信息加密中。在对称加密中，数据发送方将明文(原始数据)和加密密钥一起经过特殊加密算法处理后，使其变成复杂的加密密文发送出去。接收方收到密文后，若想解读原文，则需要使用加密密钥及相同算法的逆算法对密文进行解密，才能使其恢复成可读明文。在对称加密算法中，使用的密钥只有一个，发收信双方都使用这个密钥对数据进行加密和解密。

在对称加密算法中常用的算法有：DES、3DES、TDEA、Blowfish、RC2、RC4、RC5、IDEA、Skipjack、AES 等。

对称加密算法的优点是算法公开、计算量小、加密速度快、加密效率高。

对称加密算法的缺点是在数据传送前，发送方和接收方必须商定好密钥，然后使双方都能保存好密钥，如果一方的密钥被泄露，那么加密信息也就不安全了。另外，每对用户每次使用对称加密算法时，都需要使用其他人不知道的唯一密钥，这会使得收、发双方所拥有的钥匙数量巨大，密钥管理成为双方的负担。

4.2.3　非对称加密技术

对称加密算法在加密和解密时使用的是同一个密钥，而非对称加密算法需要两个密钥来分别进行加密和解密，这两个密钥是公开密钥(简称公钥)和私有密钥(简称私钥)。公开密钥与私有密钥是一对，如果用公开密钥对数据进行加密，只有用对应的私有密钥才能解密；如果用私有密钥对数据进行加密，那么只有用对应的公开密钥才能解密。因为加密和解密使用的是两个不同的密钥，所以这种算法叫做非对称加密算法。

非对称加密技术目前主要是公开密钥技术，它是现代密码学技术在网络技术上的重要应用之一，其算法基本过程是：

(1) 选择一对不同的、足够大的素数 p、q，计算 $n = pq$。

(2) 计算 $f(n) = (p-1)(q-1)$，同时对 p、q 严加保密。

(3) 找一个与 $f(n)$ 互质的数 e，且 $1 < e < f(n)$。

(4) 计算 d，使得 $de \bmod f(n) = 1$。

(5) 得到公开密钥 $K_U = (e, n)$，私有密钥 $K_R = (d, n)$。

(6) 加密时，先将明文变换成 0 至 $n-1$ 的一个整数 M。若明文较长，可先分割成适当的组，然后再进行交换。设密文为 C，则加密过程为：$C = M^e \bmod n$。

(7) 解密过程为：$M = C^d \bmod n$。

例如：

设 $p = 3$，$q = 11$，则 $n = p \times q = 3 \times 11 = 33$；

$f(n) = (p-1) \times (q-1) = 2 \times 10 = 20$；

设 $e = 3(1 < e < 20)$，通过 $e \times d \bmod f(n) = 1$ 得到 $d = 7$；

公开密钥 $K_U = (e, n) = (3, 33)$，私有密钥 $K_R = (7, 33)$；

对于明文 $M = 2$：

用公钥加密，则 $C = M^e \bmod n = 2^3 \bmod 33 = 8$；

用私钥解密则 $M = C^d \bmod n = 8^7 \bmod 33 = 2$。

实际使用时，p, q 都是很大的素数。

4.3　认　证　技　术

4.3.1　身份认证技术概述

身份认证技术是在计算机网络中确认操作者身份的过程中产生的有效解决问题的方法。计算机网络世界中一切信息包括用户的身份信息都是用一组特定的数据来表示的，计算机只能识别用户的数字身份，所有对用户的授权也是针对用户数字身份的授权。如何保证以数字身份进行操作的操作者就是这个数字身份的合法拥有者，也就是说保证操作者的物理身份与数字身份相对应，就是身份认证技术需要解决的问题。作为保护网络资产的第一道关口，身份认证有着举足轻重的作用。

在真实世界，对用户的身份认证基本方法可以分为这三种：

(1) 基于信息秘密的身份认证：根据你所知道的信息来证明你的身份(what you know，你知道什么)。

(2) 基于信任物体的身份认证：根据你所拥有的东西来证明你的身份(what you have，你有什么)。

(3) 基于生物特征的身份认证：直接根据独一无二的身体特征来证明你的身份(who you are，你是谁)，比如指纹、面貌等。

网络世界中的手段与真实世界中一致，为了达到更高的身份认证安全性，某些时候会使用上述方法中的一种或多种。以下是几种常用的身份认证方式。

(1) 用户密码认证：用户的密码是由用户自己设定的，它利用 what you know 方法。在网络登录时输入正确的密码，计算机就认为操作者是合法用户。实际上，由于许多用户为了防止忘记密码，经常采用诸如生日、电话号码等容易被猜中的字符串作为密码，或者把密码抄在纸上放在一个自认为安全的地方，这样很容易造成密码泄漏。如果密码是静态的数据，在验证时就需要在计算机内存中存储并传输，在此过程中就可能会被木马程序等在本地或在网络中截获。因此，静态密码机制无论是使用还是部署都非常简单，但从安全性上讲，用户名/密码方式一种是不安全的身份认证方式。

(2) 智能卡：一种内置集成电路的芯片，芯片中存有与用户身份相关的数据。智能卡由专门的厂商通过专门的设备生产，是不可复制的硬件。智能卡由合法用户随身携带，登录时必须将智能卡插入专用的读卡器读取其中的信息，以验证用户的身份。它利用 what you have 的方法进行身份认证。

智能卡认证是通过智能卡硬件不可复制来保证用户身份不会被仿冒。然而由于每次从智能卡中读取的数据是静态的，通过内存扫描或网络监听等技术还是很容易截取到用户的身份验证信息，因此还是存在安全隐患。

(3) 短信密码：以手机短信形式发送随机的动态密码，利用用户在身份资料中留下的手机信息，来确定用户的身份。它同样利用 what you have 的方法进行身份认证。

(4) 动态口令：目前最为安全的身份认证方式，也利用 what you have 的方法，是一种动态密码。

动态口令牌是客户手持用来生成动态密码的终端。主流的动态口令牌是基于时间同步方式的，每 60 秒变换一次动态口令，口令一次有效，它产生 6 位动态数字通过一次一密的方式认证。

但是由于基于时间同步方式的动态口令牌存在 60 秒的时间窗口，导致该密码在这 60 秒内存在风险，现在已出现了基于事件同步的、双向认证的动态口令牌。基于事件同步的动态口令，是以用户动作触发作为同步原则，真正做到了一次一密，并且由于是双向认证，即服务器验证客户端，并且客户端也需要验证服务器，从而达到了彻底杜绝木马网站的目的。

(5) USB Key：基于 USB Key 的身份认证方式是近几年发展起来的一种方便、安全的身份认证技术。它采用软硬件相结合、一次一密的强双因子认证模式，很好地解决了安全性与易用性之间的矛盾。USB Key 是一种 USB 接口的硬件设备，它内置单片机或智能卡芯片，可以存储用户的密钥或数字证书，利用 USB Key 内置的密码算法实现对用户身份的认证。基于 USB Key 的身份认证系统主要有两种应用模式：一是基于冲击/响应的认证模式，二是基于 PKI 体系的认证模式，目前运用在电子政务、网上银行。

(6) 生物识别：运用 who you are 方法，通过可测量的身体或行为等生物特征进行身份认证的一种技术。生物特征是指唯一的可以测量或可自动识别和验证的生理特征或行为方式。该方法使用传感器或者扫描仪来读取生物的特征信息，将读取的信息和用户在数据库中的特征信息比对，如果一致则通过认证。生物特征分为身体特征和行为特征两类。身体特征包括声纹(如 d-Ear 即使用声纹进行认证)、指纹、掌型、视网膜、虹膜、人体气味、脸型、手的血管和 DNA 等。行为特征包括：签名、语音、行走步态等。

4.3.2　用户身份认证技术

用户身份认证是一种特殊的通信协议，用于通信参与方在数据交换前的身份鉴定过程，它定义了参与认证服务的通信在身份认证过程中需要交换的消息格式、语义及产生的次序，常采用加密机制保证此过程的完整性和可靠性。

身份认证的技术方法比较多，下面介绍三种类别的认证技术。

1. 基于共享密钥的身份认证

设 A、B 的共享密钥为 K_{AB}，A 用户身份信息为 A，R_A、R_B 分别是用户 A 和用户 B 生成的随机大数，用户 A 和 B 在交换数据之前进行的身份认证过程如图 4-1 所示。

认证过程如下：

(1) 用户 A 向 B 发送自己的身份 A；

(2) 用户 B 收到后向 A 发送一个随机大数 R_B；

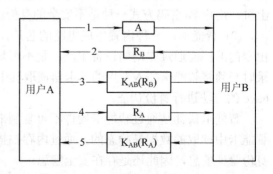

图 4-1　基于共享密钥的用户身份认证

(3) A 用共享密钥 K_{AB} 对 R_B 加密，发送回 B，B 由此确定 A 的身份；

(4) A 同时向 B 发送一个随机大数 R_A；

(5) B 用共享密钥加密 R_A 发回给 A，A 确定 B 的身份，至此，完成 A、B 对对方身份的认证。这种认证方式的认证步骤较多。

2．基于公开密钥的身份认证

设 A 用户公开密钥为 E_A，B 用户公开密钥为 E_B，A 用户身份信息为 A，R_A、R_B 分别是用户 A 和用户 B 生成的随机大数，K_S 为双方认证结束后通信时的会话密钥，其认证过程如图 4-2 所示。

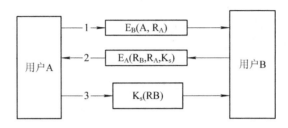

图 4-2　基于公开密钥的身份认证

认证过程如下：

(1) 用户 A 使用用户 B 的公开密钥对自己的身份 A 和随机大数 R_A 加密，发送给 B 用户；

(2) 用户 B 收到后用自己的私用密钥解密出 R_A，用 A 用户的公开密钥加密 R_A、R_B(B 产生的随机大数)及会话密钥 K_S 并发送给 A 用户，由 A 用户解密，确认 B 用户身份；

(3) A 用户用自己的私用密钥解密后得到会话密钥 K_S 加密 R_B，发送给 B 用户，B 用户确认 A 用户身份。

3．基于密钥分发中心(KDC)的用户身份认证

上述两种方式中，用户 A 与不同用户进行认证时，都需要使用不同的密钥，因此每个用户都需要保存多个密钥，以便适合不同的用户，基于密钥分发中心(KDC)的认证方式则可只保存与密钥分发中心的一个密钥就可以和多个用户进行认证。

K_{AD} 是 A 用户和密钥分发中心的共享密钥，K_{BD} 是用户 B 和密钥分发中心的共享密钥，K_S 是双方认证后的会话密钥。其认证过程如图 4-3 所示。

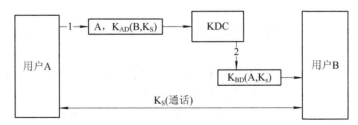

图 4-3　基于密钥分发中心的用户身份认证

认证过程如下：

(1) 用户 A 将自己的身份以明码形式发给密钥分发中心 KDC，同时发送的还有用 K_{AD}

对用户 B 和会话密钥 K_S 加密的信息,密钥分发中心 KDC 收到这些信息后,根据 A 的信息,用 K_{AD} 解密;

(2) 密钥分发中心根据得到的 B 的信息,用 K_{BD} 加密 A 和会话密钥 K_S 并发送给用户 B,用户 B 根据得到的信息, 用 K_S 和 A 通信

用这种方式进行的认证,可以减少用户保存的密钥数量,同时减少认证步骤,加快认证的速度,同时由于 KDC 的专业化,认证过程也更加安全和可靠。

4.3.3　消息认证

消息认证(Message Authentication)就是验证消息的完整性,当接收方收到发送方的报文时,接收方能够验证收到的报文是真实的和未被篡改的。它包含两层含义:一是验证信息的发送者是真正的而不是冒充的,即数据起源认证;二是验证信息在传送过程中未被篡改、重放或延迟等。

消息认证所用的摘要算法与一般的对称或非对称加密算法不同,它并不用于防止信息被窃取,而是用于证明原文的完整性和准确性,也就是说,消息认证主要用于防止信息被篡改。

消息内容认证常用的方法为:消息发送者在消息中加入一个鉴别码(MAC、MDC 等)并经加密后发送给接收者(有时只需加密鉴别码即可),接收者利用约定的算法对解密后的消息进行鉴别运算,将得到的鉴别码与收到的鉴别码进行比较,若二者相等,则接收,否则拒绝接收。

在消息认证中,消息源和宿的常用认证方法有以下两种:

一种是通信双方事先约定发送消息的数据加密密钥,接收者只需要证实发送来的消息是否能用该密钥还原成明文就能鉴别发送者。如果双方使用同一个数据加密密钥,那么只需在消息中嵌入发送者识别符即可。

另一种是通信双方事先约定各自发送消息所使用的通行字,发送消息中含有此通行字并进行加密,接收者只需判别消息中解密的通行字是否等于约定的通行字就能鉴别发送者。为了安全起见,通行字应该是可变的。

消息认证中常见的攻击和对策有以下几种:

① 重放攻击:截获以前协议执行时传输的信息,然后在某个时候再次使用。对付这种攻击的一种措施是在认证消息中包含一个非重复值,如序列号、时戳、随机数或嵌入目标身份的标志符等。

② 冒充攻击:攻击者冒充合法用户发布虚假消息。为避免这种攻击可采用身份认证技术。

③ 重组攻击:把以前协议执行时一次或多次传输的信息重新组合进行攻击。为了避免这类攻击,可把协议运行中的所有消息都连接在一起。

④ 篡改攻击:修改、删除、添加或替换真实的消息。为避免这种攻击可采用消息认证码 MAC 或 Hash(哈希)函数等技术。

采用报文摘要进行消息认证的技术是对报文内容进行鉴别的一种方法。报文摘要是指使用单向哈希函数算法将任意长度的输入报文经计算得出固定位的输出。所谓单向是指该算法是不可逆的,找出具有同一报文摘要的两个不同报文是很困难的。其基本条件是:

(1) 给定明文 P，很容易计算出 MD(P)；

(2) 给定 MD(P)，不能得到 P；

(3) 报文不同，报文摘要也不同。

用户收到报文 P 后，对其进行 MD(P)操作，并将结果与加密方式收到的 MD(P)进行比较，相同则说明报文 P 是完整的。

4.3.4　数字签名

数字签名技术是实现交易安全的核心技术之一，它的实现基础就是加密技术。以往的书信或文件是根据亲笔签名或印章来证明其真实性的，相应地，数字签名也要实现类似的功能。数字签名必须保证以下几点：

接收者能够核实发送者对报文的签名；发送者事后不能抵赖对报文的签名；接收者不能伪造对报文的签名。

在技术上，数字签名就是通过一个单向函数对要传送的报文进行处理，得到的用以认证报文来源并核实报文是否发生变化的一个字母数字串，用这个字符串来代替书写签名或印章，起到与书写签名或印章同样的法律效用。国际社会已开始制定相应的法律、法规，把数字签名作为执法的依据。

其基本使用方式是：报文的发送方从报文文本中生成一个 128 位或 160 位的单向散列值(或报文摘要)，并用自己的私有密钥对这个散列值进行加密，形成发送方的数字签名，然后，将这个数字签名作为报文的附件和报文一起发送给报文的接收方。报文的接收方首先从接收到的原始报文中计算出散列值(或报文摘要)，接着再用发送方的公开密钥来对报文附加的数字签名进行解密，如果这两个散列值相同，那么接收方就能确认该数字签名是发送方的。

目前，广泛应用的数字签名算法主要有三种：RSA 签名、DSS(数字签名系统)签名和 Hash 签名。这三种算法可单独使用，也可综合在一起使用。数字签名是通过密码算法对数据进行加、解密变换实现的，用 DES 算法、RSA 算法都可实现数字签名。

4.4　计算机病毒和木马

4.4.1　计算机病毒发展历史

计算机病毒是人为的产物，是一些人利用计算机软件和硬件固有的脆弱性编制的具有特殊功能的程序。这种程序代码一旦进入计算机并得以执行，就会搜索其他符合其传染条件的程序或者存储介质，确定感染目标后就将自身代码插入其中，实现自我繁殖。由于其特性在很多方面与生物病毒有极其相似之处，因此借用生物学中的病毒一词。

从 1983 年计算机病毒首次被确认以来，出现了数万种病毒。伴随着计算机技术的发展，新的计算机病毒技术也不断发展，促使新的反病毒技术产生。因此，计算机病毒发展呈现出如下规律：一种新的计算机技术出现后，新病毒迅速发展，接着反病毒技术的发展抑制病毒发展，如此周而复始，循环往复。所以，计算机病毒的发展史就是计算机技术的发展历史。计算机病毒的传播方式随着计算机和网络技术的发展也不断发生着变化，例如 DOS 时代主要通过软盘传播，Windows 和互联网时代主要通过 U 盘和网络传播(如电子邮件、文件下载、系统漏洞等)，并且随着网络应用的普及，计算机病毒越来越多地与木马技术结合进行传播。

4.4.2　计算机病毒的工作原理

计算机病毒的危害是极大的，要做好反病毒技术的研究，首先要认清计算机病毒的结构特点和行为机理，为防范计算机病毒提供充实可靠的依据。下面将通过对计算机病毒的主要特征和基本结构的介绍来阐述计算机病毒的工作原理。

1. 计算机病毒的主要特征

(1) 寄生性。计算机病毒寄生在其他程序或指令中，当执行这个程序或指令时，病毒会起破坏作用，而在未启动这个程序或指令之前，它是不易被人发觉的。

(2) 传染性。计算机病毒不但本身具有破坏性，还具有传染性，一旦病毒被复制或产生变种，其传染速度之快令人难以预防。

(3) 隐蔽性。计算机病毒具有很强的隐蔽性，有的可以通过杀毒软件查出来，有的则查不出来，甚至时隐时现、变化无常，后一类病毒处理起来通常很困难。

(4) 潜伏性。病毒入侵后，一般不会立即发作，需要等待一段时间，只有在满足其特定条件时才启动其表现模块、显示发作信息或对系统进行破坏。

(5) 破坏性。计算机中毒后，凡是利用软件手段能触及计算机资源的地方均可能遭到计算机病毒的破坏，其表现为：占用 CPU 系统开销，从而造成进程堵塞；对数据或文件进行破坏；打乱屏幕的显示；无法正常启动系统等。

2. 计算机病毒的结构

计算机病毒在结构上有着共同性，一般由引导部分、传染部分、表现部分及其他部分组成。

(1) 引导部分的作用在于实现病毒的初始化，它随着宿主程序的执行进入内存，为传染创造了条件。

(2) 传染部分的作用是将病毒代码复制到目标程序。一般病毒在对其目标进行传染前，首先要判断传染条件、要感染目标的特征等。

(3) 表现部分是病毒间差异最大的部分，引导部分和传染部分都是为这部分服务的。它破坏被传染系统或者在被传染系统的设备上表现出特定的现象。大部分病毒都是在一定条件下才触发其表现部分的。

3. 计算机病毒的分类

综合病毒本身的技术特点、攻击目标、传播方式等各个方面，一般情况下，可将病毒大致分为：传统病毒、宏病毒、恶意脚本、木马、黑客、蠕虫、破坏性程序。

(1) 传统病毒。传统病毒是能够传染的程序，通过改变文件或者其他设置进行传播，通常包括感染可执行文件的文件型病毒和感染引导扇区的引导型病毒，如 CIH 病毒。

(2) 宏病毒(Macro)。宏病毒是利用 Word 和 Excel 等的宏脚本功能进行传播的病毒，如著名的美丽莎(Macro. Melissa)。

(3) 恶意脚本(Script)。恶意脚本是进行破坏的脚本程序,包括 HTML 脚本、批处理脚本、Visual Basic 和 Java Script 脚本等,如欢乐时光(VBS.Happytime)。

(4) 木马(Trojan)程序。从广义上讲,所有的程序都可以是木马,判定是否是木马病毒的标准无法确定。通常的标准是:在用户不知情的情况下进行安装并隐藏在后台运行,执行特定的功能或等待控制端的指令,执行控制端的指令。如盗号木马就是以窃取用户账号和密码为目的的程序。

(5) 蠕虫(Worm)程序。蠕虫病毒是一种可以利用操作系统的漏洞、电子邮件和 P2P 软件等自动传播自身的病毒,如冲击波。

4.4.3　病毒的一般防护手段

病毒的防护主要从以下几方面进行:

(1) 养成良好的安全习惯,不登录不明网站,不在非官方站点下载软件,不打开来历不明的电子邮件附件。

(2) 停用系统中不需要的服务,关闭不用的端口,关闭不用的共享。

(3) 经常升级安全补丁、反病毒软件的病毒库。

(4) 使用复杂的密码。

(5) 开启个人防火墙,设置最小范围,必要时修改默认端口号。

(6) 定期进行查毒扫描。

4.4.4　木马

1. 木马入侵的原理

木马的概念来源于古希腊的一个故事。在古希腊诗人荷马的伟大史诗《伊利亚特》里记述了这样一个故事:

特洛伊王子帕里斯来到希腊斯巴达王麦尼劳斯的宫里,受到了麦尼劳斯的盛情款待。但是,帕里斯却拐走了麦尼劳斯美貌的妻子海伦。因此,麦尼劳斯和他的兄弟迈西尼国王加米农派兵讨伐特洛伊。由于特洛伊城池牢固,易守难攻,兄弟二人攻战 10 年,未能如愿。最后,英雄奥德赛献上妙计,让迈西尼士兵全部登上战船,制造撤兵的假相,并故意在城前留下一匹巨大的木马。特洛伊人高兴地把木马当作战利品抬进城去。当晚,正当特洛伊人沉湎于美酒和歌舞的时候,藏在木马内的迈西尼士兵悄悄溜出,打开城门,放进早已埋伏在城外的军队,里应外合攻下了特洛伊城。

计算机行业中将特洛伊木马(Trojan Horse)程序简称木马,是指隐藏在正常程序中的一段具有特殊功能的恶意代码,它的名称形象地表述了这种代码的工作原理,即它是由计算机的使用者带入计算机中并有一定功能的代码。它不是病毒,因为它不具备病毒的可传染性、自我复制能力等特性,但它是一种具备破坏或删除文件、发送密码、记录键盘及其他特殊功能的后门程序。RFCl244 中描述特洛伊木马为"特洛伊木马程序是一种程序,它能提供一些有用的,或是仅仅令人感兴趣的功能。但是它还有用户所不知道的其他功能,例如在你不了解的情况下复制文件或窃取你的密码。"随着互联网的迅速发展,木马的攻击、危害性越来越大,目前已经超越病毒,成为互联网中威胁上网用户安全的主要力量。

木马实质上是一个程序，必须运行后才能工作，所以会在进程表、注册表中留下一定的痕迹。

一般的木马程序采用 C/S 模式工作，它包括服务端和客户端两个程序，缺少其中任何一个环节都很难产生攻击。因为木马不具有传染性，所以服务端程序是以其他方式进入被入侵的计算机的，当服务端被木马入侵后，会在一定情况下开始运行(如用户主动运行或重新启动电脑，因为很多木马程序会自动加入到启动信息中)，这时它就在被攻击的计算机上打开一个后门端口，并一直监听这个端口，等待客户机端连接。木马的客户端一般运行在被攻击的计算机上，当客户端向被攻击计算机上的这一端口提出连接请求时，被攻击计算机上的服务端程序就会自动运行，来应答客户机的请求，如果服务端在该端口收到数据，就对这些数据进行分析，然后按识别后的命令在被攻击的计算机上执行相应的操作，如窃取用户名和口令、复制或删除文件、重新启动或关闭计算机等。木马隐藏着可以控制被攻击的系统或危害系统安全的功能，可能造成其资料和信息的泄漏、破坏，甚至使整个系统崩溃。

木马的传播方式现在已经逐步采用病毒的传播技术，过去的木马基本上是一个受控端程序，用户必须自己将它引入计算机中，进入用户的计算机后，它可进行一些诸如自动执行、自保护的工作。现在的木马则在传播方式中采取了较多的新型手段，如利用计算机的漏洞侵入，或利用弱密码、共享漏洞和网页插件等传播，有些木马则由病毒帮助下载，进入被攻击的计算机。

在执行方面，过去木马基本是一个标准程序，只是没有界面而已，通过任务管理器等工具软件，很容易发现并清除，现在木马则大多数通过服务方式、IE 插件等形式出现，为手工发现和清除木马造成了许多障碍。

2. 木马的特性

(1) 隐蔽性。木马程序和远程控制软件的最大区别就在于它的隐蔽性。木马类软件的服务端在运行时应用各种手段隐藏自己，例如修改注册表和启动文件以便机器在下一次启动后仍能载入木马程序。它不是自己生成一个启动程序，而是依附在其他程序之中。有些木马把服务器端和正常程序绑定成一个程序软件，当绑定程序使用时，即同时运行木马程序。它的隐蔽性主要体现在不产生图标和在任务栏窗口显示。

(2) 自动运行性。木马为了控制服务端，必须在系统启动时一起启动，因此就必须潜入启动配置文件中，如 win.ini、system.ini 以及启动组等文件或注册表的启动运行项中。

(3) 功能的特殊性。有些木马不仅可以对文件进行增删修改等操作，而且还具有一般远程控制软件所没有搜索缓存中的密码、设置密码、扫描目标机器的 IP 地址、进行键盘记录、远程注册表操作以及锁定鼠标等功能。

(4) 自动恢复功能。目前很多木马程序中的功能模块也不再由单一的文件组成，而是具有多重备份，可以进行相互恢复。当用户删除了其中一个程序后，其他程序又会对它进行恢复，使人防不胜防。

(5) 能自动打开特别的端口。木马程序潜入目标系统的目的大多数情况下主要是为了获取系统中有用的信息，而不是为了破坏对方系统，当用户上网与远端客户进行通信时，木马程序就会用 C/S 的通信模式把信息告诉黑客，以便黑客控制本机，或实施进一步的入侵企图。

3. 木马的种类

(1) 破坏型木马。其唯一的功能就是破坏并且删除文件，可以自动地删除电脑上的 Exe、dll、ini 文件或用户文件，造成部分软件不能正常使用或使系统崩溃，这类木马一旦进入系统会严重威胁数据的安全。

(2) 密码发送型木马。这种木马的目的是查找计算机中的隐藏密码并且在被攻击者不知道的情况下把它们发送到指定的信箱或通过在线方式传送给远程的控制者。有人为了方便，喜欢把自己的各种密码以文件的形式存放在计算机中，还有人为了减少输入口令的麻烦用 Windows 提供的密码记忆功能。但是许多黑客软件可以寻找到这些文件，并把它们送到黑客手中。也有些黑客软件长期潜伏，记录操作者的键盘操作，从中寻找有用的密码。

(3) 远程访问型木马。这是目前最广泛的木马，如果知道了服务端的 IP 地址，只需运行服务端程序，就可以实现远程控制。它可以访问被攻击者的硬盘，甚至可以完成和本机一样的任何事情，如著名的国产木马软件"冰河"就可以通过远程访问方式进行击键记录、鼠标和屏幕控制等。

远程访问型木马会在目标计算机上打开一个端口，一些木马还可以改变端口的选择以及设置连接口令，只让攻击者本人来控制。

(4) 键盘记录木马。这种木马非常简单。它们只做一件事情，就是记录被攻击者的键盘敲击并且在日志文件里查找密码。这种木马随着 Windows 的启动而启动。它们有在线和离线记录这样的选项，即分别记录用户在线和离线状态下敲击键盘时的按键情况，被攻击者按过什么按键，木马都有记录，当然显示为"*"的口令按键也不例外。在线状态下木马通过网络立即将所记录信息传送过去，离线方式下就保存在被攻击者的磁盘上等待被传输或等待用户联网时通过电子邮件方式传送。

(5) 代理木马。黑客在入侵的同时为了掩盖自己的足迹，防止别人发现自己的身份，会给被控制的计算机放置代理木马，让其变成黑客发动攻击的跳板。

(6) FTP 木马。这类木马是最简单和古老的木马，它的唯一功能就是打开 21 端口，等待用户连接并具有完全的上传和下载权限。现在新 FTP 木马还加上了密码功能，这样，只有黑客本人才知道正确的密码，以进入对方的计算机。

4.5　防　火　墙

4.5.1　防火墙的基本概念

为了保障安全，当用户与互联网连接时，可以在中间加入一个或多个中间系统，防止非法入侵者通过网络进行攻击，并提供数据可靠性、完整性方面的安全和审查控制，这些中间系统就是防火墙(Firewall)。它通过监测、限制、修改跨越防火墙的数据流，尽可能地对外屏蔽网络内部的结构、信息和运行情况，以此来实现内部网络的安全保护。

"防火墙"是一种形象的说法，其实它是由计算机硬件和软件组成的一个或一组系统，用于增强内部网络和 Internet 之间的访问控制。防火墙在被保护网络和外部网络之间形成一道屏障，使互联网与内部网之间建立起一个安全网关(Security Gateway)，如图 4-4 所示，从而防止发生不可预测的、潜在破坏性的侵入。它可通过监测、限制、更改跨越防火墙的数据流，尽可能地对外部屏蔽网络内部的信息、结构和运行状况，以此来实现网络的安全保护。防火墙已成为实现网络安全策略的最有效的工具之一，并被广泛地应用到 Internet 中。

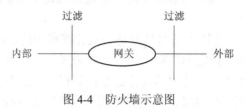

图 4-4　防火墙示意图

4.5.2　防火墙的功能和组成

1. 防火墙的功能

通常，防火墙具有以下几个功能：

(1) 忠实地执行安全策略，限制他人进入内部网络，过滤掉不安全服务和非法用户。

(2) 限定内网用户访问特殊站点，接纳外网对本地公共信息的访问。

(3) 具有记录和审计功能，为监视互联网安全提供方便。

2. 防火墙的分类

防火墙的主要技术类型包括数据包过滤、应用代理服务器和状态检测防火墙。

(1) 数据包过滤防火墙。数据包过滤(Packet Filtering)是指在网络层对数据包进行分析、选择。选择的依据是系统内设置的过滤逻辑，称为访问控制表(Access Control Table，ACL)。通过检查数据流中每一个数据包的源地址、目的地址、所用端口号、协议状态等因素或它们的组合来确定是否允许该数据包通过。

数据包过滤防火墙的优点是速度快、逻辑简单、成本低、易于安装和使用、网络性能和透明度好，因此被许多网络公司所使用。其缺点是配置困难，容易出现漏洞，而且为特定服务开放的端口也存在着潜在危险。

(2) 应用代理防火墙。应用代理防火墙是第二代产品，所采用的应用代理服务技术能够将所有跨越防火墙的网络通信链路分为两段，使得网络内部的客户不直接与外部的服务器通信。防火墙内外计算机系统间应用层的连接由两个代理服务器之间的连接来实现。外部计算机的网络链路只能到达代理服务器，从而起到隔离防火墙内外计算机系统的作用。

不过它的缺点也很明显：执行速度慢，操作系统容易遭到攻击。应用代理防火墙需要在一定范围内定制用户的系统，这取决于所使用的应用程序，而一些应用程序可能根本不支持代理连接。

(3) 状态检测防火墙。状态检测防火墙又称动态包过滤防火墙。状态检测防火墙在网络层由一个检查引擎截获数据包，并抽取出与应用层状态有关的信息，以此决定对该数据包是接受还是拒绝。检查引擎维护一个动态的状态信息表并对后续的数据包进行检查。一旦发现任何连接的参数有意外变化，该连接就被中止。

状态检测防火墙克服了数据包过滤防火墙和应用代理服务器的局限性，能够根据协议、端口及源地址、目的地址的具体情况决定数据包是否可以通过。对每个安全策略允许的请求，状态检测防火墙启动相应的进程，可以快速地确认符合授权流通标准的数据包，使其本身保持较快的运行速度。

状态检测防火墙已经在国内外得到广泛应用，这种防火墙唯一的缺点是状态检测可能造成网络连接的某种迟滞，不过硬件运行速度越快，这个问题就越不易察觉。

3. 防火墙的组成

防火墙的组成可以表示为：防火墙=过滤器+安全策略(+网关)。

(1) 数据包过滤器。数据包过滤器通常由路由器承担。数据包过滤器在收到报文后，先扫描报文头，检查报文头中的报文类型(TCP、UDP 等)、源 IP 地址、目的 IP 地址和目的 TCP/UDP 端口等，然后将规则库中的规则应用到该数据包头上，以决定是将此数据包转发出去还是丢弃。许多过滤器还允许管理员分别定义基于路由器上的数据包的发送界面和接收界面的规则，这样能增强过滤器的灵活性。比如，可以拒绝所有从外部网进入并自称是内部主机的数据包，防止来自外部网的使用伪造内部源地址的攻击。

过滤规则通常以表格的形式表示，其中包括以某种次序排列的条件和动作序列。当收到一个数据包时，过滤器按照从前至后的顺序与表格中每行的条件比较，直到满足某一行的条件，然后执行相应的动作(转发或丢弃)。有些数据包在实现过滤时，"动作"这一项还将询问，若数据包被丢弃是否要通知发送者(通过则发送 ICMP 消息)，并能以管理员指定的顺序进行条件比较，直至找到满足的条件。

(2) 堡垒主机。一个应用层网关常常被称作"堡垒主机"。它是一个专门的系统，有特殊的装备，并能抵御攻击。

堡垒主机提供安全性的特点是：堡垒主机的硬件执行一个安全版本的操作系统。例如，如果堡垒主机是一个 UNIX 平台，那么它执行 UNIX 操作系统的安全版本，该系统经过特殊的设计，避免了操作系统的弱点，保证防火墙的完整性。堡垒主机负责提供代理服务。

4.5.3　代理服务器(Proxy Server)防火墙简介

应用层网关使用代理服务器(Proxy Server)将通过防火墙的通信链路分为两段，防火墙内外的计算机系统间的应用层链路由两个终止于 Proxy Server 的"链路"来实现；外部计算机的网络链路只能到达 Proxy Server，从而实现企业内外计算机系统间的隔离区。代理服务器防火墙如图 4-5 所示。

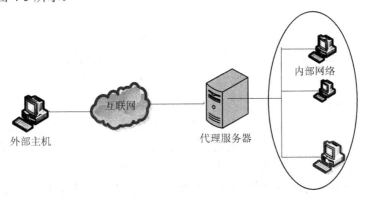

图 4-5　代理服务器防火墙

所谓代理服务器，是指运行代理服务程序的机器。代理服务程序由两部分构成：服务器端程序和客户端程序。客户端程序与中间节点代理服务器连接，代理服务器再与要访问的真实服务器实际连接。与数据包过滤型防火墙不同，代理服务器防火墙使内部网与外部网之间不存在直接的连接，同时提供日志(Log)及审计(Audit)服务。

代理服务强调，对外部客户访问内部网络提供服务时，必须通过代理。在堡垒主机上一般安装有限的代理服务，如 Telnet、DNS、FTP、SMTP 以及用户认证等。用户在访问代理服务器之前堡垒主机可能要求附加认证。代理服务器在安全性方面比数据包过滤器强，能防止防火墙遭到破坏，但在性能与透明性方面较差。

每个代理都是一个简短的程序，专门为网络安全目的而设计。在堡垒主机上每个代理都与所有其他代理无关。如果任何代理的工作产生问题，或在将来发现其脆弱性，只需简单地将其删除，不会影响其他代理的工作。

代理服务器可采用双宿主机(Dual-Homed Gateway)、屏蔽主机 Screened Host Gateway)、屏蔽子网(Screened Subnet Gateway)三种体系结构。

1. 双宿主机网关

如图 4-6 所示，双宿主机网关是在堡垒主机中插装两块网络接口卡，并在其上运行代理服务器软件，受保护网络与 Internet 之间不能直接进行通信，必须经过堡垒主机。因此，不必显式地列出受保护网与外部网之间的路由，从而达到受保护网除了看到堡垒主机之外，不能看到其他任何系统的效果。同时堡垒主机不转发 TCP/IP 通信报文，网络中的所有服务都必须由此主机的相应代理程序来支持。

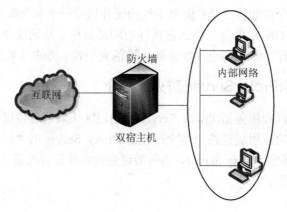

图 4-6　双宿主机网关

把数据包过滤和代理服务两种方法结合起来。可以形成新的防火墙。在双宿网关的基础上又演化出两种防火墙配置，一种是屏蔽主机网关，另一种是屏蔽子网网关。

2. 屏蔽主机网关

如图 4-7 所示，屏蔽主机网关防火墙在配置时需要一个带数据包过滤功能的路由器和一台堡垒主机。常将堡垒主机设置在被保护网络中，路由器设置在堡垒主机和 Internet 之间，这样堡垒主机就是被保护网络唯一可到达 Internet 的系统。

屏蔽主机网关防火墙系统提供的安全等级较高，因为它实现了网络层安全(数据包过滤)和应用层安全(代理服务)，所以入侵者在破坏内部网络的安全性之前，必须首先渗透两种不同的安全系统。

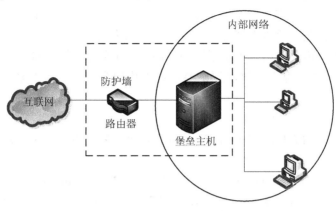

图 4-7　屏蔽主机网关防火墙

　　这种防火墙系统的优点之一是提供公开的信息服务的服务器，如 Web、FTP 等，可以放置在由数据包过滤路由器和堡垒主机共享的网段上。如果要求有特别高的安全特性，可以让堡垒主机运行代理服务，使得内部和外部用户在与信息服务器通信之前，必须先访问堡垒主机。如果较低的安全等级已经足够，则将路由器配置成让外部用户直接去访问公共的信息服务器。

3. 屏蔽子网网关

　　如图 4-8 所示，屏蔽子网防火墙采用两个包过滤路由器和一个堡垒主机，在受保护网与 Internet 之间有一个小型的独立网络，对这个屏蔽子网的访问受到路由器过滤规则的保护。常将堡垒主机、信息服务器、Modem 组以及其他公用服务器放在子网中。屏蔽子网中的主机是内部网和 Internet 都能访问到的唯一系统，它支持网络层和应用层安全功能。

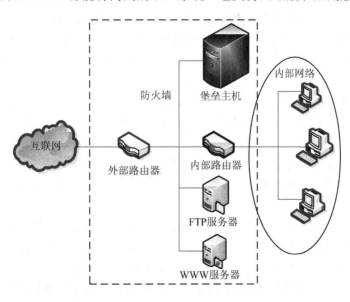

图 4-8　屏蔽子网防火墙

　　外部路由器用于防范通常的外部攻击(如源地址欺骗和源路由攻击)，并管理 Internet 到屏蔽子网的访问，它只允许外部系统访问堡垒主机。内部路由器提供第二层防御，只接受源于堡垒主机的数据包，负责管理屏蔽子网到内部网络的访问。

　　内部路由器管理内部网络到屏蔽子网的访问。内部系统只能访问堡垒主机(还可能有信息服务器)，外面的路由器上的过滤规则要求使用代理服务，只接受来自堡垒主机的去往 Internet 的数据包。

　　屏蔽子网防火墙系统的优点如下：

　　(1) 入侵者必须突破 3 个不同的设备(外部路由器、堡垒主机、内部路由器)才能侵袭内部网络。

　　(2) 由于外部路由器只能向 Internet 通告屏蔽子网的存在，Internet 上的系统没有路由器与内部网络相对，可保证内部网络是"不可见"的。只有在屏蔽子网上选定的系统才对 Internet 开放(通过路由表和 DNS 信息交换)。

　　(3) 由于内部路由器只向内部网络通告屏蔽子网的存在，内部网络上的系统不能直接通往 Internet，这样就保证了内部网络上的用户必须通过常驻在堡垒主机上的代理服务才能访问 Internet。

4.5.4　Windows 系统防火墙

　　前面介绍的防火墙是一个网络的防火墙系统，一般有条件的网络环境都会安装。除了使用这类防火墙外，个人计算机或服务器也可以根据防护需要安装个人防火墙，这类防火墙一般是针对特定的使用进行防护的，因而可以更加有效。个人防火墙产品较多，基本上是以软件形式实现的，Windows XP 和 Windows Server 2003 及以后的版本都默认安装了防火墙，这些防火墙主要用于防护安装有 Windows 系统的个人计算机或服务器计算机，保护单机的安全运行。

　　内置于 Windows 操作系统的防火墙简称 ICF(Internet Connection Firewall)，也就是因特网连接防火墙。ICF 建立在个人计算机与因特网之间，它可以设置让许可的数据通过、阻碍不允许访问的数据，所以它在一定的程度上可以保护我们的个人计算机的安全。

　　ICF 是状态防火墙，主要监视外部对本机的网络资源的访问，通过检查外来的网络请求与防火墙的设置规则，决定是否允许外部数据进入。理论上它也可以设置内部程序访问外部网络的规则，即哪些程序可以与外部网络通信，但实际使用中，对外部程序的防护设置效果更好些。

　　(1) Windows 防火墙的启用。单击"开始"主菜单，选择"控制面板"命令，打开"Windows 防火墙"，如图 4-9 所示。默认情况下，防火墙是关闭的，选择"启用"，可以启用防火墙。

　　点击"例外"标签，如图 4-10 所示，显示在开启防火墙后，哪些网络访问可以通过。默认只有"远程协助"是开放的，"文件和打印机共享"在默认状态是关闭的，所以要实现文件及打印机共享需要在防火墙中开放"文件和打印机共享"。

　　(2) 修改访问规则允许访问范围。以修改允许访问远程桌面计算机范围为例，勾选"远程桌面"，并单击"编辑"按钮，如图 4-11 所示，点击"更改范围"，如图 4-12 所示。

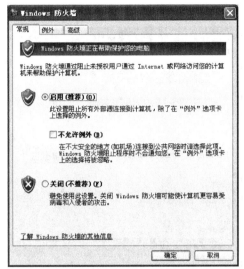

图 4-9 启用防火墙

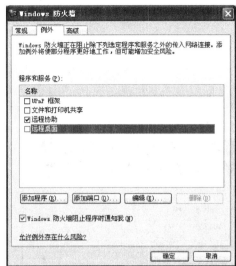

图 4-10 例外选项

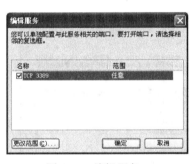

图 4-11 编辑服务

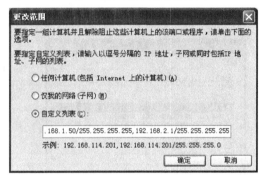

图 4-12 更改范围

默认情况为"仅我的网络(子网)",也就是只有和当前计算机同网段(IP 和子网掩码按位进行"与"操作后结果相同)的计算机可以访问。选择"任何计算机(包括 Internet 上的计算机)",任何能连通的计算机都可以访问。选择"自定义列表",可以指定一台或多台计算机访问。通过掩码可以一次指定多台计算机,单台计算机可以通过指定掩码为 255.255.255.255 实现,计算机列表之间用逗号分隔。如"192.168.1.50/255.255.255.255,192.168.2.1/255.255.255.255"表示 IP 为 192.168.1.50 的计算机和 192.168.2.1～192.168.2.255 范围内的计算机都可以访问。

(3) 添加访问服务。以开放 SQL Server 2000 为例,如果要开放其他计算机对 SQL Server 2000 的访问,在图 4-10 所示界面单击"添加端口"按钮,显示如图 4-13 所示的界面,在名称处输入要添加端口的名称(实际是注释说明),在"端口号"输入要加入的端口。如要使 SQL Server 2000 可以被其他计算机访问,可以点击"更改范围"进行设置,允许访问范围限制的更改设置可用前面介绍的方法。

(4) 高级选项。当计算机有多个可用的连接时,在高级选项中可以指定防火墙作用的连接,直接在可用的连接上勾选即可。如图 4-14 所示,显示的是"常规"和"例外"中的设置是为"本地连接"这个网络连接设置的。通过选项中的"设置",还可以设置常用的服务项目，如图 4-15、图 4-16 所示。

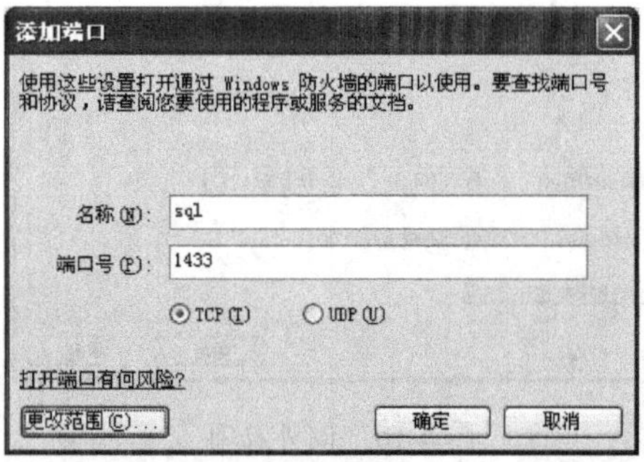

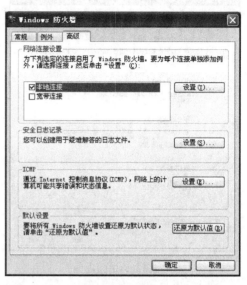

图 4-13　添加端口　　　　　　　　图 4-14　高级选项

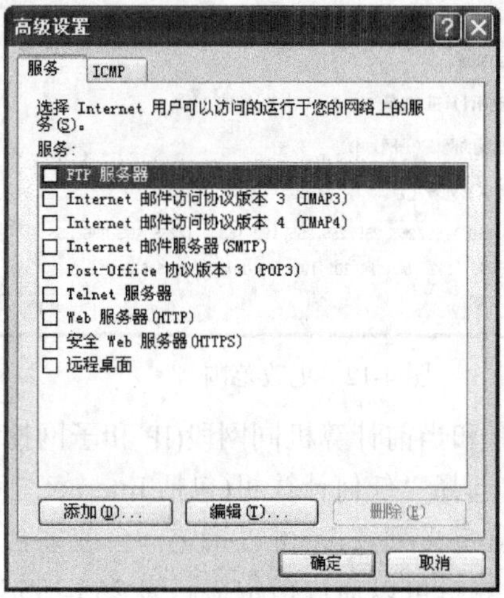

图 4-15　高级服务设置 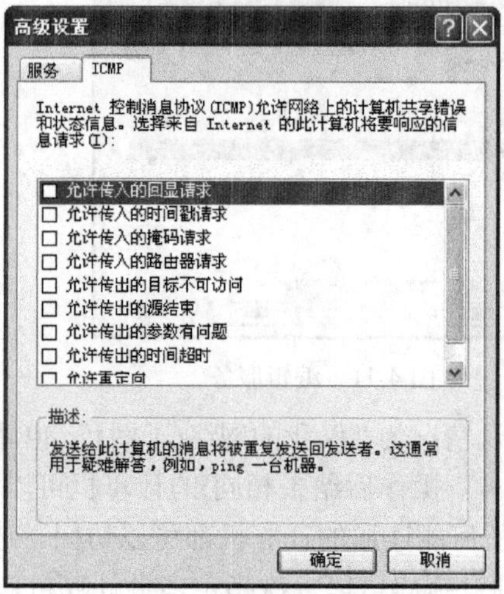　　　　　　图 4-16　高级 ICMP 设置

在图 4-14 中，单击"安全日志记录"区域的"设置"按钮，打开如图 4-17 所示的界面。如果要记录被丢弃的包，则选中"记录被丢弃的数据包"复选按钮。如果要记录成功的连接，则选中"记录成功的连接"复选按钮。

如果要指定日志文件，则可在图 4-17"日志文件选项"下的"名称"栏中输入文件名，而且还可以限制文件可以使用的最大空间(通过设置"大小限制"栏来实现)。

如果要设置 ICMP 项，可单击"ICMP"选项卡，

图 4-17　日志设置

在如图 4-16 所示界面中进行。

通过选中某项限制来启用该限制，还可清除该限制设置、停止使用该限制。建议禁止所有的 ICMP 响应。

服务项、安全日志项和 ICMP 项设置完后，可单击"确定"按钮确认设置。

(5) 停止使用防火墙。防火墙的停止使用非常简单，只要在防火墙的常规项中(见图 4-9)选择"关闭(不推荐)"项即可，单击"确定"完成设置。

另外 Windows 防火墙的配置和状态信息还可以通过命令行工具 Netsh.exe 获得，可以在命令提示符窗口下输入"netsh firewall"命令来获取防火墙信息和修改防火墙设定。

4.6　网络故障检测

网络建成运行后，网络故障诊断是网络管理的重要技术工作。搞好网络的运行管理和故障诊断工作，提高故障诊断水平需要注意以下几方面的问题：认真学习有关的网络技术理论；清楚网络的结构设计，包括网络拓扑、设备连接、系统参数设置及软件使用；了解网络的正常运行状况，注意收集网络正常运行时的各种状态和报告输出参数；熟悉常用的诊断工具，可以准确地描述故障现象。此外，更重要的是要建立一个系统化的故障处理方法并合理应用于实际中，将一个复杂的问题隔离、分解或缩减排错范围，从而及时修复网络故障。

4.6.1　网络故障分类

网络故障是我们进行网络操作时最常见的问题，任何一个网络在其维护过程中总会遇到各种各样的问题。掌握网络故障的分类、各类故障常见的现象、解决的基本方法以及发现故障的工作流程，对我们迅速解决网络中的故障是很有帮助的。

按网络故障的性质、网络故障的对象或者网络故障出现的区域等来划分，网络故障有不同的分类。

1. 按照故障性质的不同分类

按照故障的性质，网络故障可分为物理故障与逻辑故障两种。

(1) 物理故障。物理故障也称为硬故障，是指由硬件设备引起的网络故障。硬件设备或线路损坏、不匹配、错接、接触不良、插头松动、污染、线路受到严重电磁干扰等情况均会引起物理故障。物理故障一般可以通过观察硬件设备的运行指示灯或借助于仪器排除。除设备的错误连接等人为因素外，物理故障发生的概率相对要小一些。

例如两个路由器(Router)直接连接时，一台路由器的出口应该连接另一台路由器的入口，而这台路由器的入口连接另一台路由器的出口才行。当然，集线器(Hub)、交换机、多路复用器也必须连接正确，否则也会导致网络硬件故障发生。

(2) 逻辑故障。逻辑故障也称为软故障，是指由软件配置或软件错误等引起的网络故障。接口中断号、内存地址、DMA 号配置错误和服务器故障、设备配置错误等情况均会引起逻辑故障。如路由器端口参数设定错误，以及因路由器路由配置错误引起路由循环或找不到远端地址，以及路由掩码设置错误等原因引发的故障皆为逻辑故障。逻辑故障绝大部分表现为网络不通，或者同一个链路中有的网络服务通，有的网络服务不通。

例如同样是网络中的线路故障，该线路没有流量，但又可以 ping 通线路的两端端口，这时就很有可能是路由配置错误。这种情况通常用路由跟踪命令(如 tracert 或 ping)就可以找到故障所在。

逻辑故障的另一类就是一些重要进程或端口关闭，以及系统的负载过高。例如线路中断，没有流量，用 ping 指令发现线路端口不通，检查发现路由器该端口处于 Down 状态，这就说明该端口已经关闭，因此导致故障，这时只需重新启动该端口，就可以恢复线路的连通。还有一种常见情况是链路中某个路由器的负载过高，表现为路由器 CPU 温度太高、CPU 利用率太高以及内存剩余太少等。如果因此影响网络服务的质量，那么最直接也是最好的办法就是更换路由器。

2. 按照故障的对象分类

网络故障按对象可分为主机故障、路由故障和线路故障等几类。

(1) 主机故障。主机故障常见的原因就是主机配置不当。像主机 IP 地址与其他主机冲突、IP 地址根本就不在子网范围内、子网掩码错误，或者驱动程序错误、服务程序错误等均会导致主机无法连通。主机的另一故障就是安全故障，主机因为安全防护的问题，也可能造成主机故障的出现。

主机故障通常的后果是该主机与网络不连通或本主机提供的服务不能正常访问。但是找出主机故障具体细节一般比较困难，特别是他人恶意的攻击。一般可以通过监视主机的流量，或扫描主机端口和服务来防止可能产生的漏洞。另外，还可以通过安装防火墙等来减少主机的故障。

(2) 路由故障。路由故障主要是由于路由器设置错误、路由算法自身的问题、路由器超负荷等问题导致网络不通或时通时不通的故障。事实上，线路故障中很多情况都涉及路由器，因此，也可以把一些线路故障归结为路由故障。

(3) 线路故障。线路故障主要是由于线路老化、损坏、接触不良和中继设备故障等问题所致。线路故障最常见的情况就是网络不通。诊断这种情况首先应检查该线路上流量是否存在。可以观察线路两端设备的指示灯状态或者借助于专业设备，然后用 ping 指令检查线路远端的路由器端口能否响应，用 tracert 指令检查路由器配置是否正确，找出问题逐个解决。

4.6.2　网络故障检测与排除的基本方法

当网络发生故障时，应能做到：① 必须尽可能快地找出故障发生的确切位置；② 将网络其他部分与故障部分隔离，以确保网络其他部分能不受干扰地继续运行；③ 重新配置或重组网络，尽可能降低由于隔离故障后对网络带来的影响；④ 修复或替换故障部分，将网络恢复为初始状态。

网络故障检测是一门综合性技术，涉及网络技术的方方面面。网络故障检测应该实现三方面的目的：① 确定网络的故障点，恢复网络的正常运行；② 发现网络规划和配置中欠佳之处，改善和优化网络的性能；③ 观察网络的运行状况，及时预测网络通信质量。

1) 故障检测

网络故障检测以网络原理、网络配置和网络运行的知识为基础，从故障现象出发。借助于网络诊断工具确定网络故障点，查找问题的根源，排除故障，恢复网络正常运行。根据 ISO 定义的网络七层标准(OSI)，网络故障通常有以下几种可能。

- 物理层故障：主要由物理设备相互连接失败或者硬件及线路本身的问题所致。
- 数据链路层故障：主要由网桥(交换机)等接口配置问题所致。
- 网络层故障：主要由网络协议配置或操作错误引起。
- 传输层故障：主要由传输层设备性能或通信拥塞控制等问题引起。
- 应用层故障：主要由应用层协议的不完善性、网络应用软件自身的缺陷等问题引起。

故障检测一般从底层向上层推进，首先检查物理层，然后检查数据链路层，以此类推，最终确定通信失败的故障点。

2) 常见故障检测与排除的步骤

排除网络故障的过程类似于一个金字塔，在面积最大的底部是故障的症状，接下来是大量的故障原因和相关因素，上部是排除该故障的特定手段。排除网络故障基本上是个过滤信息和匹配症状的过程。常见故障检测与排除步骤如图 4-18 所示。

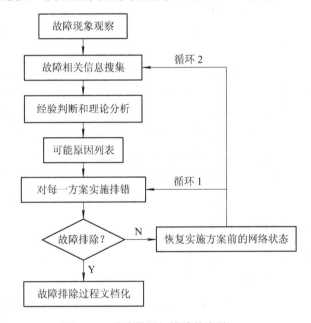

图 4-18　故障检测与排除的步骤

第一步，详细记录和分析网络故障现象。在网络运行期间，应始终详细记录网络运行状况，一旦出现故障，就应详细分析故障的症状和潜在的原因。为此，要确定故障的具体现象，然后确定造成这种故障现象原因的类型。例如，主机不响应客户请求服务，可能的故障原因是主机配置错误、接口卡故障或路由器配置命令丢失等。

第二步，搜集网络故障发生前后的必要信息。故障发生前后用户、网络管理员、其他关键人物的操作和现象描述等对故障的定位起着关键的作用。下面列出应该收集的内容：

- 故障现象出现期间，计算机正在运行什么进程(计算机正在进行什么操作)；
- 这个进程以前是否运行过；
- 以前这个进程的运行是否成功(以前运行过的话)；

- 这个进程最后一次成功运行是什么时候：
- 从这个进程最后一次成功运行至今，计算机发生了哪些变化。

除了这些信息外，还应该广泛地从网络管理系统、协议分析跟踪、路由器诊断命令的输出报告或软件说明书中收集有用的信息。

第三步，对故障可能出现的地方做出合理的全面的推测，根据相关情况排除故障不可能出现的原因，将故障原因缩至最小范围。例如，根据 ping 命令的结果可以排除硬件故障，那么就应该把注意力放在软件原因上。应该考虑所有的细节，千万不可匆忙下结论。

第四步，根据最后确定的可能故障点，拿出一套完整的故障排除方案。比如：可以先从最容易引起此类故障的地方入手，看故障是否能排除。观察设备指示灯来确定故障可能比别的方法都快，如观察网卡、Hub、Modem、路由器面板上的 LED 指示灯。通常情况下，绿灯表示连接正常，红灯表示连接故障，不亮表示无连接或线路不通。根据数据流量的大小，设备指示灯会时快时慢地闪烁。

第五步，根据所列出的可能原因制定故障排查计划，分析最有可能的原因，确定一次只对一个变量进行操作，这种方法能够重现某一故障的解决办法。如果有多个变量同时被改变，即使问题得以解决，也无法判断哪个变量导致了故障发生。如果故障无法排除，应尽量恢复到故障的原始状态。

第六步，详细记录故障排除过程。当最终排除了网络故障后，流程的最后一步就是对所做的工作进行文字记录，为以后故障定位和排除打好基础。文档化过程绝不是一个可有可无的工作，因为文档是排错宝贵经验的总结，是经验判断和理论分析这一过程中最重要的参考资料；同时文档记录了这次排错中网络参数所做的修改，也是下一次网络故障应收集的相关信息。文档记录主要包括以下几个方面：故障现象描述及收集的相关信息、网络拓扑图绘制、网络中使用的设备清单和介质清单、网络中使用的协议清单和应用清单、故障发生的可能原因、对每一可能原因制定的方案和实施结果、本次排错的心得体会等。

4.6.3　网络故障检测的基本命令

计算机网络操作系统一般都会提供若干网络程序用以协助网络管理，这些程序以各种各样的形式体现，其功能和使用方法也繁简不一。通过这些程序，可以协助我们找到网络故障，分析网络的运行状况。本节将叙述常用的故障检测程序(命令)及用法。

1．ping 命令

ping 命令在检查网络故障中使用广泛。它是一个连通性测试命令，可以测试端到端的连通性。使用格式是在命令行提示符下键入：

ping 被测主机 IP 地址或被测主机名

如果本机与被测主机连通，则返回应答信息(Reply from ……)，否则，返回超时(Timeout)信息或其他故障信息(故障可能是网线不通、网络适配器配置不正确、网络连接被禁用或 IP 地址配置不正确等)。

1) ping 命令的用法

ping 命令的格式为：ping[-t][-a][-n count][-l size][-f][-i TTL][-v TOS][-r count][-s count][-j host-list]|[-k host-list][-w timeout]目的 IP 地址

上述格式中，常用参数说明如下：

-t 参数：不限制包的个数，即不停地发送请求包，直到用户通过按"CTRL+C"组合键中断。

-a 参数：将目标的机器名(网址)转换为口地址，即地址解析功能。

-n count 参数：要求 ping 命令连续发送数据包，直到发出并接收到 count 个请求。

-l size 参数：发送缓冲区的大小，即发送包的字节个数，默认为 32 字节。

-r count 参数：记录包经过的路由器信息，count 取 1~9。

注意，操作系统不同，提供的参数会有些不同。以上主要以 Windows 为准，如果是 Linux，可查阅其相应的帮助文档。

2) 通过 ping 检测网络故障的典型次序

正常情况下，当使用 ping 命令来查找问题所在或检验网络运行情况时，需要使用许多 ping 命令，为此可以使用参数-t。如果所有的都运行正确，就可以确定基本的连通性和配置参数没有问题；如果某些 ping 命令出现运行故障，它也可以指明到何处去查找问题。

现假设某主机的 IP 地址为 192.168.0.10，网关、DNS 皆为 l92.168.0.254，此时发现出现了网络连接故障，下面给出一个典型的检测次序及对应的可能故障。

(1) 先诊断是否是本机 TCP/IP 协议故障。在命令提示符下输入：ping 127.0.0.1，如果有应答，则说明本机 TCP/IP 协议安装和运行正常。

(2) 如果显示"Request timed out"，则表示本机 TCP/IP 的安装或配置存在某些故障。

(3) 验证网卡工作是否正常。在命令提示符下输入：ping 192.168.0.10，如果有应答 (Reply from……)，则说明网卡工作正常，如果显示"Request timed out"，则表示本机 IP 配置或安装存在问题。当然，如果同一网内另一台计算机有相同的 IP 地址也会出现这种情况，可以断开网络电缆，然后重新发送该命令。如果网线断开后本命令正确，则表示另一台计算机配置了相同的 IP 地址。

(4) 检查网线是否连通。在网络协议和网卡配置正确的情况下，检测网线是否连通。在命令提示符下输入 ping 局域网相邻计算机 IP，如 ping 192.168.0.20，如果有应答，则表明本机网线连通正常，如果显示超时则表示网线故障。注意，这个测试是在局域网的配置正确的情况下，如果本机子网掩码不正确，或被测主机网络配置错误或其他问题，都可能造成测试超时。

(5) 验证 DNS 配置是否正确。连接在网络中的计算机工作时，先通过 DNS 服务器将域名转换成 IP 地址。如果看不到对应的 IP 地址，则表示 DNS 服务器的 IP 地址配置不正确或 DNS 服务器有故障。在命令行下输入 ping 域名，如果有应答，则表明 DNS 设置正确，如果没有应答，则可能的原因是 DNS 设置错误、DNS 主机关机、域名不存在、域名主机没有开机等，这时可以先通过 ping 命令测试 DNS 主机是否开机，再通过其他计算机与相同域名测试排除其他原因。

2. ipconfig 命令

ipconfig 命令可以显示 IP 协议的具体配置信息，比如显示网卡的物理地址、主机的 IP 地址、子网掩码以及默认网关等，还可以查看主机名、DNS 服务器、节点类型等相关信息。

1) ipconfig 命令的用法

ipconfig 命令格式如下：

ipconfig 参数

上述格式中，常用参数说明如下：

/？：显示所有可用参数信息。

/all：显示所有的有关 IP 地址的配置信息。

/batch[file]：将命令结果写入指定文件。

/release all：释放网络适配器参数。

/renew all：重新设置网络适配器参数。

2) ipconfig 命令的应用

ipconfig 命令在查看动态 TCP/IP 参数及多网卡参数中作用较大，比如自动获得 IP、ADSL 或 VPN 连接中动态建立的网络连接参数等，同时，网络 IP 地址冲突时 IP 地址的检测也可以使用此命令。通过 ipconfig 提供的信息，还可以确定存在于 TCP/IP 属性中的一些配置上的问题。例如使用"ipconfig /all"就可以获取主机的详细配置信息，其中包括口地址、子网掩码和默认网关、DNS 服务器等信息。例如在命令提示符下输入 ipconfig/all，这时会显示出如下信息：

```
Windows IP Configuration

        Host Name . . . . . . . . . . . . : PC-00112
        Primary Dns Suffix . . . . . . . :
        Node Type . . . . . . . . . . . . : Unknown
        IP Routing Enabled. . . . . . . . : No
        WINS Proxy Enabled. . . . . . . . : No

Ethernet adapter 本地连接:

        Connection-specific DNS Suffix. :
        Description . . . . . . . . . . . : Realtek RTL8139 Family PCI Fast Ethernet NIC
        Physical Address. . . . . . . . . : 00-26-566-639-CB-A8
        Dhcp Enabled. . . . . . . . . . . : No
        IP Address . . . . . . . . . . . : 192.168.0.162
        Subnet Mask . . . . . . . . . . . : 255.255.255.0
        Default Gateway . . . . . . . . . : 192.168.0.1
        DNS Servers . . . . . . . . . . . : 61.153.177.200
                                            61.153.177.202
```

上述信息表明了该主机的 IP 地址为 192.168.0.162，MAC 地址为 00-26-566-639-CB-A8，子网掩码为 255.255.255.0，缺省网关为 192.168.0.1，DNS 服务器为 61.153.177.200，同时它也能反映出计算机的名称(Host Name)为 PC-00112。

通过所获知的信息，可以迅速判断出网络的故障所在。例如子网掩码为 0.0.0.0 时，则表示局域网中的 IP 地址可能有重复的现象存在；如果返回的本地 IP 地址显示为 169.254.X.X，子网掩码为 255.255.0.0，则表示该 IP 地址是由 Windows XP 自动分配的，这意味着 TCP/IP 未能找到 DHCP 服务器，或是没有找到用于网络接口的默认网关。如果返回的本地 IP 地址显示为 0.0.0.0，则既可能是 DHCP 初始化失败导致 IP 地址无法分配，也可能是因为网卡检测到缺少网络连接或 TCP/IP 检测到 IP 地址有冲突而导致的。

3. netstat 命令

netstat 用于显示与 IP、TCP、UDP 和 ICMP 协议(均是 TCP/IP 协议族中的协议)相关的统计数据，一般用于检验本机各端口的网络连接情况。例如显示网络连接、路由表和网络接口信息，得知目前总共有哪些网络连接正在运行。

netstat 命令格式如下：

netstat [-a][-e][-n][-s][-p proto][-r][interval]

netstat 命令主要用于网络统计与诊断，现以主机名为 PC-00120 的主机为例来解释常用参数如下：

-a 参数：以名字形式显示所有连接和侦听端口。

-n 参数：以 IP 地址形式显示地址和端口号(注意和-a 的区别)。

-s 参数：显示每个协议的统计信息。默认情况下，显示 TCP、UDP、ICMP 和 IP 的统计信息。可以和参数-p 配合以指定某个特定协议，也可以和参数-e 配合以显示 IP、ICMP、TCP 和 UDP 协议的统计数据。如果网络运行速度比较慢，或者不能显示 Web 页的数据，可以用参数-s 来查看一下所显示的信息。仔细分析故障的原因，找到出错的关键，进而确定问题所在。带-s 参数的命令执行后，可将 TCP、UDP、ICMP 和 IP 协议的基本信息都显示出来，如接收了多少数据包，多少字节，有多少出错，有多少 TCP 端口打开，有多少 UDP 端口打开等信息。

-r 参数：显示路由表的信息。详细显示目的网络经过哪个网关、接口等路由信息。

-e 参数：显示 Ethernet 接口统计数据。该参数可以与-s 选项结合使用，用于显示关于 Ethernet 的统计数据。这个选项可以用来统计一些基本的网络流量。它列出的项目包括所传送的数据报的总字节数、错误数、删除数、数据报的数量和广播的数量。这些统计数据既有发送的数据报数量，也有接收的数据报数量。

-proto 参数：显示由 proto 指定的协议的统计数据。proto 可以是 TCP、UDP、ICMP 或 IP，如果与-s 选项一同使用可显示每个协议的统计。

interval 参数：interval 是以秒为单位的时间数。此参数使 netstat 命令以 interval 给定的时间间隔执行，按"CTRL+C"组合键命令停止。例如每过 30 s 检查一次计算机当前 TCP 连接的状态，使用 netstat 30-p tcp，这样 netstat 就会每 30 s 报告一次 TCP 端口的信息。

若接收错和发送错接近为零或全为零，网络的接口无问题。但当这两个字段有 100 个以上的出错分组时就可以认为是高出错率。高的发送出错率表示本地网络饱和或在主机与网络之间有不良的物理连接；高的接收出错率表示整体网络饱和、本地主机过载或物理连接有问题，可以用 ping 命令统计误码率，进一步确定故障的程度。

4. nbtstat 命令

nbtstat 命令和 netstat 命令相近，只是它使用 NBT(TCP/IP 上的 NetBIOS)显示协议统计和当前 TCP/IP 连接。

其命令格式如下：

nbtstat[-a RemoteName][-A IP address][-c][-n][-r][-R][- RR][-s][-s][interval]

上述格式中常用参数如下：

-a RemoteName 参数：使用远程计算机的名称列出其名称表。此参数可以通过远程计算机的 NetBIOS 名来查看当前状态。

-A IP address 参数：使用远程计算机的 IP 地址并列出名称表。和参数-a 不同的是-A 使用 IP。其实，-a 就包括了-A 的功能。

-c 参数：对于给定的远程计算机名称或 IP 地址，列出 NetBIOS 缓存的内容。此参数表示在本地计算机的 NetBIOS 缓存中连接过的计算机的信息。

-n 参数：列出本地 NetBIOS 名称。此参数和-a 类似，只是这个参数是检查本地计算机的，如果把-a 后面的 IP 换为自己的 IP 就和-n 效果一样。

-r 参数：列出 Windows 网络名称解析(WINS)的名称解析统计。在配置使用 WINS 的 Windows 2000 计算机上，此选项返回要通过广播或 WINS 来解析和注册的名称数。

-R 参数：清除 NetBIOS 名称缓存中的内容(通过 nbtstat -c 看到的)，重新装入 Lmhosts 文件内容。

-s 参数：以目的计算机 IP 地址为对象列出会话表。可以查看计算机当前正在会话的 NetBIOS。

5. tracert 命令

当数据报从本地计算机经过多个网关传送到目的地时，tracert 命令可以用来跟踪数据报经过的路径信息。该命令跟踪的路径是源计算机到目的地的一条路径。需注意的是：以后的数据报并不总是遵循这个路径。如果配置使用 DNS，会看到所经过路由器的域名。Tracert 是一个运行得比较慢的命令(如果指定的目标地址比较远的话)，经过的每个路由器大约需要 15 秒。

其命令格式如下：

tracert [-d][-h maximum_hops][-j host_list][-w timeout][-R][-S srcaddr][-4][-6]target_name

上述格式中命令的参数如下：

-d:不解析目标主机的名字。

-h maximum_hops：指定搜索到目标地址的最大跳跃数。

-j host_list：按照主机列表中的地址释放源路由。

-w timeout：指定超时时间间隔，单位为毫秒。

举例说明如下：

tracert www.baidu.com.cn

上述命令测试结果如下：

```
Tracing route to www.a.shifen.com [119.75.218.70]
over a maximum of 30 hops:
  1    *         *         *       Request timed out.
  2   <1 ms     <1 ms     <1 ms    10.48.1.100
  3    4 ms      3 ms      3 ms    61.232.197.1
  4    1 ms      1 ms      1 ms    222.41.131.69
  5    2 ms      2 ms      2 ms    222.41.131.49
  6    1 ms      1 ms      1 ms    61.236.216.109
  7   33 ms     32 ms     33 ms    61.237.121.93
  8   32 ms     33 ms     32 ms    61.233.9.202
  9   69 ms     69 ms     74 ms    222.35.251.110
 10   42 ms     40 ms     40 ms    222.35.251.202
 11   69 ms    188 ms    146 ms    192.168.0.5
 12   42 ms     33 ms     34 ms    10.65.190.131
 13   63 ms     64 ms     65 ms    119.75.218.70
Trace complete.
```

tracert 命令通过向目标计算机发送具有不同生存时间(TTL)的数据，确定到目标计算机的"路径"，或用来检测网络中哪段出现了故障。但 tracert 命令只能确定哪段出现了问题，而不能给出具体的故障原因。

tracert 命令最多可以展示 30 个"跃程"(Hops)，同时显示出路由上每一站的反应时间、站点名称和 IP 地址等重要信息。但是如果得到了其他不必要的信息，或者在一个路由上出

现了 "*" 和 "Request timed out" 等信息，则该路由器很可能拒绝 tracert 操作。

6. pathping 命令

pathping 命令是一个路由跟踪工具，它将 ping 和 tracert 命令的功能和这两个工具所不提供的其他信息结合起来。pathping 命令在一段时间内将数据包发送到到达最终目标的路径上的每个路由器，然后基于数据包的计算机结果从每个跃点返回。由于命令显示数据包可反应在任何给定路由器或链接上丢失的程度，因此可以很容易地确定可能导致网络问题的路由器或链接。

其命令格式如下。

pathping[-n][-h maxmum_hops][-p period][-q num_queries][-w timout][-i IPAddress][-4 IPv4][-6 IPv6][target name]

上述格式中命令的参数如下：

-n：不将地址解析成主机名。

-h maximum_hops：搜索目标的最大跃点数。

-P period：在 ping 之间等待的秒数。

-q num_Queries：每个跃点的查询数。

-w time_out：为每次回复所等待的秒数。

当运行 pathping 测试问题时首先查看路由的结果，此路径与 tracert 命令所显示的路径相同，然后从列出的所有路由器和它们之间的链接之间收集信息。工作结束时，它显示测试结果。

7. arp 命令

arp 命令用于确定对应 IP 地址的网卡物理地址。使用 arp 命令，能够查看本地计算机或另一台计算机的 ARP 高速缓存中的当前内容。此外，使用 arp 命令，也可以用人工方式输入静态的网卡物理/IP 地址对，对网关和本地服务器等主机进行这项操作，有助于减少网络上的信息量。

其命令格式如下：

arp + 参数

上述格式中命令的参数如下：

-a[IP]：显示与接口相关的 ARP 缓存项目。

-s[IP]：物理地址，向 ARP 高速缓存中人工输入一个静态项目。该项目在计算机引导过程中将保持有效状态，或者在出现错误时，人工配置的物理地址将自动更新该项目。

-d IP：人工在 ARP 缓存中删除一个静态项目。

arp 命令通常用来查看和修改本地计算机上的 arp 列表。arp 命令对于查看 arp 缓存和解决地址解析问题非常有用。

4.7　习　　题

一、填空题

1. 在检测网络故障的过程中，按照故障出现的对象，网络故障可分为_____、

_____和_____等。

2. 常用来测试两台机器的连接情况的指令是_____。

3. tracert 命令通过向目标计算机发送具有不同_____数据，确定到目标计算机的"路径"。

4. pathping 命令是一个路由跟踪工具,它将_____和_____命令的功能和其他信息结合起来。

5. 按照故障的性质，网络故障可分为_____与_____两种。

6. netstat 命令数能够以_____形式显示网络连接信息。

7. 在 Windows Server 2003 的命令提示符下，可以使用_____命令查看本机的路由表信息。

8. 在 TCP/IP 端口中，有些端口已经固定分配给一些服务，如____端口分配给 FTP 服务,_____端口分配给 SMTP 服务,_____端口分配给 HTTP 服务,_____端口分配给 DNS 服务等。

9. 在 Windows 2000/XP/Server 2003 中可以使用_____命令来查看端口。

10. 按照病毒的_____划分，病毒可分为良性病毒、恶性病毒、灾难性病毒三种。

11. 实现防火墙的技术可分为_____、_____和_____三大类。

12. 分组过滤器作用在_____和_____。

二、选择题

1. 当网络安全受到破坏时，就要采取相应措施。如果发现非法入侵者可能对网络资源造成严重破坏时，网络管理员应该采取(　　)。

A. 保护方式　　　　B. 跟踪方式　　　　C. 修改访问权限　　　　D. 修改密码

2. 网络病毒传播途径有很多种，最容易被忽视而发生最多的是(　　)。

A. U 盘和活动硬盘　　B. 网络传播　　　　C. 系统维护光盘　　　　D. 演示软件

3. 信息被(　　)是指信息从源节点传输到目的节点的中途被攻击者非法截获，攻击者在截获的信息中进行修改或插入欺骗性信息，再将修改后的信息发给目的节点。

A. 截获　　　　　　B. 伪造　　　　　　C. 篡改　　　　　　D. 窃听

4. 在软件中设置的，在使用户输入特殊数据后，系统可以违反正常规则运作的机制叫做(　　)。

A. 病毒　　　　　　B. 特洛伊木马　　　C. 陷门　　　　　　D. 旁路控制

5. 如果不能重现故障的症状，那么问题的原因是(　　)。

A. 用户错误　　　　　　　　　　B. 网线故障

C. 错误的软件配置　　　　　　　D. 不兼容的协议

6. 下列(　　)症状表明可能是物理连接问题。

A. 网上的一组用户连续遭遇延误

B. 一个用户经常丢失映射到文件服务器目录的磁盘驱动

C. 一个用户报怨他们不能登录网络

D. 用户可以发送 E-mail，但不能收取

7. 如果故障只影响到一台工作站，应该检查网络的(　　)。

A. 区段的路由器接口　　　　　　　　　　B. 工作站的网络接口卡和网线

C. 工作组的集线器　　　　　　　　　　　D. 交换机和主干网

8. 下边(　　)问题可以协助确认问题的地理域。

A. 这个故障第一次是什么时候发生的　　　B. 这个故障发生的频率是怎样的

C. 网线是否正确地安插到集线器、墙座和设备的网络接口卡了

D. 故障是否发生在某一部门所有工作站上

9. 下边(　　)是网关故障的特征表现。

A. 在某一网段的所有工作站在任何时候都不能进行网络活动

B. 在某一网段的某一台工作站间歇地不能连通网络

C. 在某一网段的所有工作站丢失了它们的 IP 地址

D. 只有一台工作站不能连接到网络

10. 用(　　)工具检验新网线是否符合 CAT5 标准。

A. ping　　　　　　　　B. 网线检测器　　　　C. 网络监视器　　　　D. 性能检测器

11. 可以用(　　)TCP/IP 命令检查工作站的 TCP/IP 设置是否正确。

A. netstat　　　　　　　B. nbtstat　　　　　　C. ftp　　　　　　　　D. ping

12. 在企业内部网与外部网之间,用来检查网络请求分组是否合法,保护网络资被非法使用的技术是(　　)。

A. 防病毒技术　　　　　B. 防火墙技术　　　　C. 差错控制技术　　　D. 流量控制技术

13. 网络安全机制主要解决的是(　　)。

A. 网络文件共享　　　　　　　　　　　　B. 因硬件损坏造成的损失

C. 保护网络资源不被复制、修改和窃取　　D. 提供更多资源共享

14. 代理服务器技术作用在(　　)。

A. 应用层　　　　　　　B. 网络层　　　　　　C. 传输层　　　　　　D. 会话层

15. 下面对防火墙分类正确的是(　　)。

A. 包过滤防火墙、状态/动态检测防火墙、应用程序代理防火墙

B. 个人防火墙、企业防火墙、局域网防火墙

C. 数据防火墙、病毒防火墙、网络防火墙

D. 包过滤防火墙、状态/动态检测防火墙、数据代理防火墙

三、简答题

1. 什么是网络故障?网络故障管理的内容包括哪些?

2. 常见的网络测试工具有哪些?简要说明各自的用途。

3. 写出网络故障管理的基本流程。

4. 常见网络故障可以划分为哪几类?解决各类问题常用的方法有哪些?

5. 常用来测试两台机器的连接情况的指令是什么?指出其中至少三种的作用。

6. ipconfig 命令的作用是什么?

7. 网络日常管理包含哪些内容?简要说明 ping 命令和 tracert 命令的功能。

8. 网络病毒的来源是什么?应如何防治网络病毒?

9. 什么是防火墙?防火墙的作用是什么?其优缺点是什么?

10. 简述局域网故障的分类。

11. 简述故障诊断的步骤。

12. 简述 IP 测试工具 ping 参数的含义。

13. 简述网络万用表的功能。

14. 常用的网络攻击有哪几种？

15. 计算机病毒破坏的预防方法有哪几种？

16. 说明分组过滤技术的原理。

17. 简述黑客入侵方法。

18. 防火墙的基本功能有哪些？

19. 常见的网络攻击手段有哪些？

4.8　实　训

实训 9　网络故障诊断常用命令

一、实训目的

能够利用常用的故障检测命令发现网络故障。

二、实训环境要求

1. 局域网内安装 Windows XP 的计算机若干台；

2. 局域网接入因特网。

三、实训内容

1. 使用 ipconfig 和 netstat 测试网络层状态；

2. 使用"本地连接"和 ping 测试网络层的连通性；

3. 使用 route、tracert 和 pathping 进行网络层路由测试。

四、实训步骤

(1) 在命令行方式下输入 ipconfig 命令，显示 IP 地址配置信息。

(2) 在命令行方式下输入 ipconfig/all 命令，显示包括 DNS 和 WINS 服务器在内的全部 IP 地址配置信息。

(3) 设置本地 IP 地址为自动获取。

(4) 在命令行方式下输入 ipconfig/release 命令释放自动获取的 IP 地址。

(5) 在命令行方式下输入 ipconfig/renew 更新并重新获取 IP 地址。

(6) 在命令行方式下输入 netstat -s 显示各个协议的统计信息。

(7) 在命令行方式下输入 netstat-e 显示以太网发送数据包的总字节数、错误数、删除数、数据包数量和广播的数量等统计信息。

(8) 在命令行方式下输入 netstat -a 显示所有的有效连接和监听端口信息。

(9) 在命令行方式下输入 netstat -n 以数字形式标识 IP 地址及端口号，显示所有已建立的有效连接。

(10) 在命令行方式下输入 netstat -an，显示所有和本地计算机建立连接的 Proto(协议连接方式)、Local Address(本地连接地址)、Foreign Address(和本地建立连接的外部地址)和 State(当前端口状态)信息。

(11) 从网上邻居或控制面板打开本地连接，查看正常的网络状态，及正常状态下本地连接动态显示发送和接收数据包的数量值。

(12) 通过本地连接设置 IP 地址为自动获取，然后使用命令 ipconfig/release 释放口地址。

(13) 拔掉网线或关闭交换机，查看本地连接，此状态下本地连接图标为叉形，表明网络断开。

(14) 在命令行方式下输入 ping 127.0.0.1，此命令用来测试本地回路地址是否正常，如果结果异常，表示 TCP/IP 的安装或运行存在问题。

(15) 在命令行方式下输入 route print 命令，显示当前路由表中的路由信息，将该信息与本网络原有的设置路由信息进行比较，判断本机路由是否正确。

(16) 在命令行方式下输入 tracert www.163.com，测试从本机到 IP 地址 www.163.com 的路由。

(17) 在命令行方式下输入 pathping www.163.com，测试到指定网站或主机地址的路由。与上一条命令比较。

(18) 在命令行方式下输入 pathping -h 128 –n -w 1000 www.sohu.com，设置最大跳数为 128，不解析路由器的 IP 地址，为每一个回显应答信息等待 1000 ms，测试到该网站的路由。

五、实训指导

以上命令用法参看教材相关内容。

六、实训思考题

1. 局域网中有工作站不能正常上网，分析可能的网络故障。

2. 当本机不能访问 Web 网站时，如何检测网络故障?

实训 10　Windows XP 防火墙配置

一、实训目的

1. 了解个人防火墙的作用;

2. 通过对 Windows XP 防火墙的配置，学习防火墙的相关参数含义。

二、实训环境

两台计算机一组，计算机中安装 Windows XP 操作系统，其中一台作为服务器(简称被测机)进行配置，另一台作为客户机(简称测试机)进行测试。

三、实训内容

1. 配置修改远程桌面安全防护参数(防火墙端口);

2. 配置修改共享文件安全防护参数(防护范围);

3. 配置 ICMP 防护参数(回显请求)。

四、实训步骤

(1) 在作为被测机的计算机上启动远程桌面，用测试机进行远程桌面访问;

(2) 在被测机上启动防火墙，修改远程桌面的新的连接端口为 3393。

(3) 在测试机上访问远程桌面，使用命令"mstsc 被测机 IP"，能否访问？

(4) 在测试机上用访问远程桌面时，使用命令"mstsc 被测机 IP：3393"，能否打开被测机的远程桌面？说明了什么？

(5) 在被测机上启动一个文件夹的共享，在客户机上使用命令"\\被测机 IP\共享资源名称"访问，查看记录结果。

(6) 在被测机的防火墙上编辑"文件和打印机共享"的"TCP 139"、"TCP 445"、"TCP 137"、"TCP 138"的范围为自定义，自定义一个测试机的 IP 地址，再在测试机上访问，查看记录结果，该结果说明了什么？

(7) 在被测机自定义列表中加入测试机的 IP 地址，查看记录结果。

(8) 在测试机上使用命令"ping 被测机 IP 地址"，查看记录结果。

(9) 在被测机的防火墙的"高级"选项中，设置"ICMP"，勾选"允许传入回显请求"，再执行第 8 步，记录结果。

五、实训指导

参考教材中相关内容

六、实训思考

1. 在 Windows 防火墙启用的情况下，如果要开放防火墙上例外列表中没有的项目，如何操作？

2. 请从本机(启用防火墙的计算机)访问外部网络和从外界网络访问本机两方面说明启用防火墙对网络速度会产生什么样的影响？

七、知识拓展——Win7 系统防火墙的设置

(1) 打开控制界面(大图标显示)，找到并打开"Windows 防火墙"文字链接，如图 4-19 所示。

(2) 点击左侧边栏的"打开或关闭 Windows 防火墙"文字连接，如图 4-20 所示。

图 4-19 控制面板中的防火墙项目　　　　　　图 4-20 防火墙界面

(3) 可以针对家庭、工作网络或公用网络设置打开或关闭防火墙，点击"确定"按钮，完成设置，如图 4-21 所示。

(4) 点击左侧边栏的 "允许程序或功能通过 Windows 防火墙" 文字链接，查看已经允许的程序，比如 QQ 游戏如果在家庭/工作和公用网络都没有被允许的话，可能会造成 QQ 游戏不能使用，这样就需要添加这一程序。打开 "允许运行另一程序" 按钮，如图 4-22 所示。

图 4-21　打开或关闭防火墙

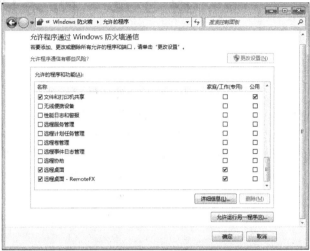

图 4-22　允许程序通过 Windows 防火墙

(5) 在列表里选中或打开 "浏览" 选中程序，点击 "网络位置类型" 按钮选择允许运行的网络类型，点击 "添加" 按钮，即可完成添加，如图 4-23 所示。

图 4-23　添加可以通过防火墙的程序

第 5 章　网络操作系统

计算机操作系统是最靠近硬件的低层软件，是控制和管理计算机硬件和软件资源、合理地组织计算机工作流程并方便用户使用的程序集合，它是计算机和用户之间的接口。

网络操作系统是网络用户和计算机网络的接口，它管理计算机的硬件和软件资源，如网卡、网络打印机、大容量外存等，为用户提供文件共享、打印共享等各种网络服务以及电子邮件、www 等专项服务。早期的网络操作系统功能比较简单。仅提供了基本的数据通信、文件和打印服务及一些安全性特征。但随着网络的不断发展，现代网络操作系统的功能不断扩展，性能也大幅度提高。并出现了多种具有代表性的高性能网络操作系统。

5.1　网络操作系统概述

5.1.1　网络操作系统的基本概念

网络操作系统(Network Operation System，NOS)是使连网计算机能够方便而有效地共享网络资源、为网络用户提供所需的各种服务的软件与协议的集合。网络操作系统是网络的心脏和灵魂，是向网络计算机提供服务的特殊的操作系统，它在计算机操作系统下工作，使计算机操作系统增加了网络操作所需要的能力。

网络操作系统除具备单机操作系统所需的功能之外，还必须承担整个网络范围内的任务及资源的管理与任务分配，能够对网络中的设备进行存取访问，能够提供高效可靠的网络通信能力和更高一级的服务。除此之外，它还必须兼顾网络协议，为协议的实现创造条件和提供支持。

5.1.2　网络操作系统的功能

网络操作系统的功能通常包括：处理机管理、存储器管理、设备管理、文件系统管理以及为了方便用户使用操作系统向用户提供用户接口。网络操作系统除了提供上述资源管理功能和用户接口外，还必须提供网络环境下的通信、网络资源管理、网络应用等特定功能。为了方便用户使用网络，以实现用户通信和资源共享，并能提高网络资源的利用率和网络的吞吐量，应在网络系统之上覆盖一层网络操作系统。网络操作系统除了应具备上面操作系统的基本功能之外，还应具有下面几个方面的功能。

(1) 网络通信。这是网络最基本的功能，其任务是在源主机和目标主机之间实现无差错的数据传输，为此，网络操作系统应能实现以下主要功能：

① 建立和拆除通信链路：为通信双方建立一条暂时性的通信链路。

② 传输控制：对传输过程中的传输进行必要的控制。

③ 差错控制：对传输过程中的数据进行差错检测和纠正。

④ 流量控制：控制传输过程中的数据流量。

⑤ 路由选择：为所传输的数据选择一条适当的传输路径。

上述内容在国际标准通信协议中有完整的定义，网络操作系统完成具体实现。

(2) 资源管理。对网络中的共享资源(硬件和软件)实施有效的管理，协调各用户对共享资源的使用，并保证数据的安全性和一致性。在网络中典型的共享资源有硬盘、打印机、文件和数据等。

(3) 网络服务。在前两个功能的基础上，为了方便用户所提供的多种有效的网络服务，如：

① 电子邮件服务：用户把电子邮件传送给其他用户的服务。

② 文件传输、存取和管理服务：把用户存放在网站站上的源文件传送到指定目标的显示，如 WWW 服务，或以文件的形式存在并供下载使用，如 FTP 服务。

③ 共享硬盘服务：提供本地资源的扩展、硬盘资源的共享。

④ 共享打印服务：为网络用户提供网络打印机共享。

(4) 网络管理。网络管理最主要的任务是安全管理，一般通过"存取控制"来确保存取数据的安全性，通过"容错技术"来保证系统发生故障时的数据安全性。此外，网络操作系统还能对网络性能进行监视、对使用情况进行统计，以便为提高网络性能、进行网络维护和记账等提供必要的信息。

(5) 交互操作能力。所谓交互操作，在客户/服务器模式的 LAN 环境下，是指连接在服务器上的多种客户机和主机不仅能与服务器通信，而且还能以透明的方式访问服务器上的文件系统；在互联网络环境下，是指不同网络间的客户机不仅能通信，还能以透明的方式访问其他网络中的文件服务器。

5.1.3　网络操作系统的特点

作为网络用户和计算机网络之间的接口，一个典型的网络操作系统一般具有以下特点：

(1) 复杂性。单机操作系统的主要功能是管理本机的软硬件资源，而网络操作系统一方面要求对全网资源进行管理，以实现整个网络的资源共享，另一方面，还要负责计算机间的通信与同步。显然比单机操作系统要复杂得多。

(2) 并行性。单机操作系统通过为用户建立虚拟处理器来模拟多机环境，从而实现程序的并发执行。网络操作系统在每个节点上的程序都可以并发执行，一个用户作业既可以在本地运行，也可以在远程节点上运行。在本地运行时，还可以分配到多个处理器中并行操作。

(3) 高效性。网络操作系统中采用多线程的处理方式。相对于进程而言，线程需要较少的系统开销，比进程更易于管理。采用抢先式多任务时，操作系统不用专门等待某一线程完成后，再将系统控制交给其他线程，而是主动将系统控制交给首先申请得到系统资源的其他线程，这样就可以使系统运行具有更高的效率。

(4) 安全性。网络操作系统的安全性主要体现在具有严格的权限管理，用户通常分为系统管理员、高级用户和一般用户，不同级别的用户具有不同的权限。进入系统的每个用户都要被审查，对其身份进行验证，执行某一特权的操作也要被审查。文件系统采取了相应的保护措施，不同程序有不同的运行方式。

5.1.4　网络操作系统的分类

(1) 客户/服务器模式。客户/服务器模式的网络操作系统软件由两部分组成，即服务器软件和客户机软件，其中服务器软件是系统的主要部分。客户/服务器模式的网络操作系统有 Windows Server、UNIX、NetWare。

(2) 对等网模式。对等网模式的网络操作系统允许用户之间通过共享方式互相访问对方的资源。联网的各台计算机同时扮演服务器和客户两个角色，并具有对等的地位。它适用于小型计算机网络之间资源共享的场合，可以节省购置专用服务器。对等网模式的网络操作系统有 Windows XP、NetWare 等。

5.1.5　网络操作系统的软件组成

从逻辑上看，网络操作系统的软件由三个层次组成：位于低层的网络设备驱动程序，位于中层的网络通信协议，位于高层的网络应用软件。它们之间是一种高层调用低层、低层为高层提供服务的关系。

5.1.6　常见的网络操作系统

网络操作系统是用于管理的核心软件，目前流行的各种网络操作系统都支持构建局域网、Intranet、Internet 网络服务运营商的网络。网络操作系统是组建网络的关键因素之一，目前流行的网络操作系统软件主要有 UNIX、Windows、Linux 和 NetWare 等，下面将分别进行介绍。

5.2　Windows Server 2003 概述

5.2.1　Windows Server 2003 产品

Windows Server 2003 推出了四个功能版本，分别是：

① Windows Server 2003 Standard Edition(标准版)：该产品是针对中小型企业的核心产品，它支持双路处理器、4 GB 内存。除了具备 Windows Server 2003 Web Edition 的所有功能外，还支持证书服务、UDDI 服务、传真服务、IAS 因特网验证服务、可移动存储、RIS、智能卡、终端服务、文件和打印机共享，并提供安全的网络连接。

② Windows Server 2003 Enterprise Edition(企业版)：该产品被定义为新一代高端产品，它最多能够支持 8 路处理器、32 GB 内存和 28 个节点的集群。它是 Windows Server 2003 Standard Edition 的扩展版本，增加了 Metadirectory Service Support、终端服务会话目录、集群、热添加内存和 NUMA 非统一内存访问存取技术。这个版本还增加了一个支持 64 位计算机的版本，全功能的操作系统支持多达 8 个 64 位处理器以及 64 GB 的内存，并提供企业

级的功能，例如 8 节点的集群，支持英特尔安腾(Itanium)处理器。

③ Windows Server 2003 Datacenter Edition (数据中心版)：像以往一样，这是一个代表微软产品最高性能的产品，它的市场对象一直定位在最高端应用上。该版本有着极其可靠的稳定性和扩展性，它支持高达 8～32 路处理器、64 GB 的内存、2～8 节点的集群和负载均衡。与 Windows Server 2003 Enterprise Edition 相比，它增加了一套 Windows Datacenter program 程序包。这个产品同样也为另外一个 64 位版本做了支持。可支持 64 位处理器和 512 GB 的内存。它是微软迄今为止提供的最强大、功能最为强劲的服务器操作系统。

④ Windows Server 2003 Web Edition (Web 版)：该版本是专门针对 Web 服务优化的，它支持双路处理器、2 GB 内存。该产品同时支持 ASP.NET、NSF 分布式文件系统、IIS6.0、智能镜像、ICF 互联网防火墙、IPv6、Microsoft NET Framework、NLB 网络负载均衡、PKI、RDP、远程 OS 安装(非 RIS 服务)、RSoP 策略的结果集、影子拷贝恢复(Shadow Copy Restore)、VPN 和 WM 命令行模式等功能，它可以架构各种网页应用、XML 页面服务，并轻松迅速地开发各种基于 XML 以及 ASP.NET 服务项目的平台。Windows Server 2003 Web Edition 和其他版本唯一不同的是它仅能够在 AD (Active Directory，活动目录)域中作为成员服务器，而不能够作为域控制器。

5.2.2　Windows Server 2003 功能简介

Windows Server 2003 是一个多任务多用户的操作系统，它能够按照用户的需要，以集中或分布的方式担当各种服务器角色，包括：

- 文件和打印服务器。
- 活动目录(AD)服务器。
- Web 服务器和 FTP 服务器。
- DNS 服务器和 WINS 服务器。
- 动态主机配置协议(DHCP)服务器。
- 邮件服务器。
- 终端服务器。
- 远程访问/虚拟专用网络(VPN)服务器。
- 流媒体服务器。

由 Windows Server 2003 操作系统所构架的这些服务器不仅功能强大，维护便利，而且操作也相对简单，是当今企业级服务器市场上应用的主流产品之一。

5.3　NetWare 操作系统

NetWare 是 20 世纪 90 年代初开始流行的一个操作系统，虽然现在用户拥有量很小，但作为一个曾经在局域网中非常辉煌的软件，特别是它的文件服务器的概念，现在仍然有着诸多的可供参考的东西，因此有必要进行介绍。

NetWare 是 Novell 公司推出的网络操作系统，其最重要的特征是基于基本模块设计思想的开放式系统结构。NetWare 是一个开放的网络服务器平台，可以方便地对其进行扩充。

该系统对不同的工作平台(如 DOS、OS/2、Macintosh 等)，以及不同的网络协议环境如 TCP/IP 以及各种工作站操作系统提供了一致的服务。

NetWare 出现过的版本有 3.11、3.12 和 4.10、V4.11、V5.0 等中英文版本，而主流的是 NetWare 5 版本，它支持所有的重要台式操作系统(DOS，Windows，OS/2，UNIX 和 Macintosh) 以及 IBM SAA 环境，为需要在多厂商产品环境下进行复杂的网络计算的企事业单位提供了高性能的综合平台。NetWare 是具有多任务、多用户的网络操作系统，它的较高版本提供系统容错能力(SFT)。它使用开放协议技术(OPT)，各种协议的结合使不同类型的工作站可与公共服务器通信。这种技术满足了广大用户在不同种类网络间实现互相通信的需要，实现了各种不同网络的无缝通信，即把各种网络协议紧密地连接起来，可以方便地与各种小型机、中大型机连接通信。

NetWare 常用的协议有 IPX 协议、SPX 协议、NCP、NetBIOS 等协议，这些协议对现代网络的协议产生过深远的影响，有些协议现在还在使用。以下对部分协议进行简介：

(1) IPX 协议。IPX(Internetwork Packet Exchange Protocol)协议是 Internet 网络分组交换协议，是第三层路由选择和网络协议。当一种网络设备与不同网络的本地机建立通信连接，IPX 通过任意中间网络向目的地发送信息。IPX 类似于 TCP/IP 协议组中的 IP 协议。

(2) SPX 协议。SPX(Sequenced Packet Exchange Protocol)协议是序列分组交换协议，是传输层(第四层)控制协议，提供可靠的、面向连接的数据报传输服务。SPX 类似于 TCP/IP 协议组中的 TCP 协议。

(3) NCP。NCP(Network Core Protocol)是网络核心协议是一组服务器规范，主要用来实现诸如来自 NetWare 工作站外壳(NetWare shell)的应用程序请求。NCP 提供的服务包括文件访问、打印机访问、名字管理、计费、安全性以及文件同步性。

(4) NetBIOS。NetBIOS(Network Basic Input/Output System)是网络基本输入输出系统，由 IBM 和微软(Microsoft)公司提供的会话层接口规范。NetWare 公司推出的 NetBIOS 仿真软件支持在 NetWare 系统上运行写入工业标准 NetBIOS 接口的程序。

5.4　UNIX 操作系统

5.4.1　UNIX 操作系统的发展

在 1969～1970 年，美国 Bell 实验室首先在 PDP-7 机器上实现了 UNIX 系统，1982 年和 l983 年又先后发布了 UNIX System Ⅲ 和 UNIX System Ⅴ；1984 年推出了 UNIX System V2.0，1987 年发布了 3.0 版本，分别简称为 UNIX SVR 2 和 UNIXSVR 3；1989 年发布了 UNIX SVR4。

在 UNIX 不断发展和普及的过程中，许多大公司将其移植到了自己生产的小型机和工作站上。例如，DEC 公司的 Ultrix OS，它被配置在 DEC 公司的小型机和工作站上。随着微机性能的提高，UNIX 又被移植到了微机上。在 1980 年前后，UNIX 第 7 版首先被移植到了基于 Motorola 公司的 MC68000 芯片的微机上，后来又继续用在以 MC68020、MC68030、MC68040 为芯片的微机或工作站上。与此同时，Microsoft 公司也推出了用于 Intel 8088 微机上的 UNIX 版本，称为 XENIX。1986 年 Microsoft 又发表了 XENIX 系统 V，SCO 公司也公布了 SCO XENIX 系统 V 版本，使 UNIX 可以在 386 微机上运行。

当 UNIX 系统在各种小型机和微机上广泛使用的同时，它也进入了各个大学和研究机构。在那里，系统开发人员对其第 6 版和第 7 版进行了改进，形成了许多 UNIX 的变型版本。其中，最有影响力的要属加州大学 Berkeley 分校所做的改进，他们在原来的 UNIX 系统中加入了具有请求调页和页面置换功能的虚拟存储器，在 1978 年形成了 3 BSD UNIX 版本；1982 年推出了 4 BSD UNIX 版本，随后又推出了 4.1 BSD 和 4.2 BSD 版本；1986 年发表了 4.3 BSD 版本；1993 年 6 月推出 4.4 BSD UNIX 版本。

5.4.2　UNIX 操作系统的特点

UNIX 经历了一个辉煌的历程。成千上万的应用软件在 UNIX 系统上开发并适用于几乎每个应用领域。UNIX 的出现不仅大大推动了计算机系统及软件技术的发展，从某种意义上说，UNIX 的发展对推动整个社会的进步也起到了重要的作用。UNIX 能获得如此巨大成功的原因，可归结为它具有以下一些基本特点：

(1) 多用户、多任务环境。UNIX 系统是一个多用户、多任务的操作系统，它既可以同时支持数十个乃至数百个用户，通过各自的联机终端同时使用一台计算机，而且还允许每个用户同时执行多个任务。例如，在进行字符图形处理时，用户可建立多个任务，分别用于处理字符的输入、图形的制作和编辑等任务。与一般操作系统一样，UNIX 操作系统也负责管理计算机的硬件与软件资源，并向应用程序提供简单一致的调用界面，控制应用程序的正确执行。

(2) 功能强大、实现高效。UNIX 系统提供了精选的、丰富的系统功能，它使用户能方便、快速地完成许多其他操作系统所难于实现的功能。UNIX 已成为世界上功能最强大的操作系统之一，它在许多功能的实现上都有其独到之处，并且是高效的。例如，UNIX 的目录结构、磁盘空间的管理方式、I/O 重定向和管道功能等，其中的许多功能及其实现技术已被其他操作系统所借鉴。

(3) 开放性。人们普遍地认为，UNIX 是开放性极好的网络操作系统。它遵循世界标准规范，并且特别遵循了开放系统互连 OSI 国际标准。UNIX 能广泛地配置在微型机、中型机、大型机等各种机器上，而且还能方便地将已配置了 UNIX 的机器进行联网。

(4) 通信能力强。Open Mail 是 UNIX 的电子通信系统，是为适应异构环境和巨大的用户群而设计的。Open Mail 可以安装到许多操作系统上，不仅包括不同版本的 UNIX 操作系统，也包括 Windows NT、NetWare 等其他一些网络操作系统。

(5) 丰富的网络功能。UNIX 系统提供了十分丰富的网络功能。各种 UNIX 版本普遍支持 TCP/IP 协议，并已成为 UNIX 系统与其他操作系统之间连网的最基本的选择。在 UNIX 中包括了网络文件系统 NFS 软件，客户/服务器协议软件 LAN Manager Client/Server、IPX/SPX 软件等。通过这些产品可以实现在 UNIX 系统之间、UNIX 与 NetWare、Microsoft Windows NT、IBM LAN Server 等网络之间的互联。

(6) 强大的系统管理器和进程资源管理器。UNIX 的核心系统配置和管理是由系统管理器(SAM)来实施的。SAM 使系统管理员既可采用直觉的图形用户界面，也可采用基于浏览器的界面(它引导管理员在给定的任务里做出种种选择)来对全部重要的管理功能执行操作。SAM 是为一些相当复杂的核心系统管理任务设计的，例如，在给系统配置和增加硬盘时，利用 SAM 可以大大简化操作步骤，显著提高系统管理的效率。

UNIX 的进程资源管理器则可以为系统管理提供额外的灵活性，它可以根据业务的优先级，让系统管理员动态地把可用的 CPU 周期和内存的最少百分比分配给指定的用户群和一些进程。这样，一些即使要求十分苛刻的应用程序也能够在一个共享的系统上，获得其所需的资源。

5.5　Linux 操作系统

5.5.1　Linux 操作系统的发展

Linux 操作系统最早是由芬兰的一位研究生 Linus B.Torvalds 于 1991 年为了在 Intel 的 X86 架构上提供自由免费的类 UNIX 开发的操作系统。Linux 虽然与 UNIX 操作系统类似，但它并非是 UNIX 的变形版本。从技术上讲，Linux 是一个内核，"内核"是指一个提供硬件抽象层、磁盘及文件系统控制、多任务等功能的系统软件。Torvalds 从开始编写内核代码时就效仿 UNIX，使得几乎所有的 UNIX 工具都可以运行在 Linux 上。因此，凡是熟悉 UNIX 的用户都能够很容易地掌握 Linux。

后来 Torvalds 将 Linux 的源代码完全公开并放在芬兰最大的 FTP 站点上，这样世界各地的 Linux 爱好者和开发人员都可以通过互联网加入到了 Linux 的系统开发中来，并将开发的研究成果通过 Internet 很快地散布到世界的各个角落。

5.5.2　Linux 操作系统的特点

目前，Linux 操作系统已逐渐被国内用户所熟悉。它是一个免费软件包，可将普通 PC 机变成装有 Linux 系统的工作站。总的来看 Linux 主要具有以下一些基本特点：

(1) 符合 POSIX 1003.1 标准。POSIX 1003.1 标准定义了一个最小的 Linux 操作系统接口，任何操作系统只有符合这一标准，才有可能运行 Linux 程序。Linux 具有丰富的应用程序。当今绝大多数操作系统都把满足这一标准作为实现目标，Linux 也不例外，它完全支持这一标准。

(2) 支持多用户访问和多任务编程。Linux 是一个多用户操作系统，它允许多个用户同时访问系统而不会造成用户之间的相互干扰。另外，Linux 还支持真正的多用户编程，一个用户可以创建多个进程，并使各个进程协同工作来完成用户的需求。

(3) 采用页式存储管理。页式存储管理使 Linux 能更有效地利用物理存储空间，页面的换入换出为用户提供了更大的存储空间.并提高了内存的利用率。

(4) 支持动态链接。用户程序的执行往往离不开标准库的支持，一般的系统的标准库往往采用静态链接方式，即在装配阶段就已将用户程序和标准库链接好。这样，当多个进程运行时，可能会出现库代码在内存中有多个副本造成浪费存储空间的情况。Linux 支持动态链接方式，当运行时才进行库链接。如果所需要的库文件已经被其他进程装入内存，则不必再装入，否则才从硬盘中将库调入。这样能保证内存中的库程序代码是唯一的，从而节省了存储空间。

(5) 支持多种文件系统。Linux 能支持多种文件系统。目前支持的文件系统有：EXT2、EXT、XIAFS、ISOFS、HPFS、MSDOS、UMSDOS、PROC、NFS、SYSV、MINIX、SMB、UFS、NCP、VFAT 和 AFFS。Linux 最常用的文件系统是 EXT2。它的文件名长度可达 255 个字符，并且还有许多特有的功能，这使它比常规的 UNIX 文件系统更加安全。

(6) 支持 TCP/IP、SLIP 和 PPP。在 Linux 中，用户可以使用所有的网络服务，如网络文件系统、远程登录等。SLIP 和 PPP 能支持串行线上的 TCP/IP 协议的使用，这意味着用户可用一个高速 Modem 通过电话线连入 Internet。

(7) 支持硬盘的动态 Cache。这一功能与 MS-DOS 中的 Smart Drive 相似，所不同的是 Linux 能动态调整所用的 Cache 存储器的大小，以适合当前存储器的使用情况。当某一时刻没有更多的存储空间可用时，Cache 容量将被减少，以补充空闲的存储空间。

5.6　Android 系统

5.6.1　Android 系统的发展

Android 是一种基于 Linux 的自由及开放源代码的操作系统，主要使用于移动设备，如智能手机和平板电脑，由 Google 公司和开放手机联盟领导开发。Android 操作系统最初由 Andy Rubin 开发，主要支持手机的使用，2005 年 8 月由 Google 收购注资。2007 年 11 月，Google 与 84 家硬件制造商、软件开发商及电信营运商组建开放手机联盟，共同研发改良 Android 系统。随后 Google 以 Apache 开源许可证的授权方式，发布了 Android 的源代码。第一部 Android 智能手机发布于 2008 年 10 月，随后 Android 逐渐扩展到平板电脑及其他领域上，如电视、数码相机、游戏机等。2011 年第一季度，Android 在全球的市场份额首次超过塞班系统，跃居全球第一。2013 年的第四季度，Android 平台手机的全球市场份额已经达到 78.1%。到 2013 年 9 月时，全世界采用这款系统的设备数量已经达到 10 亿台。

5.6.2　Android 系统的主要版本

Android 在正式发行之前，最开始拥有两个内部测试版本，并且以著名的机器人名称来对其进行命名，它们分别是：阿童木(AndroidBeta)，发条机器人(Android 1.0)。后来由于涉及版权问题，谷歌将其命名规则变更为用甜点作为它们系统版本的代号。甜点命名法开始于 Android 1.5 发布的时候。作为每个版本代表的甜点的尺寸越变越大，然后按照 26 个字母数序进行排序：纸杯蛋糕(Android 1.5)，甜甜圈(Android 1.6)，松饼(Android 2.0/2.1)，冻酸奶(Android 2.2)，姜饼(Android 2.3)，蜂巢(Android 3.0)，冰激凌三明治(Android 4.0)，果冻豆(Jelly Bean，Android4.1 和 Android 4.2)，到 2015 年，Android 系统已经开发到了 5.0 版。

5.6.3　Android 系统的系统架构

Android 的系统架构和其操作系统一样，采用了分层的架构，如图 5-1 所示。

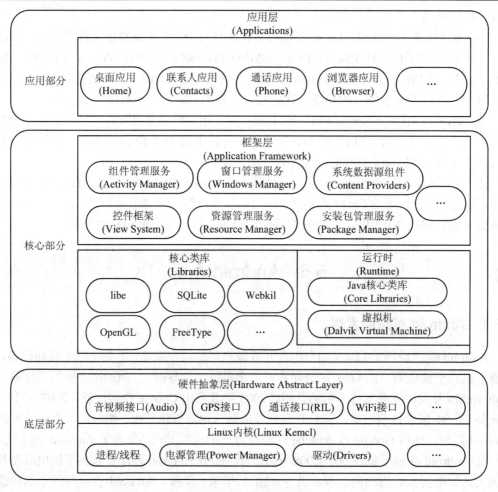

图 5-1　Android 架构图

图中按照功能结构及面向人群进行划分，可以看出 Android 分成三个部分：

应用部分：包含在 Android 设备上运行的所有应用，它们是 Android 系统中直接面向用户的部分。

核心部分：Android 系统中核心的功能实现，包括应用框架、核心类库等，每个 Android 应用的开发者，都是在此基础上进行应用开发的。

底层部分：主要指 Android 寄宿的 Linux 操作系统及相关驱动。通常来说，只有硬件厂商和从事 Android 移植的开发者，才会基于此来进行开发。

除了上述划分方式以外，从系统实际的架构模型来看，Android 则可以分成以下几个层次：

应用层、框架层、运行时、核心类库、硬件抽象层、Linux 内核。

1. 应用层

Android 应用层由运行在 Android 设备上的所有应用共同构成，它不仅包括通话、短信、联系人等系统应用(随 Android 系统一起预装在移动设备上)，还包括其他后续安装到设备中的第三方应用。

第三方应用都是基于 Android 提供的 SDK(Software Development Kit)进行开发的，并受到 SDK 接口的约束。而预装在设备中的系统应用，则可以调用整个框架层的接口和模块，其中的很多接口在 SDK 中是隐藏的，因此，系统应用具有比第三方应用更多的权利。

Android 的应用都是基于 Java 语言来开发的，但在很多应用(尤其是游戏)中，需要进行大规模的运算和图形处理，以及使用开源 C/C++ 类库。通过 Java 来实现，可能会有执行效率过低和移植成本过高等问题。因此在 Android 开发中，开发者可以使用 C/C++ 来实现底层模块，并添加 JNI(Java Native Interface)接口与上层 Java 实现进行交互，然后利用 Android 提供的交叉编译工具生成类库并添加到应用中。

为了让应用开发者能够绕过框架层，直接使用 Android 系统的特定类库，Android 还提供了 NDK(Native Development Kit)，它由 C/C++ 的一些接口构成，开发者可以通过它更高效地调用特定的系统功能。

但在 Android 上，开发者通常只能使用 C/C++ 编写功能类库，而不是整个应用。这是因为，诸如界面绘制、进程调度等核心机制是部署在框架层并通过 Java 来实现的，应用只有按照它们规定的模式去编写特定的 Java 模块和配置信息，才能够被识别、加载和执行。

从 Android 2.3(API 9)开始，新增了 android.app.NativeActivity 类，它是通过调用预定义的 JNI 接口来实现的。开发者可以基于 NDK，通过 C/C++ 语言来实现具体功能。这就意味着，开发者仅通过 C/C++ 语言就能实现整个应用。这对于游戏开发者而言是一大喜讯，但由于控件在 Android 中并没有 Native 的实现，普通的应用开发者通常还是需要通过 Java 来实现上层界面。

2. 框架层

框架层是 Android 系统中最核心的部分，它集中体现了 Android 系统的设计思想。在 Android 之前，有很多基于 Linux 内核打造的移动平台。作为超越前辈的成功范例，框架层的设计正是 Android 脱颖而出的关键所在。

框架层由多个系统服务(System Service)共同组成，包括组件管理服务、窗口管理服务、地理信息服务、电源管理服务、通话管理服务等。所有服务都寄宿在系统核心进程(System Core Process)中，在运行时，每个服务都占据一个独立的线程，彼此通过进程间的通信机制(Inter-Process Communication，IPC)发送消息和传输数据。

应用层中的应用，时刻都在与这些系统服务打交道。每一次构造窗口、处理用户交互事件、绘制界面、获得当前地理信息、了解设备信息等操作，都是在各个系统服务的支持下实现的。

而对于开发者而言，框架层最直观的体现就是 SDK，它通过一系列的 Java 功能模块，来实现应用所需的功能。SDK 的设计决定了上层应用的开发模式、开发效率及能够实现的功能范畴。因此，对于开发者而言，关注 SDK 的变迁是一件很有必要的事情，SDK 每个新版本的诞生，都意味着一些老的接口会被调整或抛弃，另一些新的接口和功能则被推出。开发者不但要查看和关注那些被修改的接口，来检查应用的兼容性，并采取相应的策略去适应这些变化，更重要的是，开发者还要追踪新提供的接口，寻找改进应用的机会，甚至是寻求开发新应用的可能。

从系统设计的角度来看，Android 期望框架层是所有应用运行的核心，参与到应用层的每一次操作中，并进行全局统筹。Android 应用的最大特征是基于组件的设计方式。每个应用都由若干个组件构成，组件和组件之间并不会建立通信信道，而是通过框架层的系统服务，集中地调度和传递消息。这样的设计方式相当于增加了一个中间层，该层了解所有组件的状况，可以更智能地进行协调，从而提升了整个系统的灵活性。

3. 运行时

和所有的 Java 程序运行平台一样，为了实现 Java 程序在运行阶段的二次编译，Android 为它们提供了运行时(Runtime)的支撑。

Android 运行时由 Java 核心类库和 Java 虚拟机 Dalvik 共同构成。Java 核心类库涵盖了 Android 框架层和应用层所要用到的基础 Java 库，包括 Java 对象库、文件管理库、网络通信库等等。

Dalvik 是为 Android 量身打造的 Java 虚拟机，负责动态解析执行应用、分配空间、管理对象生命周期等工作。如果说框架层是整个 Android 的大脑，决定了 Android 应用的设计特征，那么，Dalvik 就是 Android 的心脏，为 Android 的应用提供动力，决定它们的执行效率。

与为低端移动设备而设计的 J2ME 虚拟机不同，Dalvik 是专门为高端设备而优化设计的。它没有采用基于栈的虚拟机架构，而是采取了基于寄存器的虚拟机架构设计。通常来说，基于栈的虚拟机对硬件的依赖程度小、生成的应用更节约空间，可以适配更多的低端设备；而基于寄存器的虚拟机，对硬件的门槛会更高一些，编译出的应用可能会耗费稍多的存储空间，但它的执行效率更高，更能够发挥高端硬件(主要指处理器)的能力。

Dalvik 没有沿用传统的 Java 二进制码(Java Bytecode)作为其一次编译的中间文件，而是应用了新的二进制码格式文件.dex。在 Android 应用的编译过程中，它会先生成若干个.class 文件，然后统一转换成一个.dex 文件。在转换过程中，Android 会对部分.class 文件中的指令做转义，使用 Dalvik 特有的指令集 Opcodes 来替换，以提高执行效率。同时，.dex 会整合多个.class 文件中的重复信息，并对冗余部分做全局的优化和调整，合并重复的常量定义，以节约常量池耗费的空间。这使得最终得到的.dex 文件通常会比将.class 文件压缩打包得出的.jar 文件更精简。

为了提升 Android 应用的执行效率，从垃圾回收器(Garbage Collection，GC)到编译器，Dalvik 一直在各个方面进行优化。在 Android 2.2 中，Dalvik 引入了对 JIT(Just-In-Time)编译的支持，将上层应用的执行效率提升了 2～4 倍。

4. 核心类库

核心类库是框架层的核心，每次 Android 系统升级，框架层 SDK 都会跟着变化，增加新功能、新接口等。

核心类库由一系列的二进制动态库共同构成，通常使用 C/C++进行开发。与框架层的系统服务相比，核心类库不能够独立运行于线程中，而需要被系统服务加载到其进程空间里，通过类库提供的 JNI 接口进行调用。

核心类库的来源主要有两种。一种是系统原生类库，Android 为了提高框架层的执行效率，使用 C/C++ 来实现它的一些性能关键模块，如：资源文件管理模块、基础算法库，等等。而另一种则是第三方类库，大部分都是对优秀开源项目的移植，它们是 Android 能够提供丰富功能的重要保障，如：Android 的多媒体处理，依赖于开源项目 OpenCore 的支持；

浏览器控件的核心实现，是从 Webkit 移植而来；而数据库功能，则是得益于 Sqlite。Android 会为所有移植而来的第三方类库封装一层 JNI 接口，以供框架层调用。

为了帮助游戏和图形图像处理等领域的开发者搭建更高效的应用，Android 将数学函数库、OpenGL 库等核心类库以 NDK 的形式提供给开发者，开发者可以基于 NDK 更高效地构建算法，进行图形图像绘制。从实践的角度看，只要能获取到底层类库的头文件信息，开发者就可以逾越 NDK 的界限，用其他核心类库的接口进行开发。但这样做的危险之处在于兼容性差，Android 在版本变迁时，可能会替换或修改一些类库接口或实现，这就会导致依赖于这些类库的应用无法运行。而 NDK 提供的都是稳定的类库实现，不会再做修改，以保证使用 NDK 的应用具有向上的兼容性。

5．硬件抽象层和 Linux 内核

Android 系统并不是从零开始设计的，而是搭建在 Linux 内核之上。狭义的 Android 系统，主要指的是 Linux 内核以上的各层，从运行的角度来看，它们只是运行在 Linux 系统上的一些进程，并不是完整的系统，离开了 Linux 的支撑，就像鱼儿离开了水一样，无法运行。

Linux 之于 Android 最大的价值，便是其强大的可移植性。Linux 可以运行在各式各样的芯片架构和硬件环境下，而依托于它的 Android 系统，也便有了强大的可移植性。同时，Linux 像一座桥梁，将 Android 的上层实现与底层硬件连接起来，使它们可以不必直接耦合，因此，降低了移植的难度。

而硬件抽象层(Hardware Abstract Layer，HAL)，是 Android 为厂商定义的一套接口标准，它为框架层提供接口支持，厂商需要根据定义的接口实现相应功能。

5.6.4　Android 系统的平台优势

(1) 开放性。在优势方面，Android 平台首先就是其开发性，开发的平台允许任何移动终端厂商加入到 Android 联盟中来。显著的开放性可以使其拥有更多的开发者，随着用户和应用的日益丰富，一个崭新的平台也将很快走向成熟。

开发性对于 Android 的发展而言，有利于积累人气，这里的人气包括消费者和厂商，而对于消费者来讲，最大的受益正是丰富的软件资源。开放的平台也会带来更大竞争，如此一来，消费者将可以用更低的价位购得心仪的手机。

(2) 丰富的硬件。这一点还是与 Android 平台的开放性相关，由于 Android 的开放性，众多的厂商会推出千奇百怪，功能特色各具的多种产品。功能上的差异和特色，却不会影响到数据同步、甚至软件的兼容，如同从诺基亚 Symbian 风格手机一下改用苹果 iPhone，同时还可将 Symbian 中优秀的软件带到 iPhone 上使用，联系人等资料更是可以方便地转移。

(3) 方便开发。Android 平台提供给第三方开发商一个十分宽泛、自由的环境，不会受到各种条条框框的阻扰，可想而知，会有多少新颖别致的软件诞生。但也有其两面性，血腥、暴力、情色方面的程序和游戏如何控制正是留给 Android 的难题之一。

(4) Google 应用。在互联网的 Google 已经走过 17 年的历史，从搜索巨人到全面的互联网渗透，Google 服务如地图、邮件、搜索等已经成为连接用户和互联网的重要纽带，而 Android 平台手机将无缝结合这些。

5.7　iOS 系统

iOS 是由苹果公司开发的移动操作系统，最初是设计给 iPhone 使用的，后来陆续套用到 iPod touch、iPad 以及 Apple TV 等产品上。iOS 与苹果的 Mac OS X 操作系统一样，属于类 Unix 的商业操作系统。原本这个系统名为 iPhone OS，因为 iPad、iPhone、iPod touch 都使用 iPhone OS，所以 2010 年的 WWDC 大会上宣布改名为 iOS。

5.7.1　iOS 系统的发展历程

2007 年 1 月 9 日苹果公司在 Macworld 展览会上公布，随后于同年的 6 月发布第一版 iOS 操作系统，最初的名称为 "iPhone Runs OS X"。

2007 年 10 月 17 日，苹果公司发布了第一个本地化 iPhone 应用程序开发包(SDK)，并且计划在次年 2 月发送到每个开发者以及开发商手中。

2008 年 3 月 6 日，苹果发布了第一个测试版开发包，并且将 "iPhone runs OS X" 改名为 "iPhone OS"。

2008 年 9 月，苹果公司将 iPod touch 的系统也换成了 "iPhone OS"。

2010 年 2 月 27 日，苹果公司发布 iPad，iPad 同样搭载了 "iPhone OS"。这年，苹果公司重新设计了 "iPhone OS" 的系统结构和自带程序。

2010 年 6 月，苹果公司将 "iPhone OS" 改名为 "iOS"，同时还获得了思科 iOS 的名称授权。

2010 年第四季度，苹果公司的 iOS 占据了全球智能手机操作系统 26%的市场份额。

2011 年 10 月 4 日，苹果公司宣布 iOS 平台的应用程序已经突破 50 万个。

2012 年 2 月，iOS 平台的应用总量达到 552 247 个，其中游戏应用最多，达到 95 324 个，比重为 17.26%；书籍类以 60 604 个排在第二，比重为 10.97%；娱乐应用排在第三，总量为 56 998 个，比重为 10.32%。

2012 年 6 月，苹果公司在 WWDC 2012 上宣布了 iOS 6，提供了超过 200 项新功能。

2013 年 6 月 10 日，苹果公司在 WWDC 2013 上发布了 iOS 7，几乎重绘了所有的系统 App，去掉了所有的仿实物化，整体设计风格转为扁平化设计，并计划于 2013 年秋正式开放下载更新。

2013 年 9 月 10 日，苹果公司在 2013 秋季新品发布会上正式提供 iOS 7 下载更新。

2014 年 6 月 3 日(西八区时间 2014 年 6 月 2 日)，苹果公司在 WWDC 2014 上发布了 iOS 8，并提供了开发者预览版更新。

2015 年 4 月，苹果公司发布 iOS 8.3。

5.7.2　iOS 系统的内置应用

- Siri：能够利用语音来完成发送信息、Siri 安排会议、查看最新比分等更多事务。
- iMessage：一项手机短信信息服务，可以通过 WLAN 网络连接与任何 iOS 设备或 Mac 用户免费收发信息。

- Safari：iOS 内置浏览器。
- Game Center：游戏中心。
- 控制中心：对设备硬件和应用 App 进行设置，如打开或关闭无线局域网，调整屏幕亮度。
- 通知中心：随时通知新邮件、未接来电、待办事项等，以及提醒待办事宜等。
- 多任务处理：在 App 之间切换。
- 相机：控制其高性能的照相机及进行照片管理。
- Airdrop：使用无线网络和蓝牙进行文件、照片、音乐等信息共享。
- 查找我的 iPhone、iPad、iPod touch：通过"查找我的 iPhone"等功能，帮你找回 iPhone 等丢失的苹果设备。
- App Store：下载苹果的应用程序。
- iCloud：在网上保存照片、App、电子邮件、通讯录、日历和文档等。

5.7.3　iOS 系统的系统安全设计

iOS 提供许多内置安全，通过底层级的硬件和固件功能，用以防止恶意软件和病毒；同时通过在高层级的功能，提供个人信息和企业数据的安全性。通过密码锁、iCloud 账号等多种手段，最大限度地提供安全保障。

5.7.4　iOS 系统的开发工具包

2007 年 10 月 17 日，史蒂夫·乔布斯在一封张贴于苹果公司网页上的公开信上发布软件开发工具包并提供给第三方开发商。软件开发工具包于 2008 年 3 月 6 日发布，并允许开发人员开发 iPhone 和 iPod touch 的应用程序，并对其进行测试，名为"iPhone 手机模拟器"。然而，只有在支付了 iPhone 手机开发计划的费用后，应用程序才能发布。自从 Xcode 3.1 发布以后，Xcode 就成为了 iPhone 软件开发工具包的开发环境。第一个 Beta 版本是 iPhone SDK 1.2b1(build 5A147p)它在发布后立即就能够使用了。由于 iOS 是从于 Mac OS X 核心演变而来，因此开发工具也是基于 Xcode 的。开发人员加入了开发计划之后，将会得到一个牌照，可以用这个牌照将编写的软件发布到苹果的 App Store。发布软件一共有三种方法：通过 App Store，通过企业配置仅在企业内部员工间应用，也可通过基于"Ad-hoc"而上载至多达 100 部 iPhones。iOS8 开放了多达 4000 个 API 接口，TouchID 和相机的 API 也正式向开发者开放。

5.8　习　　题

一、填空题

1. 在 Windows Server 2003 系统中，将文件系统格式为 FAT32 的磁盘转换成 NTFS 文件系统格式采用的命令是_____。

2. Windows Server 2003 系统安装方式有_____和_____。

3. 在 Windows Server 2003 系统中，标准 NTFS 文件夹权限有读取、写入、修改、完全控制等，其中"完全控制"是文件夹权限的最高级别，它除了拥有"修改"的所有权限外，同时还具有_____和_____的权限。

4. 在 Windows Server 2003 系统中，把 NTFS 格式磁盘上的文件夹设置为共享文件夹，可设置的共享权限有_____、_____、_____。

5. _____是通过软件模拟的具有完整硬件系统功能的、运行在一个完全隔离环境中的完整计算机系统。

6. 目前流行的虚拟机软件有_____和_____。

7. VMWare 在安装_____后，可以极大提高虚拟机的性能，并且可以让虚拟机分辨率以任意大小进行设置，还可以使用鼠标直接从虚拟机窗口中切换到主机中。

二、选择题

1. Windows Server 2003 自动创建的用户账户中，默认被禁用的是(　　)。

A. Administrator　　　　B. Guest　　　　C. Help Assistant　　　　D. User

2. 下列(　　)不是合法的账户名。

A. abc_123　　　　　　B. Windows Book　　　C. dictionary*　　　D. fffggDDFDHJ

3. Windows Server 2003 系统不能支持的文件系统是(　　)。

A. FAT　　　　　　　B. FAT32　　　　　C. NTFS　　　　　D. EXT3

4. 要启用磁盘配额管理，Windows Server 2003 驱动器必须使用(　　)文件系统。

A. FAT16 或 FAT32　　B. 只使用 NTFS　　C. NTFS 或 FAT32　　D. 只使用 FAT32

5. 在同一 NTFS 分区上将文件移动到新文件夹，该文件将(　　)。

A. 保留原来权限　　　B. 继承新文件夹权限　　　C. 权限消失　　　D. 丢失数据

三、简答题

1. Windows Server 2003 中各版本有何特点？

2. 系统升级安装与完全安装有何不同？

3. Windows Server 2003 内置本地用户有哪些？各有何特点？

4. Windows Server 2003 内置本地组有哪些？各有何特点？

5. NTFS 文件系统与 FAT、FAT32 文件系统有何不同？

6. 系统对多重 NTFS 权限处理时有何准则？

7. 磁盘配额主要用于解决什么实际问题？

5.9　实　　训

实训 11　Linux 系统安装

一、实训内容

安装并配置 Linux 系统，为后续学习做好准备。

二、实训环境

1. Red Hat Enterprise Linux 4 光盘 ISO 文件；
2. 安装有虚拟机环境的计算机 1 台；
3. 每人一组。

三、实训内容

1. 根据用户的情况正确选择 Linux 网络操作系统版本；
2. 安装 Red Hat Enterprise Linux 4 操作系统；
3. 配置 Red Hat Enterprise Linux 4 的网络属性。

四、实训步骤

(1) 参考实训指导安装 Red Hat Enterprise Linux 4；
(2) 配置服务器的 IP 地址为 192.168.2.X(X 为各组的组号+100)；
(3) 配置服务器的计算机名称为 Server_X(X 为各组的组号+100)；
(4) 配置工作组为 Workgroup。

五、实训指导

下面以 Red Hat Enterprise Linux 4 为例介绍安装过程。

注意：在虚拟机中安装 Linux 时，硬盘类型要选择 IDE，否则安装时，有时会出现找不到硬盘的提示。

(1) 将 Red Hat Enterprise Linux 4 的安装光盘放入光驱中，修改计算机的 BIOS 引导方式为从 CD-ROM 引导，然后启动计算机，直接从安装光盘中读取引导信息后，将出现如图 5-2 所示的界面。直接按 Enter 键，选择图形安装方式。

(2) 安装程序询问是否测试 CD 介质，一般情况下为了节省时间不进行测试，选择"Skip"跳过，如图 5-3 所示。

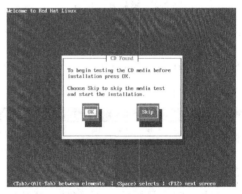

图 5-2　安装方式选择图　　　　　　　　图 5-3　测试 CD 介质拦.

(3) 出现欢迎界面后，单击"下一步"选择安装向导所使用的语言，选择"简体中文"如图 5-4 所示。

(4) 如果希望在计算机中只安装 Linux 一种操作系统，可以选择"自动分区"，它将按照 Linux 系统的目录树结构进行分区。如果要以双系统的方式启动，可以选择"用 Disk Druid 手工分区"，以便保留原来硬盘中存在的数据。这里选择"自动分区"，如图 5-5 所示。

（5）安装系统之前，要选择如何使用硬盘驱动器上的空间。因为只安装 Linux 一种系统，所以这里选择"删除系统内的所有分区"，如图 5-6 所示。

图 5-4　选择语言

图 5-5　磁盘分区设置

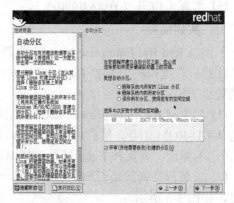

图 5-6　磁盘分区设置

（6）设置完成后，各分区结果如图 5-7 所示。

（7）进入"引导装载程序配置"界面，引导装载程序配置，默认将系统引导信息写到硬盘主引导扇区，可通过点击右上角的"改变引导装载程序"按钮进行设置。这里只有一个系统，因此使用默认设置即可，如图 5-8 所示。

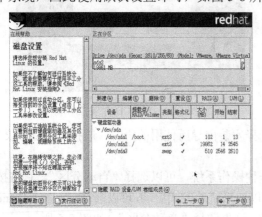

图 5-7　磁盘分区结果

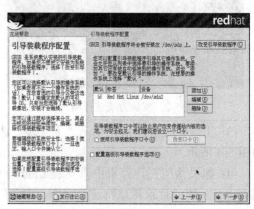

图 5-8　引导装载程序配置

(8) 出现"网络配置"界面，选择默认设置，如图 5-9 所示。

(9) 在"防火墙配置"界面中，选择默认设置，如图 5-10 所示。

图 5-9　网络配置　　　　　　　　　　　　　　图 5-10　防火墙配置

(10) 如图 5-11 所示，出现"附加语言支持"界面，系统默认语言一定要选中"Chinese(P.R. of China)"简体中文，否则进入系统后可能不能显示简体中文而还需另外安装语言支持包。在"选择您想在该系统上安装的其他语言"列表框中至少要选一项"Chinese(P.R. of China)"简体中文，也可以同时选择多种语言。

(11) 根账号在系统中具有最高权限，平时登录系统一般不用该账号。可在此设置登录根账号时使用的根口令(见图 5-12)。

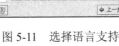

图 5-11　选择语言支持　　　　　　　　　　　图 5-12　设置根口令

(12) 选择安装默认的软件包。

(13) 安装完成后，取出光盘和软盘，选择重新启动。

(14) 系统重新启动后，可以配置一些系统基本设置。需要同意遵守许可协议、设置日期和时间、显示的分辨率、创建一个用于常规使用的系统用户等。

(15) 设置结束后，显示系统登录界面，输入用户名和密码即可登录系统。

(16) 通过"应用程序"|"系统设置"中的"添加/删除应用程序"为 Linux 系统添加、删除应用程序。

六、实训思考

1. Linux 系统在使用桌面方式(X Windows)和命令行方式时，操作特点格式什么？

2. 通过安装 Linux 虚拟机和前面的 Windows 虚拟机，总结使用虚拟机安装操作系统有什么优势？

实训 12　Windows 下连接使用 Linux

一、实训内容

学习使用 SSH Secure Shell Client 软件在 Windows 下操作 Linux，为学习使用 Linux 做好准备。

二、实训环境

1. 已经安装好 Linux 系统的虚拟机，SSHSecureShellClient 软件；

2. 每人一组。

三、实训内容

1. 在实机(XP 或 Win7 系统)上安装 SSH Secure Shell Client 并配置连接；

2. 用 SSH Secure Shell Client 连接虚拟机的 Linux 系统，进行 Linux 的基本操作并打开 Linux 的 WWW 服务；

3. 在本机用记事本编辑一个文件，改名为网页，用文件传输功能将该文件上传到 Linux 系统的网站下；

4. 在本机的浏览器中查看上传到 Linux 的网页。

四、实训步骤

(1) 安装 SSH Secure Shell Client。

(2) 配置 SSH Secure Shell Client。

(3) 登录到 Linux 服务器。

(4) 打开 Linux 的 WWW 服务。

(5) 在本机上打开记事本，在其中输入"hello world"，保存退出，并将此记事本文件改名为 1.html。

(6) 用 SSH Secure Shell Client 将 1.html 上传到 WWW 目录下。

(7) 打开浏览器，在地址栏输入"1.html"。

五、实训指导

Linix 在使用时，一般会采取两种方式：一是用 X Windows，它是现在大多数 Linux 系统都提供的一种类似微软 Windows 系统的图形界面；另一种方法则是使用命令行的方式。其作为服务器使用时，通常会用后一种方式，这样可以不用安装 Linux 的图形界面，节省资源，加快系统运行速度。

在使用命令行方式时，结合 Windows 系统，可以极大地提高使用效率，同时，可利用 Windows 系统的快捷的编辑能力，开发和上传 Linux 的应用。现在经常会使用一款名为 SSH Secure Shell Client 的软件，这是一款连接远程 Linux 系统的工具，简称 SSH 客户端，它操作简单方便，特别适合其他系统下远程操作 Linux 系统服务。

(1) SSH Secure ShellClient 安装过程比较简单，始终使用默认方式，直接按"下一步"。

(2) 安装好软件后，打开客户端，出现如图 5-13 所示界面。

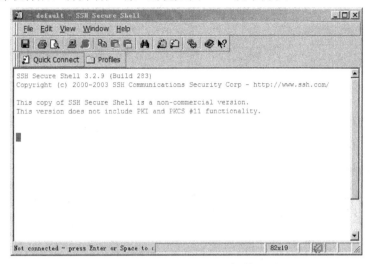

图 5-13　SSH Secure Shell 初始界面

(3) 点击"Quick Connect"，填写远程服务 IP 地址、用户名、端口(此处为 22)，完毕后，点击"Connect"。如图 5-14 所示。

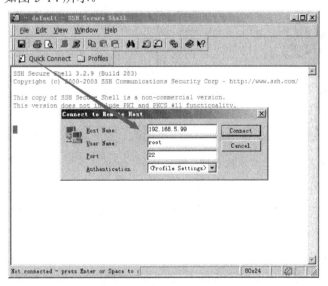

图 5-14　Quick Connect 界面

(4) 在弹出页面中，填写用户密码，点击"OK"确认，密码正确则进入系统，密码不正确时继续输入。如图 5-15 所示。

(5) 进入系统后，会出现"ADD to Profile"页面框，可以在里面输入一个名称作为标识，下次再进入系统时，就不需要输入用户名之类的信息，相当于快捷方式。如图 5-16 所示。

(6) 如果需要上传文件到 Linux 服务器中，可以点击如图 5-17 所示的按钮，或者点击安装时在桌面的快捷方式。

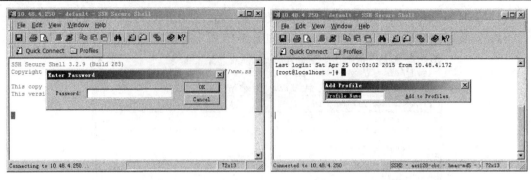

图 5-15 输入远程密码   图 5-16 建立用户配置文件

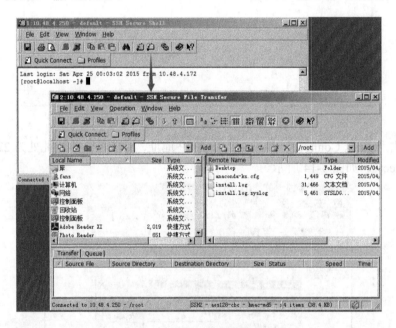

图 5-17 打开上传文件窗口

默认情况下，图 5-17 所示窗口左边部分为本地系统下目录，右边部分为远程 Linux 下目录。选中左边文件右击鼠标，点击"Upload"上传，也可以选中右边远程 Linux 文件下载到本地。

六、实训思考

1. 选择操作系统需考虑哪些方面的要求(功能、性能、价格、管理)？
2. 虚拟机安装的操作系统与实机在网络课程的学习中有何区别？

第 6 章　网络服务器的配置与管理

　　网络服务器从硬件上讲，实际是一台计算机，但相对于普通计算机来说，其稳定性、安全性、性能等都更高，因此在 CPU、芯片组、内存、磁盘系统、网络硬件等和普通计算机有所不同。除了硬件的区别，服务器与普通计算机最大的区别在软件上，作为服务器，它提供比普通个人计算机更多的服务功能。本章将结合 Windows Server 2003 操作系统，介绍部分 Windows 系统的网络服务。

　　出于安全考虑，在 Windows 的默认安装情况下，Windows 提供的大部分网络服务并没有安装到服务器中，需要单独安装，在 Windows Server 2003 中可以通过"配置您的服务器向导"来进行安装。

6.1　IIS　服　务

　　IIS(Internet Information Service)服务是 Windows 提供 WWW 服务的方式，WWW(万维网)正在逐步改变全球用户的通信方式，这种新的大众传媒比以往的任何通信媒体都要快，因而受到人们的普遍欢迎。利用 IIS 建立 Web 服务器、FTP 服务器是目前使用比较广泛的手段之一。

6.1.1　安装 IIS 服务

　　(1) 运行"管理工具"中的"配置您的服务器向导"，双击"添加或删除角色"。在"服务器角色"对话框中，选择"应用程序服务器(IIS，ASP.NET)"选项，如图 6-1 所示。

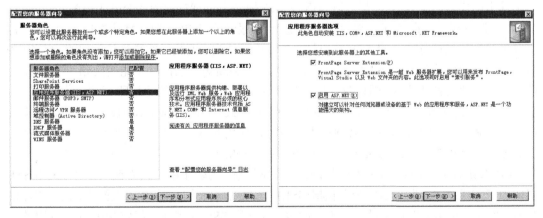

图 6-1　配置服务器向导　　　　　　　　　图 6-2　应用程序服务器选项

（2）单击"下一步"按钮，显示"应用程序服务器选项"对话框。若要使 Web 服务器启用 ASP.NET，必须选中"启用 ASP.NET"复选框；而选中"FrontPage Server Extension"复选框，可以利用该工具向自己的网站发布网页。如图 6-2 所示。

（3）单击"下一步"按钮，并根据系统提示插入 Window Server 2003 安装光盘，IIS 即可安装成功。

6.1.2　Web 网站的管理和配置

IIS 安装完毕后，在 IIS 管理器窗口中就有了一个默认网站，下面以默认网站为例对网站管理和配置进行讲解，如设置网站属性、IP 地址、指定主目录等。

1. 设置网站基本属性

打开"管理工具"中的"Internet 信息服务管理器"，在 IIS 管理器窗口中，展开左侧的目录树，展开"网站"，右击"默认网站"选项，在弹出的快捷菜单中选择"属性"选项，显示如图 6-3 所示的"默认网站属性"对话框关于网站标识、IP 地址和 TCP 端口等信息的设置，均可在"网站"选项卡中完成。

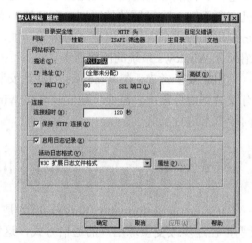

图 6-3　默认网站属性

（1）网站标识。在"网站标识"选项组中的"描述"文本框中可以设置该网站站点的标。该标识对于用户的访问没有任何意义，只当服务器中安装有多个 Web 服务器时，用不同的名称进行标识可便于网络管理员区分。默认值名称为"默认网站"。

（2）指定 IP 地址。在"IP 地址"下拉列表中指定该 Web 站点的唯一 IP 地址。由于 Windows Server 2003 可安装多块网卡，每块网卡又可绑定多个 IP 地址，因此服务器可能会拥有多个 IP 地址，可在此项下拉 IP 表中选择一个使用。在只有一个 IP 地址时，可使用默认项。例如，当该服务器拥有 3 个 IP 地址 192.168.2.2、192.168.3.2 和 192.168.4.2 时，那么利用其中的任何一个 IP 地址都可以访问该 Web 服务器。默认值为"全部未分配"。

（3）设置端口。在"TCP 端口"中指定 Web 服务的 TCP 端口。默认端口为"80"，也可以更改为其他任意唯一的 TCP 端口号。当使用默认端口号时，客户端访问时直接使用 IP 地址或域名即可访问，而当端口号更改后，客户端必须知道端口号才能连接到该 Web 服务器。例如，使用默认值 80 端口时，用户只需通过 Web 服务器的地址即可访问该网站，地址形式为：http://域名或 IP 地址，如 http://192.168.2.2 或 http://www.testwww.com。如果端口号不是 80，访问服务器时就必须提供端口号，使用 http://域名或 IP 地址:端口号的方式，如 http://192.168.2.2:8080 或 http:/www.testwww.com:8080。"TCP 端口"不能为空。

（4）SSL 端口。如果 Web 网站中的信息非常敏感，为防止中途被人截获，就可采用 SSL 端口加密方式。Web 服务器安全套接层(SSL)的安全功能利用一种称为"公用密钥"的加密技术，保证会话密钥在传输过程中不被截取。要使用 SSL 加密并且指定 SSL 加密使用的端口，必须在"SSL 端口"文本框中键入端口号。默认端口号为"443"，同样，如果改变该端口号，客户端访问该服务器就必须事先知道该端口。当使用 SSL 加密方式时，用户需要通过"https://域名或 IP 地址:端口号"方式访问 Web 服务器，如 https://192.168.2.2:1454。

(5) 连接超时。连接超时用来设置服务器断开没有活动用户的时间(以秒为单位)。如果客户端在连续的一段时间内没有与服务器发生活动，就会被服务器强行断开，以确保 HTTP 协议在连接失败时可以关闭所有连接。默认值为"120 秒"。选中"保持 HTTP 连接"复选框可使客户端与服务器保持打开连接，而不是根据每个新请求重新打开客户端连接。禁用该选项可能会降低服务器性能。

2. 设置主目录

主目录是指保存 Web 网站的文件夹，当用户访问该网站时，Web 服务器会自动将该文件夹中的默认网页显示给客户端用户。对于 Web 页面而言，必须修改主目录的默认值，将主目录定位到相应的磁盘或文件夹。任何一个网站都需要有主目录作为默认目录。

(1) 设置主目录的路径。

主目录的路径即网站的根目录，当用户访问网站时，服务器会先从根目录调取相应的文件。默认的 Web 主目录为%SystemRoot%\Inetpub\wwwroot 文件夹，但在实际应用中通常不采用该默认文件夹，因为将数据文件和操作系统放在同一磁盘分区中，会出现失去安全保障、系统不能完全安装等问题，如视频文件较多时，还可能造成磁盘或分区的空间不足。在 IIS 管理器中，选择要配置主目录的网站，右击鼠标，在弹出的快捷菜单中选择"属性"选项，显示"属性"选项，显示该网站对话框，打开"属性"选项，显示该网站的属性对话框，打开"主目录"选项卡，如图 6-4 所示。

图 6-4 设置主目录

① "此计算机上的目录"：表示主目录的内容位于本地服务器的磁盘中，默认为%SystemRoot%\Inetpub\wwwroot 文件夹。可先在本地计算机上设置好主目录的文件夹和内容，后在"本地路径"文本框中设置主目录为该文件夹的路径。

② "另一台计算机上的共享"：表示将主目录指定到位于另一台计算机上的共享文件夹。在"本地路径"文本框中键入共享目录的网络路径，其格式为"服务器名或 IP 地址\\共享名"，并单击"连接为"按钮设置访问该网络资源的 Windows 账户和密码。如图 6-5 所示。

③ "重定向到 URL"：重定向用来将当前网站的地址指向其他地址。选中"重定向到 URL"选按钮，在"重定向到"文本框中键入要转接的 URL 地址，如图 6-6 所示。例如，将网站 www.testwww.com 重定向到 www.163.com，当用户访问 www.testwww.com 时，显示的将是网易网站。

④ "上面输入的准确 URL"：表示将客户端需求重定向到某个网站或目录。使用该选项可以将整个虚拟目录重定向到某一个文件。

图 6-5　主目录(另一台计算机上的共享)　　　　　图 6-6　主目录(重定向到 URL)

⑤ "输入的 URL 下的目录"：表示将父目录重定向到子目录。

⑥ "资源的永久重定向"：表示将消息"301 永久重定向"发送到客户。重定向一般被认为是临时的，客户浏览器收到的消息为"302 临时重定向"。某些浏览器会将"301 永久重定向"消息作为信号来永久地更改 URL，如书签。

(2) 设置主目录访问权限。

如果 Web 网站内容的位置选择"此计算机上的目录"或"另一计算机上的共享位置"选项，可设置相应的访问权限和应用程序。这里提供了 6 个选项，其意义如下：

① 脚本资源访问：若要允许用户访问已经设置了"读取"或"写入"权限的资源代码，请选中该选项。资源代码包括 ASP 应用程序中的脚本。

② 读取：选中该项后允许用户读取或下载文件(目录)及其相关属性。

③ 写入：选中该项后允许用户将文件及其相关属性上载到服务器上已启用的目录中，或者改写文件的内容，为安全起见，默认值是选空的。

④ 目录浏览：若要允许用户查看该虚拟目录中文件和子目录的超文本列表，应选中该选项。但虚拟目录不会显示在目录列表中，因此，如果用户要访问虚拟目录，必须知道虚拟目录的别名。若不选择该选项，用户试图访问文件或目录且又没有指定明确的文件名时，将在用户的 Web 浏览器中显示"禁止访问"的错误消息。

⑤ 记录访问：若要在日志文件中记录对该目录的访问，请选中该选项。只有启用该项，Web 站点的日志记录才会记录访问。

⑥ 索引资源：选中该选项会允许 Microsoft Indexing Service 将该目录包含在 Web 站点的全文本索引中。

3. 设置默认文档

默认文档用来设置网站或虚拟目录中默认的显示页。如，直接在浏览器中输入 http://www.testwww.com 实际打开的是 http://www. testwww .com/ index.asp，显示出主页内容，而不必再键入"index.asp"，其实上就是默认文档的起的作用。所谓默认文档，是指在 Web 浏览器中键入 Web 网站的 IP 地址或域名即显示出来的 Web 页面，也就是通常所说的主页(Homepage)。IIS 6.0 默认文档的文件名有 4 种，分别为 Default.htm、Default.asp、

Index.htm、IISstar.htm。这也是一般网站中最常用
的主页名。如果 Web 网站无法找到这 4 个文件中
的任何一个，那么，将在 Web 浏览器上显示"该
页无法显示"的信息。默认文档既可以是一个，
也可以是多个。当设置多个默认文档时，IIS 将按
照排列的前后顺序依次调用这些文档。当第一个
文档存在时，将直接把它显示在用户的浏览器上，
而不再用后面的文档；当第一个文档不存在时，
则将第二个文件显示给用户，依次类推。

默认文档的添加、删除及更改顺序，都可以
在"属性"对话框"文档"选项卡中完成。如图
6-7 所示。

图 6-7　默认文档

(1) 添加默认文档文件名。步骤如下：

第一步：在"文档"选项卡对话框中，点击"添加"按钮，打开"添加默认文档"，输
入自定义的默认文档文件名，如 Index.asp，单击"确定"按钮。

第二步：在默认文档列表中选中刚刚添加的文件名，单击"上移"或"下移"按钮即
可调整其显示的优先级。文档在列表中的位置越靠上意味着其优先级越高。通常客户机首
先尝试加载优先级最高的主页，不能成功后才降低优先继续尝试。

第三步：重复以上步骤可添加多个默认文档。

(2) 删除默认文档名。在默认文档列表中选中欲删除的文件名，单击"删除"按钮，
即可将之删除。

(3) 调整文件名的位置。在默认文档列表中选中欲调整位置的文件名，单击"上移"
或"下移"按钮即可调整其先后顺序。若欲将该文件名作为网站首选的默认文档，需要将
它调整至最顶端。

(4) 文档页脚。"文档"选项卡中不仅能够指定默认主页，还能配置文档页脚。所谓文
档页脚，又称 footer，是一种特殊的 HTML 文件，用于使网站中全部的网页上都出现相同

的标记，如，公司常使用文档页脚将公司徽标
添加到其网站全部网页的上部或下部，以增加
网站的整体感。为了使用文档页脚，首先要选
择"文档"选项卡中的"启用文档页脚"复选
框，然后单击"浏览"指定页脚文件，文档页
脚文件通常是一个 .htm 格式的文件。

4. 设置内容过期来更新要发布的信息

在网站属性对话框中打开"HTTP 头"选项，
出现如图 6-8 所示界面。

选中"启用内容过期"复选框，可设置失
效时间。在对时间敏感的资料中可能包括日期，
如报价或事件公告，容易失效。浏览器将当前

图 6-8　HTTP 头

日期与失效日期进行比较,确定是显示高速缓存页还是从服务器请求一个更新过的页面。在这里,"立即过期"表示网页一经下载就过期,浏览器每次都会请求重新下载网页;"在此时间段以后过期"表示设置相对于当前时刻的时间;"过期时间"则设置到期的具体时间。

5. 使用内容分级过滤暴力、暴露和色情内容

如果网站涉及一些仅限于成人的暴力和暴露的内容等,为保护少年儿童的身心健康,应当设法用内容分级功能,便于用户进行分组审查。Web 的内容分级就是将说明性标签嵌入到 Web 页的 HTTP 头中。

在网站属性的"HTTP 头"选项卡中,单击"编辑分级"按钮,显示"内容分级"对话框,选中"对此内容启用分级"复选框启用分级服务。

在"类别"列表框中,选择一个分级类别,然后拖动"分级"滑块可调整级别。在"内容分级人员的电子邮件地址"文本框中可键入对内容进行分级的人的电子邮件地址,在"过期日期"文本框中可以定义分级过期日期。完成后单击"确定"按钮,完成内容分级的设置。

6. Web 网站性能调整

许多企业为了节省成本,减少不必要的开支,往往在一台服务器上运行多种服务,如一台服务器同时兼作 FTP、Mail 等服务器。为了使 Web 服务适应不同的网络环境,还可以对网站进行调整,根据需要来限制各网站使用的带宽,以确保服务器的整体性能。选择要进行性能调整的网站,打开该网站的属性对话框,切换到"性能"选项卡,如图 6-9所示。默认并没有启用带宽限制和网站连接限制,用户可以根据需要进行相应的设置。限制连接可以保留内存,并防止试图用大量客户端请求造成 Web服务器负载的恶意攻击。选中"连接限制为"单选按钮,并在右侧文本框中设置所允许的同时连接最大数量,默认值为"1000"。

图 6-9　性能

6.1.3　创建 Web 虚拟主机

Web 服务的实现采用客户/服务器模型,信息提供者称为服务器,信息的需要者或获取者称为客户。作为服务器的计算机中安装有 Web 服务器端程序,并且保存有大量的公用信息,随时等待用户的访问。作为客户的计算机中则安装 Web 客户端程序,即 Web 浏览器,可通过局域网络或 Internet 从 Web 服务器中浏览或获取信息。

1. 虚拟主机技术

使用 IIS 6.0 可以很方便地架设 Web 网站。虽然在安装 IIS 时系统已经建立了一个现成的默认 Web 网站,直接将网站内容放到其主目录或虚拟目录中即可直接浏览,但最好还是重新设置,以保证网站的安全。如果需要,还可在一台服务器上建立多个虚拟主机,来实现多个 Web 网站,这样可以节约硬件资源、节省空间、降低能源成本。

使用 IIS 6.0 的虚拟主机技术,通过分配 TCP 端口、IP 地址和主机头名,可以在一台服

务器上建立多个虚拟 Web 网站，每个网站都具有唯一的，由端口号、IP 地址和主机头名三部分组成的网站标识，用来接收来自客户端的请求，不同的 Web 网站可以提供不同的 Web 服务，而且每个虚拟主机和一台独立的主机完全一样。这种方式适用于企业或组织需要创建多个网站的情况，可以节省成本。

不过，这种虚拟技术将一个物理主机分割成了多个逻辑上的虚拟主机使用，虽然能够节省经费，对于访问量较小的网站来说比较经济实惠，但由于这些虚拟主机共享这台服务器的硬件资源和带宽，在访问量较大时就容易出现资源不够用的情况。

2. 架设多个 Web 网站

在创建一个 Web 网站时，要根据企业本身现有的条件，如投资的多少、IP 地址的多少、网站性能的要求等，选择不同的虚拟主机技术。

架设多个 Web 网站可以通过以下三种方式。

1) 使用不同的 IP 地址架设多个 Web 网站

如果要在一台 Web 服务器上创建多个网站，为了使每个网站域名都能对应于独立的 IP 地址，一般都使用多 IP 地址来实现，这种方案称为 IP 虚主机技术，也是比较传统的解决方案。当然，为了用户在浏览器中可使用不同的域名来访问不同的 Web 网站，必须将主机名及其对应的 IP 地址添加到域名解析系统(DNS)中去。如果使用此方法在 Internet 上维护多个网站，也需要通过 InterNIC 注册域名。

要使用多个 IP 地址架设多个网站，首先需要在一台服务器上绑定多个 IP 地址，而Windows Server 2000 及 Windows Server 2003 系统均支持一台服务器上安装多块网卡，一块网卡可以绑定多个 IP 址。再将这些 IP 地址分配给不同的虚拟网站，就可以达到一台服务器利用多个 IP 地址来架设多个 Web 网站的目的。例如，要在一台服务器上创建两个网站：Linux.testwwww.com 和 Windows.testwwww.com，所对应的 IP 地址分别为 192.168.2.2 和192.168.3.2，就需要在服务器网卡中添加这两个地址，具体步骤如下：

(1) 网卡上添加上述两个 IP 地址。并在 DNS 中添加与 IP 地址相对应的两台主机。

(2) 依次单击"开始"—"程序"—"管理工具"—"Internet 信息服务 IIS 管理器"，打"Internet 信息服务 IIS 管理器"窗口。右击"网站"选项，在弹出的快捷菜单中选择"新建"—"网站"选项，如图 6-10 所示。

(3) 打开"网站创建向导"，新建一个网站。在显示"IP 地址和端口设置"对话框中的"网站 IP 地址"下拉列表中，分别为网站指定相应的 IP 地址，如图 6-11 所示。

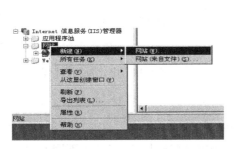

图 6-10　"新建"网站菜单

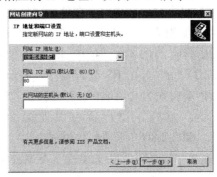

图 6-11　网站创建向导

（4）单击"下一步"按钮，打开"网站主目录"对话框，输入主目录的路径(见图6-12)。

（5）随后设置"网络访问权限"。如图6-13所示，若有ASP脚本运行，选中"运行脚本(如ASP)"复选框。

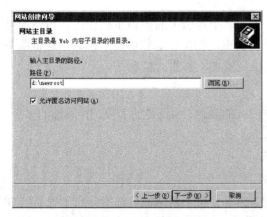 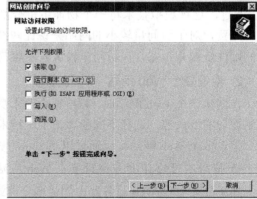

图6-12　输入主目录路径　　　　　　　　　图6-13　网络访问权限

（6）单击"下一步"按钮继续，按向导提示完成192.168.2.2对应的网站设置。192.168.3.2对应的网站与上面设置类似。

两个网站创建完成以后，在"Internet信息服务IIS管理器"中再分别为不同的网站进行配置。这样，在一台Web服务器上就可以建多个网站了。

2) 使用不同端口号架设多个Web网站

如今IP地址资源越来越紧张，有时需要在Web服务器上架设多个网站，但计算机却只有一个IP地址，此时，利用这一个IP地址，使用不同的端口号也可以达到架设多个网站的目的。其实，用户访问所有的网站都需要使用相应的TCP端，不过，Web服务器默认的TCP端口为80，在用户访问时不需要输入。但如果网站的TCP端口不为80，在输入网址时就必须添加端口号，而且用户在上网时也会经常遇到必须使用端口号才能访问网站的情况。利用Web服务的这个特点，可以架设多个网站，每个网站使用不同的端口号。这种方式创建的网站，其域名或地址部分完全相同，仅端口号不同，只是用户在使用网址访问时，必须添加相应的端口号。若现在要架设一个与上面不同的网站，但IP地址仍使用192.168.2.2，此时可在IIS管理器中，将新网站的TCP端口设为其他端口(如8080)，如图6-14所示，这样，用户就可以使用网址http://192.168.2.2:8080来访问该网站。

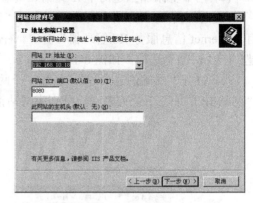

图6-14　IP地址和端口设置

3) 使用不同的主机头名架设多个Web网站

如果服务器只有一个IP地址，在架设多个Web网站时，除了使用不同的端口外，还可以使用不同的主机头名来实现。这种方式实际上是通过使具有单个静态 IP 地址的主机头建立多个网站来实现的。因此，首先要在服务器上添加有关的 DNS 主机别名，将主机别名(实际上是一个用 DNS 主机别名表示的域名)添加到 DNS 域名析系统，然后再创建网站。一旦请求到达计算机，IIS 将使用在 HTTP 头中传递的主机头名来确定客户请求的是哪个网站。使用主机头创建的域名也称二级域名。现在以 Web 服务器上利用主机头创建 Windows.testwww.com 和 Linux.testwww.com 两个网站为例进行介绍，其 IP 地址均为 192.168.2.2。

首先，为了让用户能够通过 Internet 找到 Windows.testwww.com 和 Linux.testwww.com 网站的 IP 地址，需将其 IP 地址注册到 DNS 服务器。在 DNS 服务器中，新建两个主机，分别为 Windows.testwww.com 和 Linux.testwww.com，IP 地址均为 192.168.2.2。

打开"Internet 信息服务(IIS)管理器"，使用"网站创建向导"创建两个网站。当显示"IP 地址和端口设置"对话框时，在"此网站的主机头"文本框中键入新建网站的域名，如 Windows.testwww.com 或 Linux.testwww.com，如图 6-15 所示。

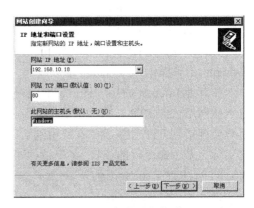

图 6-15　使用主机头

单击"下一步"按钮，进行其他配置，直至创建完成。

如果要修改网站的主机头，也可以在已创建好的网站中，右击该网站，在弹出的快捷菜单中选择"属性"选项，在弹出的"属性"对话框中打开"网站"选项卡，在其中单击"IP 地址"右侧的"高级"按钮，显示"高级网站标识"对话框，如图 6-16 所示。选中主机头名，单击"编辑"按钮，显示"添加/编辑网站标识"对话框，即可修改网站的主机头值，如图 6-17 所示。

图 6-16　高级网站标识

图 6-17　编辑修改网站标识

使用主机头来搭建多个具有不同域名的 Web 网站，与利用不同 IP 地址建立虚拟主机的方式相比，这种方案更为经济实用，可以充分利用有限的 IP 地址资源，来为更多的客户提供虚拟主机服务。不过，虽然有独立的域名，但由于 IP 地址是与他人一起使用的，没有独立的 IP 地址，也就不能直接使用 IP 地址访问了。

6.2　FTP

6.2.1　FTP 服务器概述

FTP(File Transfer Protocol)是 Internet 上用来传送文件的协议(文件传输协议)。它是为了能够在 Internet 上互相传送文件而制定的文件传送标准，规定了 Internet 上文件的传送方式。也就是说，通过 FTP 协议可以与 Internet 上的 FTP 服务器进行文件的上传(Upload)或下载(Download)等操作。

和其他 Internet 应用一样，FTP 也是依赖于客户端/服务器关系的概念。在 Internet 上，有一些网站依照 FTP 协议提供服务，让用户进行文件的存取，这些网站就是 FTP 服务器。用户要连接到 FTP 服务器，就要用到 FTP 的客户端软件，通常 Windows 都提供 FTP 命令，这实际上是个命令行的 FTP 客户端程序。另外，常用的 FTP 客户端程序还有 CuteFTP、WS_FTP、FTP Explorer 等。

6.2.2　FTP 的工作原理

以下载文件为例，当用户启动 FTP 从远程计算机上复制文件时，事实上启动了两个程序，一个是本机上的 FTP 客户端程序，它向 FTP 服务器提出复制文件的请求；另一个是启动在远程计算机上的 FTP 服务器程序，它响应用户的请求并把指定的文件传送到用户的计算机中。FTP 采用客户端/服务器方式，用户要在自己的本地计算机上安装 FTP 客户端程序。FTP 客户端程序有字符界面和图形界面两种。字符界面的 FTP 的命令复杂、繁多，图形界面的 FTP 客户端程序在操作上要简洁方便得多。

要连接到 FTP 服务器(即登录)，必须要有该 FTP 服务器的账号。如果是该服务器主机的注册客户，用户会有一个 FTP 登录账号和密码，用这个账号和密码可连接到该服务器。但 Internet 上有很大一部分 FTP 服务器被称为匿名(anonymous)FTP 服务器，这类服务器用于向公众提供文件复制服务，因此不要求用户事先在该服务器上进行登记注册。

anonymous(匿名文件传输)能够使用户与远程主机建立连接，并以匿名身份从远程主机上复制文件，而不必是该远程主机的注册用户。用户使用特殊的用户名 anonymous 即可有限制地访问远程主机上公开的文件。现在许多系统要求用户将 E-mail 地址作为口令，以便更好地对访问进行跟踪。出于安全的目的，大部分匿名 FTP 主机一般只允许远程用户下载文件，而不允许上传文件。也就是说，用户只能从匿名 FTP 主机上复制需要的文件，而不能把文件复制到匿名 FTP 主机。另外，匿名 FTP 主机还采用了其他一些保护措施以保护自己的文件不被用户修改和删除，并防止计算机病毒的入侵。在有图形用户界面的 WWW 环境未普及以前，匿名 FTP 一直是 Internet 上获取信息资源的主要方式。在 Internet 上成千上万的匿名 FTP 主机中存储着大量的文件，这些文件包含各种各样的信息、数据和软件。人们只要知道特定信息资源的主机地址，就可以用匿名 FTP 登录获取所需的信息资料。虽然目前 WWW 环境已取代匿名 FTP 成为最主要的信息查询方式，但是匿名 FTP 仍是 Internet

上传输分发软件的一种基本方法。

6.2.3 安装 FTP 服务

由于 FTP 依赖 Microsoft Internet 信息服务(IIS)，因此计算机上必须安装 IIS 和 FTP 服务。在 Windows Server 2003 中，安装 IIS 时不会默认安装 FTP 服务。如果已在计算机上安装了 IIS，可以使用"控制面板"中的"添加或删除程序"工具安装 FTP 服务。

单击"开始"，指向"控制面板"，然后单击"添加或删除程序"。单击"添加/删除 Windows 组件"，出现如图 6-18 所示界面。

在"组件"列表中，单击"应用程序服务器"(注意不要更改原有的复选框状态)，然后单击"详细信息"，如图 6-19 所示，选中"Internet 信息服务 (IIS)"(注意不要更改原有的复选框状态)，然后单击"详细信息"。勾选"文件传输协议(FTP)服务"，然后单击"确定"。单击"下一步"，出现提示时，请将 Windows Server 2003 CD-ROM 插入计算机的 CD-ROM，单击"确定"，随后单击"完成"。

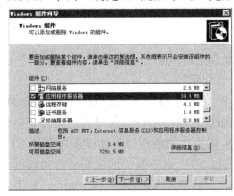

图 6-18　添加组件

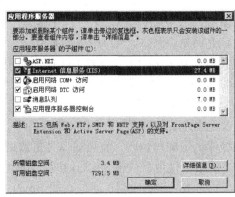

图 6-19　选择 IIS 服务

6.3.4 配置 FTP 服务器

单击"开始"—"管理工具"—"Internet 信息服务(IIS)管理器"命令，在 IIS 管理器窗口中打开"FTP 站点"，如图 6-20 所示。也可以在运行中输入 INETMGR 进入管理器。

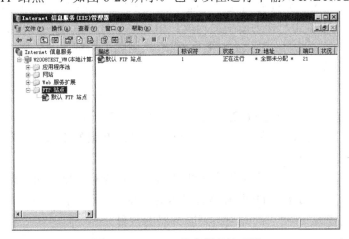

图 6-20　Internet 信息服务管理器

1. FTP 站点属性(见图6-21)

(1) FTP 站点标识。在 "FTP 站点标识" 选项组中的 "描述" 文本框中可以设置该站点的标识。该标识对于用户的访问没有任何意义,只当服务器中安装有多个 FTP 服务器时,用不同的名称进行标识可便于网络管理员区分。其默认值名称为 "默认 FTP 站点"。

(2) 指定 IP 地址。在 "IP 地址" 下拉列表中指定该 FTP 站点的唯一 IP 地址。由于 Windows Server 2003 可安装多块网卡,每块网卡又可绑定多个 IP 地址,因此服务器可能会拥有多个 IP 地址,而默认可使用该服务器绑定的任何一个地址访问 FTP 网站。例如,当该服务器拥有三

图 6-21　FTP 站点属性

个 IP 地址:192.168.12.2、192.168.13.2 和 192.168.14.2 时,那么利用其中的任何一个 IP 地址都可以访问该 FTP 服务器。其默认值为 "全部未分配"。

(3) 设置端口。在 "TCP 端口" 中可指定 FTP 服务的 TCP 端口,默认端口为 "21",也可以更改为其他任意唯一的 TCP 端口号。当使用默认端口号时,客户端访问时直接使用 IP 地址或域名即可访问,而当端口号更改后,客户端必须知道端口号才能连接到该 FTP 服务器。例如,使用默认值 21 端口时,用户只需通过 FTP 服务器的地址即可访问该网站,地址形式为 ftp://域名或 IP 地址,如 ftp://192.168.2.2 或 ftp://www.testwww.com。如果端口号不是 21,访问服务器时就必须提供端口号,使用 "ftp://域名或 IP 地址:端口号" 的方式,如 ftp://192.168.2.2:221 或 ftp:/www.testwww.com:221,"TCP 端口" 不能为空。

2. 安全账户

默认情况下,Windows 的系统用户都有 FTP 站点的访问权,其读写权限在 "主目录" 标签下设置。如果勾选 "允许匿名连接" 选项,则可以在图 6-22 中通过 "浏览" 按钮选择一个 Windows 系统中的用户作为匿名用户或使用用户名 anonymous,密码为任意一个电子邮件格式的字符串。如果勾选 "只允许匿名连接",则除了指定的匿名用户外,其他用户都不能访问 FTP 服务器。

3. 消息

在 "消息" 选项卡中,如图 6-23 所示,可以设置 FTP 站点消息。

(1) "标题":写在标题中的内容,在用户连接到 FTP 服务器后,尚未登录时显示,可以在此写上该服务器的作用。

(2) "欢迎":当用户输入完毕用户名和密码,登录成功后显示的信息。

(3) "退出":用户退出 FTP 服务器时显示的信息。

(4) "最大连接数":用户同时连接到服务器的数目。

图 6-22　安全账户选项卡　　　　　　　　　图 6-23　消息选项卡

4. 主目录

在"主目录"标签(见图 6-24)中可以设置用户对 FTP 服务器资源的访问权限，由于安全账户与主目录在两个独立标签中设置，因此默认情况下，系统用户都可以访问 FTP 服务器上的主目录，如果对不同的用户设置不同的访问权限，则需要在 Windows 下，对相应的主目录分别设置相应的安全权限，如图 6-25 所示，详细内容参考关于文件夹权限的相关设置。

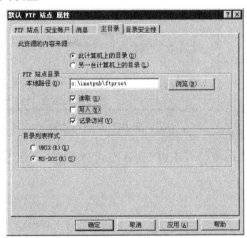
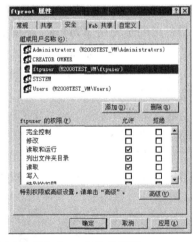

图 6-24　主目录选项卡　　　　　　　　　图 6-25　Windows 文件夹权限

5. 目录安全性

根据 IP 地址来设定访问 FTP 服务器的用户范围，根据实际需要，可以采用允许或排除的方式进行设置。

6.2.5　测试 FTP 服务器

在测试时，可使用 Windows Server 2003 自带的 FTP 命令进行测试(见图 6-26)：

(1) 在"开始"—"运行"中输入"cmd"并回车。

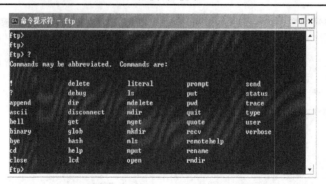

图 6-26　用 FTP 命令连接 FTP 服务器

(2) 在命令行下输入"ftp"并回车。

(3) 在"ftp>"提示下输入 open+FTP 服务器 IP 地址，如 open 192.168.12.2。

(4) 显示连接到服务器，并显示在 FTP 服务器属性设置的"消息"标签中的"标题"内容，同时，提示符改为：user(192.168.2.12:(none))>。

(5) 在此提示符下输入：user 用户名并回车，显示 password，输入用户的密码，登录到 FTP 服务器，登录成功后，可以使用 FTP 的命令，进行相关操作，如 ls 命令可以列出 FTP 服务器的目录文件。

由于用上述方法连接到 FTP 服务器使用的是命令方式，操作很不方便，为了简化 FTP 客户端的使用，目前有许多 FTP 客户程序可以使用，最常用的是使用 Windows 环境下的"我的电脑"进行操作，方法如下：

(1) 打开"我的电脑"，在地址栏输入：ftp://192.168.2.12。

(2) 选取菜单"文件"—"登录"，显示登录身份窗口，如图 6-27 示。

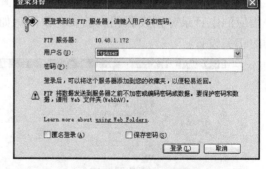

图 6-27　FTP 登录

(3) 输入 FTP 用户名或密码(或匿名登录)，将打开 FTP 服务器的资源窗口，其显示和操作都类似 Windows 资源管理器的操作。

6.3　DNS 服务

6.3.1　什么是 DNS

在 TCP/IP 网络中，每台计算机都有一个用数字表示的 IP 地址，IP 地址是一台计算机在网络上的唯一的标识。如果某台计算机想访问网络中其他计算机，就要知道对方的 IP 地址，但是用数字表示的标识比较难记忆，使用过程中比较繁琐易出错。在实际中，用户在访问网络中的资源时，一般希望使用对方其他容易记忆的标识来访问，就如同记忆人的姓名比记忆身份证号要容易一样。

在计算机网络的发展过程中，为了便于记忆，产生了使用 IP 地址之外的名称方案，也就是使用简单易记的名称来标识网络中的计算机，DNS 服务就是这样一个名称解决方案。

1. DNS 概述

DNS(Domain Name Service，域名服务)是 Internet/Intranet 中最基础也是非常重要的一项服务，它提供了网络访问中域名与 IP 地址之间的自动转换功能。

在 TCP/IP 网络中，每台主机必须有一个唯一的 IP 地址，当某台主机要访问另外一台主机上的资源时，必须指定另一台主机的 IP 地址，通过 IP 地址找到这台主机后才能访问这台主机。但是，当网络的规模较大时，使用 IP 地址就不太方便了，所以，便出现了主机名(Host Name)与 IP 地址之间的一种对应解决方案，可以通过使用形象易记的主机名而非 IP 地址进行网络的访问，这比单纯使用 IP 地址要方便得多。其实，在这种解决方案中使用了解析的概念和原理。单独通过主机名是无法建立网络连接的，只有通过解析的过程，在主机名和 IP 地址之间建立了映射关系后，才可以用主机名间接地通过 IP 地址建立网络连接。

主机名与 IP 地址之间的映射关系，在小型网络中多使用 Hosts 文件来完成，后来，随着网络规模的增大，为了满足不同组织的要求，以实现一个可伸缩、可自定义的命名方案，InterNIC(Internet Network Information Center)制定了一套称为域名系统 DNS 的分层名字解析方案，当 DNS 用户提出 IP 地址查询请求时，可以由 DNS 服务器中的数据库提供所需的数据。DNS 技术目前已广泛应用于 Internet 中。

组成 DNS 系统的核心是 DNS 服务器，它是回答域名服务查询的计算机，它为连接 Intranet 和 Internet 的用户提供并管理 DNS 服务，维护 DNS 名字数据并处理 DNS 客户端主机名的查询。DNS 服务器保存了包含主机名和相应 IP 地址的数据库。例如，如果提供了域名 www.163.com，DNS 服务器将返回网易网站的 IP 地址 221.204.240.161，当然这个 IP 地址只是 www.163.com 这个名字所对应的 IP 之一。

DNS 服务器分为以下三类：

① 主 DNS 服务器(Master)：负责维护所管辖域的域名服务信息。

② 从 DNS 服务器(Slave)：用于分担主 DNS 服务器的查询负载。

③ 缓冲 DNS 服务器(Caching)：供本地网络上的客户机用来进行域名转换。它通过查询其他 DNS 服务器并将获得的信息存放在它的高速缓存中，为客户机查询信息提供服务。

当客户机需要域名服务时，它就向本地 DNS 服务器发送申请，如果本地 DNS 服务器能够提供名字解析，它就自己完成任务；如果不能，那么请求就被发送到本层次的顶层 DNS 服务器。如果服务器能查出文本地址对应的信息，它就返回 IP 地址；如果不能，服务器也知道有其他服务器应能提供更多信息。

目前由 InterNIC 管理全世界的 IP 地址，在 InterNIC 下的 DNS 结构分为多个 Domain，如图 6-28 中根域(Root Domain)下的顶级域(Top-Level Domain)都归 InterNIC 管理，图中还显示了由 InterNIC 分配给微软的域名空间。Top-LevelDomain 可以再细分为二级域(Second-Level Domain)，如"Microsoft"，为公司名称，而 Seecond-Level Domain 又可以分成多级的子域(Subdomain)，如"example"，在最下面一层称为主机名称(Hostname)，如"host_a"，一般用户使用完整的名称来表示，如 host-a.example.micrsoft.com，其排列顺序为"主机-子阶域.二阶域.最高阶"。

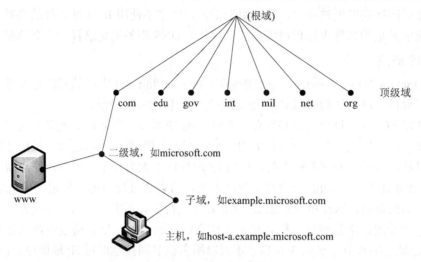

图 6-28　DNS 域名结构图

2. Hosts 文件

前面提到，在小型网中有时会使用 Hosts 文件进行域名解析，Hosts 文件的作用是将主机名或域名转换成 IP 地址，当计算机不拥有对 DNS 服务器的访问权时，就需要进行这种转换。Hosts 文件常常被命名为 hosts，但有时也使用 hosts.txt 这个名字。Hosts 文件的每一行定义了一个主机，分别包括主机 IP 地址、主机名、全称域名或其他别名。下面是 Hosts 文件的一个例子：

```
#IPAddress            Hostname          Alias
127.0.0.1             Localhost
61.232.197.2          www               www.xatzy.cn
61.232.197.10         mail              mail.xatzy.cn
61.232.197.106        longshou
```

其中，第一行的 127.0.0.1 为网络回送地址，代表本地主机。

当计算机上的应用程序需要将名字转换成 IP 地址时，系统首先要将它的名字与要求转换的名字进行比较。如果两者不一致且存在 Hosts 文件的话，系统就查看 Hosts 文件。如果不存在 Hosts 文件或在 Hosts 文件中找不到相符的名字，并且假定该系统已经配置成能使用 DNS 服务器的话，则该名字就被送往 DNS 服务器进行转换。

3. 区域文件

区域文件是 DNS 服务器使用的配置文件，安装 DNS 服务器的主要工作就是要创建区域文件和资源记录。DNS 服务器要为每个域名创建一个区域文件，单个 DNS 服务器能支持多个域，因此可以同时支持多个区域文件。

区域文件是一个采用标准化结构的文本文件，它包含的项目称为资源记录。不同的资源记录用于标识项目代表的不同的计算机或服务程序的类型，每个资源记录具有一个特定的作用。有以下几种可能的记录：

(1) SOA(授权开始)：SOA 记录是区域文件的第一个记录，表示授权开始，并定义域的主域名服务器。

(2) NS(域名服务器)：为某一给定的域指定授权的域名服务器。

(3) A(地址记录)：用来提供从主机名到 IP 地址的转换。

(4) PTR(指针记录)：也称为反序解析记录或反向查看记录，用于确定如何把一个 IP 地址转换为相应的主机名。PTR 记录不应该与 A 记录放在同一个 SOA 中，而是出现在 in-addr.arpa 子域 SOA 中，且被反序解析的 IP 地址要以反序指定，并在末尾添加句点"."。

(5) MX(邮件交换程序)：允许用户指定在网络中负责接收外部邮件的主机。

(6) CNAME(规范的名称)：用于在 DNS 中为主机设置别名，对于设置服务器的通用名称非常有用。要使用 CNAME，必须有该主机的另外一个记录(A 记录或 MX 记录)来指定该主机的真名。

(7) RP 和 TXT(文档项)：TXT 记录是自由格式的文本项，可以用来放置合适的任何信息，不过通常提供的是一些联系信息。RP 记录则明确指明对于指定域负责管理人员的联系信息。

4. Nslookup 实用程序

Nslookup 是允许用户连接到 DNS 服务器和查询其资源记录而使用的实用程序。Nslookup 实用程序以两种方式运行：

(1) Batch(批处理)：在 Batch 方式下，可以启动 Nslookup 实用程序并提供输入参数，Nslookup 负责执行输入参数请求的功能，显示结果，然后终止运行。

(2) Interactive(交互)：在 Interactive 方式下，不必提供输入参数就能启动 Nslookup，然后 Nslookup 提示输入参数，执行请求的操作，显示结果，并返回提示符，等待下一组参数。

6.3.2　DNS 解析过程

DNS 解析过程如图 6-29 所示。

(1) 客户机提出域名解析请求，并将该请求发送给本地的域名服务器。

(2) 当本地的域名服务器收到请求后，就先查询本地的缓存，如果有该记录项，则本地的域名服务器就直接返回查询的结果。

(3) 如果本地的缓存中没有该记录，则本地域名服务器就直接把请求发给根域名服务器，然后根域名服务器再返回给本地域名服务器一个所查询域(根的子域)的主域名服务器的地址。

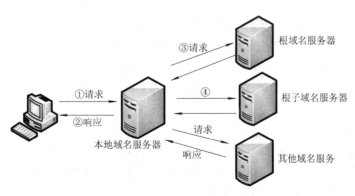

图 6-29　域名解析过程

(4) 本地服务器再向上一步返回的域名服务器发送请求，然后接受请求的服务器查询自己的缓存，如果没有该记录，则返回相关的下级的域名服务器的地址。

(5) 重复(4)，直到找到正确的记录。

(6) 本地域名服务器把返回的结果保存到缓存，以备下一次使用，同时将结果返回给客户机。

提示：域名服务器实际上是一个服务器软件，它运行在指定的计算机上，完成域名—IP地址的映射工作，通常把运行域名服务软件的计算机叫做域名服务器。

6.3.3　安装 DNS 服务器

1. 安装 DNS

(1) 在 Windows Server 2003 服务器上运行"配置您的服务器向导"，在"服务器角色"对话框中选择"DNS 服务器"选项，如图 6-30 所示，将该计算机配置为 DNS 服务器。提示：如果是第一次安装 DNS 服务，系统会提示用户插入 Windows Server 2003 的安装光盘，以复制安装 DNS 服务所需要的文件，以后再安装 DNS 服务则不再需要复制文件了。

(2) DNS 组件安装完毕，将自动打开"配置 DNS 服务器向导"对话框(如图 6-31 所示)，进一步配置 DNS 服务。单击"DNS 清单"按钮，可以查看"Microsoft 管理控制台"，获取对 DNS 服务器规划、配置等方面的帮助信息。

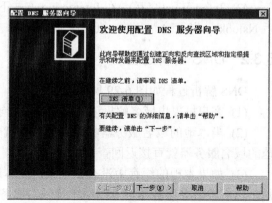

图 6-30　"服务器角色"对话框　　　　图 6-31　"配置 DNS 服务器向导"对话框

(3) 在"选择配置操作"对话框(见图 6-32)中选中"创建正向查找区域(适合小型网络使用)"单选按钮，使该 DNS 服务器只提供正向 DNS 查找，不过该方式无法将在本地查询的 DNS 名称转发给 ISP 的 DNS 服务器。在大型网络环境中，可以选中"创建正向和反向查找区域(适合大型网络使用)"单选按钮，这样 DNS 服务器可同时提供正向和反向 DNS 查询。

(4) 在"主服务器位置"对话框(见图 6-33)中，当在网络中安装第一台 DNS 服务器时，选中"这台服务器维护该区域"单选按钮，可以将该 DNS 服务器配置为主 DNS 服务器；再次添加 DNS 服务器时，选中"ISP 维护该区域。一份只读的次要副本常驻在这台服务器上"单选按钮，从而将其配置为辅助 DNS 服务器。

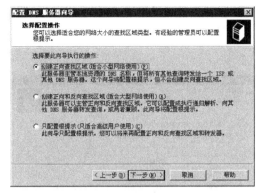
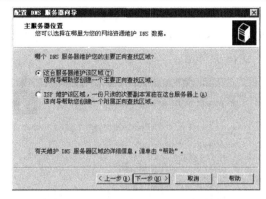

图 6-32 "选择配置操作"对话框　　　　　图 6-33 "主服务器位置"对话框

(5) 在"区域名称"对话框(见图 6-34)中输入在域名服务机构申请的正式域名,如"test_x.com"。区域名称用于指定 DNS 名称空间的部分,可以是域名(如 xxx.com)或者下级域名(如 jw.test_x.com)。

(6) 在"区域文件"对话框(见图 6-35)中选中"创建新文件,文件名为"单选按钮,采用系统默认的文件名保存区域文件(创建新的 DNS 服务器应选用此项)。

当然,也可以从另一个 DNS 服务器复制文件,将记录文件复制到本地计算机,然后选中"使用此现存文件"单选按钮(新建一个 DNS 服务器,以取代原有 DNS 服务器或与原有的 DNS 服务器分担负载,应选用此项)。在下面的文本框中输入保存路径即可。

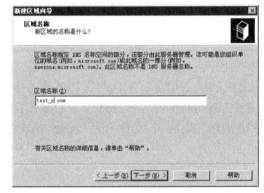
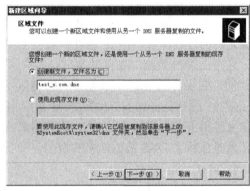

图 6-34 "区域名称"对话框　　　　　图 6-35 "区域文件"对话框

(7) 在"动态更新"对话框(见图 6-36)中选中"不允许动态更新"单选按钮,不接受资源记录的动态更新,以安全的手动方式更新 DNS 记录。其中:

① "只允许安全的动态更新(适合 Active Directory 使用)"只有在安装了 Active Directory 集成的区域后才能使用。

② "允许非安全和安全动态更新"在如果要使用任何客户端都可接受资源记录的动态更新时,可被选中,但由于可以接受来自非信任源的更新,所以使用此项时可能会不安全。

③ "不允许动态更新"可使此区域不接受资源记录的动态更新,以安全的手动方式更新 DNS 记录。

(8) 在"转发器"对话框(见图 6-37)中选中"是,应当将查询转发到有下列 IP 地址的

DNS 服务器上"单选按钮，并输入 ISP 提供的 DNS 服务器的 IP 地址，这样，当 DNS 服务器接收到客户端发出的 DNS 请求时，如果本地无法解析，将自动把 DNS 请求转发给 ISP 的 DNS 服务器。

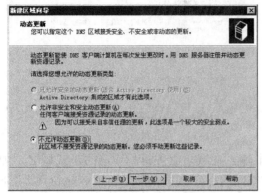
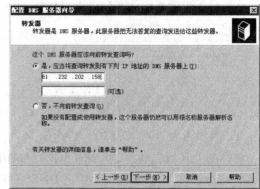

图 6-36　"动态更新"对话框　　　　　　图 6-37　"转发器"对话框

(9) 安装和配置完成后，系统提示该服务器已经成为 DNS 服务器。

2. 创建和管理 DNS 区域

设置 DNS 服务器的首要任务是建立 DNS 区域和域的树状结构。DNS 服务器以区域为单位来管理服务，区域是一个数据库，用来链接 DNS 名称和相关数据，如 IP 地址和网络服务，在 Internet 环境中一般用二级域名来命名，如 test_x.com。而 DNS 区域分为两类：一类是正向搜索区域，即域名到 IP 地址的数据库，用于提供将域名转换为口地址的服务；另一类是反向搜索区域，即 IP 地址到域名的数据库，用于提供 IP 地址转换为域名的服务。

注意：DNS 数据库由区域文件、缓存文件和反向搜索文件等组成，其中区域文件是最主要的，它保存着 DNS 服务器所管辖区域的主机的域名记录，默认的文件名是"区域名.dns"，在 Windows NT/2000/2003 系统中，置于%systemroot%\system32\dns 目录中；而缓存文件用于保存根域中的 DNS 服务器名称与 IP 地址的对应表，文件名为 Cache.dns。DNS 服务就是依赖于 DNS 数据库来实现的。

1) 新建 DNS 区域

设置 DNS 服务器的首要工作是决定 DNS 域和区域的树状结构。DNS 的数据的管理是以区域为单位的，所以必须先建立区域。在上述采用"配置 DNS 服务器向导"安装 DNS 服务的过程中，就可以创建一个 DNS 区域，如 xx.com。此外，还可以使用 DNS 控制台新建 DNS 区域。安装 DNS 后，再创建区域都需要在 DNS 控制台中完成。在一台 DNS 服务器上可以提供多个域名的 DNS 解析，因此可以创建多个 DNS 区域。新建 DNS 区域的步骤如下：

(1) 在"管理工具"中打开 DNS 控制台窗口，展开 DNS 服务器目录树，如图 6-38 所示。右击"正向查找区域"选项，在弹出的快捷菜单中选择"新建区域"选项，显示"新建区域向导"，通过该向导，即可添加一个正向查找区域。

(2) 单击"下一步"，出现如图 6-39 所示"区域类型"对话框，用来选择要创建的区域的类型，有"主要区域"、"辅助区域"和"存根区域"三种。若要创建新的区域时，应当选中"主要区域"单选按钮。

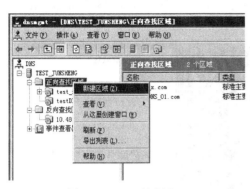

图 6-38　DNS 控制台

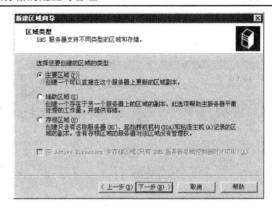

图 6-39　区域类型

Windows Server 2003 的 DNS 中的区域有三种类型：主要区域、辅助区域和存根区域。

① 主要区域是 Windows NT 4.0 中 DNS 使用的区域，它把域名信息保存到一个标准的文本文件中。对于主要区域，只有一台 DNS 服务器能维护和处理这个区域的更新，它被称为主服务器。

② 辅助区域是现有区域的一个副本，为主服务器提供负载均衡和容错能力。它在辅助服务器上创建，辅助服务器只能从主服务器复制信息。

③ 存根区域只含有名称服务器(Ns)、起始授权机构(SOA)和粘连主机(A)，含有存根区域的服务器对该区域没有管理权。

提示：如果当前 DNS 服务器上安装了 Active Directory 服务，则"在 Active Directory 中存储区域"复选框将自动选中。

(3) 在"区域名称"对话框(见图 6-40)中设置要创建的区域名称，如"testDNS_01.com"。区域名称用于指定 DNS 名称空间的部分，由此 DNS 服务器管理。

(4) 单击"下一步"，创建区域文件 testDNS_01.com.dns(见图 6-41)。

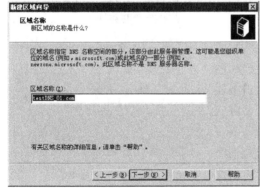

图 6-40　区域名称

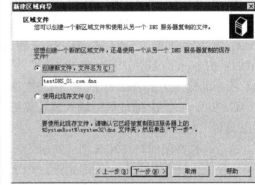

图 6-41　区域文件

(5) 单击"下一步"，本例选择"不允许动态更新"(见图 6-42)。

(6) 显示新建区域摘要，如图 6-43 所示。单击"完成"按钮，完成区域创建。

2) 创建和管理 DNS 资源

DNS 服务器的数据库中必须有主机名和 IP 的对应数据以满足 DNS 工作站的查询要求。每个 DNS 数据库都由资源记录构成。一般来说，资源记录包含与特定主机有关的信息，如

IP 地址、主机的所有者或者提供服务的类型。当进行 DNS 解析时，DNS 服务器取出的是与该域名相关的资源记录。常用的资源记录说明见表 6-1。

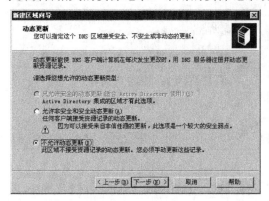

图 6-42　动态更新

图 6-43　完成

表 6-1　常用 DNS 资源记录类型说明

记录类型	说　　明
SOA	初始授权记录
NS	名称服务器记录，指定授权的名称服务器
A	主机记录，实现正向查询，建立域名到 IP 地址的映射
CNAME	别名记录，为其他资源记录指定名称的替补
PTR	指针记录，实现反向查询，建立 IP 地址到域名的映射
MX	邮件交换记录，指定用来交换或者转发邮件信息的服务器

3. 创建主机记录

主机记录的作用是将主机的相关参数(主机名和对应的 IP 地址)添加到 DNS 服务器中，以满足 DNS 客户端查询主机名或 IP 地址的需求。

打开"管理工具"中的 DNS 控制台，右击 testDNS_01.com 区域，选择"新建主机"，出现如图 6-44 所示的输入主机名称的窗口。例如在该窗口中输入"WWW"，并在 IP 地址框中输入该计算机所要对应的 IP 地址。如：192.168.1.2。

图 6-44　创建主机

提示：若希望同时在和其相应映射的反向查询区域中也建立该计算机的反向查询记录，则选中"创建相关的指针(PTR)记录"，注意勾选这个项目时，相应的反向查找区域必须已经建好，否则会出现"警告，不能创建相关的指针(PTR)记录，可能是因为找不到参照的反向查找区域"的提示。

并非所有计算机都需要主机资源记录。但是在网络上以域名来提供共享资源的计算机需要该记录。

当 IP 配置更改时，运行 Windows Server 2000 及以上版本的计算机可以使 DHCP 客户服务在 DNS 服务器上动态注册和更新自己的主机资源记录。如果运行更早版本的 Windows 系统，且启用 DHCP 的客户机从 DHCP 服务器获取它们的 IP 租约，则可通过代理来注册和更新其主机资源记录。

4. 创建别名记录

别名用于将 DNS 域名的别名映射到另一个主要的或规范的名称。有时一台主机可能担当多个服务器，这时需要给这台主机创建多个别名。例如，一台主机既是 Web 服务器，也是 FTP 服务器，这时就要给这台主机创建多个别名。所谓别名，也就是根据不同的用途所起的不同名称，如 Web 服务器和 FTP 服务器分别为 www.test_x.com 和 ftp.test_x.com，而且还要知道该别名是由哪台主机所指派的。

图 6-45　创建别名

打开"管理工具"中的 DNS 控制台，右击 test_x.com 区域，选择"新建别名(CNAME)"，可打开如图 6-45 所示的创建别名资源对话框。

注意："别名"必须是主机名，而不能是全称域名 FQDN，而"目标主机的完全合格的域名"文本框中的名称必须是全称域名 FQDN，不能是主机名。

5. 创建邮件交换器记录

邮件交换器(MX)资源记录为电子邮件服务专用，用于在使用邮件程序发送邮件时，根据收信人地址后缀来定位邮件服务器，使服务器知道该邮件将发往何处。也就是说，根据收信人邮件地址中的 DNS 域名，向 DNS 服务器查询邮件交换器资源记录，定位到要接收邮件的邮件服务器。

例如：在邮件交换器资源记录中，将邮件交换器记录所负责的域名命名为 test_x.com，在向用户 ph 发送邮件时发送到"ph@test_x.com"，系统将对该邮件地址中的域名 test_x.com 进行 DNS 的 MX 记录解析。如果 MX 记录存在，系统就根据 MX 记录的优先级将邮件转发到与该 MX 相应的邮件服务器(test_x.com)上。

图 6-46　创建邮件交换器记录

打开"管理工具"中的 DNS 控制台，右击 test_x.com 区域，选择"新建邮件交换器(MX)"，可打开如图 6-46 所示的创建邮件交换器记录对话框，其中：

① "主机或子域"：键入此邮件交换器(一般是指邮件服务器)记录的域名，也就是要发送邮件的域名，如 mail。

② "邮件服务器的完全合格的域名"：负责域中邮件传送工作的邮件服务器的全称域名 FQDN(如 www.test_x.com)。

③ "邮件服务器优先级"：若该区域中有多个服务器时，可通过键入数值确定其优先

级，范围是 0 到 65535，数值越低优先级越高(0 最高)。

6. 添加 DNS 的子域

当一个区域较大时，为了便于管理可以把一个区域划分成若干个子域。例如，在 test_x.com 下可以按照部门划分出 XXX、jW 等子域。使用这种方式时，实际上子域和原来的区域都共享原来的 DNS 服务器。

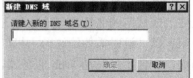

添加一个区域的子域时，在 DNS 控制台中先选中一个区域，例如 computer.com，然后右键单击，选择"新建域"，则出现如图 6-47 所示的新建子域的窗口，输入一个新的 DNS 域名并确定，然后即可以在该子域下创建资源记录。

图 6-47　创建子域

7. 创建辅助区域

在创建区域的过程中，提供了选择区域类型的窗口，可以选择创建的是主要区域还是辅助区域。当选择辅助区域后，设置上唯一和选择了主要区域不同的是要为该辅助区域指定一个主服务器。因为辅助区域的数据来自主 DNS 服务器传递过来的区域表中的数据，其步骤如下：

(1) 在 DNS 控制台中，右击"正向搜索区域"，在弹出的快捷菜单中选择"新建区域"，即可显示"新建区域向导"对话框。

(2) 在"区域类型"对话框(见图 6-48)中选中"辅助区域"单选按钮。

(3) 在"区域名称"对话框(见图 6-49)中输入要创建的辅助区域的域名，该名称应与网络中的已有的"主要区域"的域名相同，如"test_x.com"。

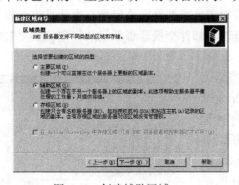

图 6-48　创建辅助区域

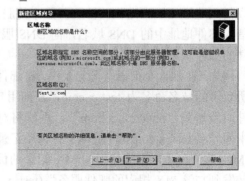

图 6-49　区域名称

(4) 在"主 DNS 服务器"对话框中的"IP 地址"文本框中，输入主 DNS 服务器 (test_x.com)的 IP 地址，以便从该服务器中复制数据，并单击"添加"按钮确认。最后完成辅助区域的创建。

8. 创建主要反向查找区域

反向查找区域可以通过 IP 地址来查询名称。在本小节中，通过添加一个主要区域的反向查找区域来具体讲述设置过程。

添加的具体过程如下：

(1) 在 DNS 控制台中，选择反向查找区域，右键单击，在弹出的快捷菜单中选择"新建区域"，并在区域类型中选择"主要区域"。

(2) 在如图 6-50 所示的对话框中输入网络 ID 或者反向查找区域名称，本例中输入的是网络 ID，区域名称根据网络 ID 自动生成。例如，当输入了网络 ID 为 192.168.2，反向查找区域的名称自动生成为 2.168.192.in-addr.arpa。

(3) 单击"下一步"按钮，创建区域文件，默认文件名称为"2.168.192.in-addr.arpa.dns"。如图 6-51 所示。

(4) 单击"下一步"按钮，可以完成反向查找区域的创建。

创建辅助反向查找区域的方法基本上是相同的，只是要指定一个主 DNS 服务器。

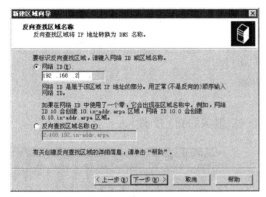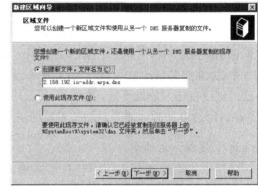

图 6-50　反向查找区域名称　　　　　　　图 6-51　创建区域文件

9. 新建指针记录

在 DNS 控制台中，右击反向查找区域，在弹出的快捷菜单中，选择"新建指针"，出现如图 6-52 所示对话框，输入主机 IP 号，单击"确定"按钮，完成指针记录的创建。

图 6-52　创建指针记录

6.3.4　设置 DNS 服务器

DNS 服务器属性对话框中包含了"接口"、"转发器"、"高级"、"安全"等 8 个选项卡，通过对它们的设置，可实现对 DNS 服务器的有效管理。

1) "接口"选项卡

在 DNS 控制台树中选中 DNS 服务器，右击，打开属性窗口，如图 6-53 所示。在该选项卡中，主要选择要服务于 DNS 请求的 IP 地址。在默认情况下，选"所有 IP 地址"单选按钮，它表明服务器可以在所有为此计算机定义的 IP 地址上侦听 DNS 查询。如果选择"只在下列 IP 地址"单选按钮，则将会被限制在用户添加的 IP 地址范围内。

2) "转发器"选项卡

在"转发器"选项卡中，转发器主要用来帮助解析该 DNS 服务器不能回答 DNS 查询时，可转到另一个 DNS 服务器的 IP 地址。如果服务器是根服务器，则没有转发器属性对话框。

图 6-53　　"接口"选项卡

在启用转发器时，需要添加转发器(另一台 DNS 服务器)的 IP 地址。

3) "高级"选项卡

使用"高级"选项卡可以优化服务器，"高级"选项卡如图 6-54 所示。

(1) 在"服务器选项"列表框中，列出能够被选择应用到该 DNS 服务器的可用高级选项，包括：

"禁用递归"：选中该项，可以在 DNS 服务器上禁用递归过程。

"BIND 辅助区域"：选择该项，可以启用区域传送过程中的快速复制格式。

"如果区域数据不正确，加载会失败"：选择该项，可以防止加载含有错误数据的区域。

"启用循环"：选择该项，可以启用多宿主名称的循环旋转。

图 6-54　　"高级"选项卡

"启用网络掩码排序"：选择该项，可以启用本地子网多宿主名称的优先权。

"保护缓存防止污染"：选择该项，可以保护服务器缓存区以防名称被破坏。

(2) 在"名称检查"下拉列表框中为 DNS 服务器更改使用名称的检查方法，这里有三种：

① 严格的 RFC(ANSI)：这种方法严格地强制服务器处理的所有 DNS 使用的名称须符合 RFC 规范的命名规则。不符合 RFC 规范的名称被服务器视为错误数据。

② 非 RFC(ANSI)：这种方法允许不符合 RFC 规范的名称用于 DNS 服务器，例如可以使用 ASCII 字符。

③ 多字节：这种方法允许在 DNS 服务器中使用采用 Unicode 8 位转换编码方案的名称。

(3) 在"启动时加载区域数据"下拉列表框中，为 DNS 服务器更改使用的引导方法。在默认情况下，DNS 服务器使用存储在 Windows 注册表中的信息进行服务的初始化，以及加载在服务器上使用的任何区域数据。

(4) "启用过时记录自动清理"复选框, 则可以根据设置的清理周期自动清理数据库中的陈旧记录。

4) "根提示"选项卡

在"根提示"选项卡中, 系统显示了包含在解析名称中, 为要使用和参考的服务器所建议的根服务器的根提示列表, 默认共有 13 个。用户也可以根据实际情况添加、编辑和删除服务器根提示。对于根服务器, 该字段应该为空。如图 6-55 所示。

5) "调试日志"选项卡

"调试日志"选项卡中列出了可用的 DNS 服务器事件日志记录选项, 具体内容如图 6-56 所示。在默认情况下, 不启用 DNS 服务器上的任何调试日志。

图 6-55　"根提示"选项卡

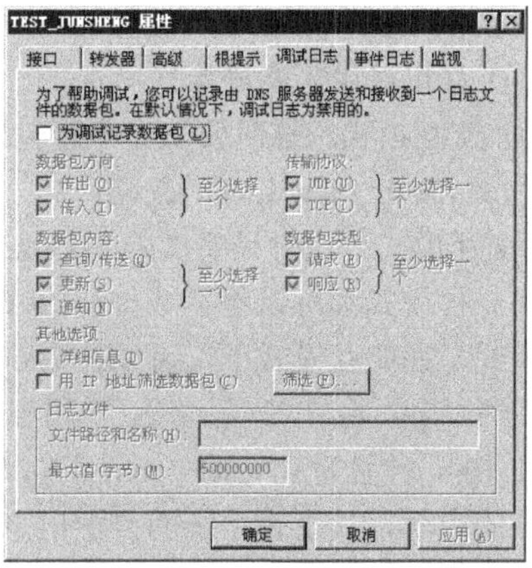

图 6-56　"调试日志"选项卡

6) "事件日志"选项卡

在该选项卡中设定了哪种类型的事件需要记录到日志中。记录到日志中的事件可以通过"事件查看器"查看。如图 6-57 所示。

7) "监视"选项卡

使用"监视"选项卡, 可以验证服务器的配置。在该选项卡中, 如果选择"对此 DNS 服务器的简单查询"复选框, 可以测试 DNS 服务器上的简单查询; 如果选择"对此 DNS 服务器的递归查询"复选框, 可以在 DNS 服务器上测试递归查询; 如果要立即进行测试, 可以单击"立即测试"按钮, 这时在选项卡下面的"测试结果"列表框中

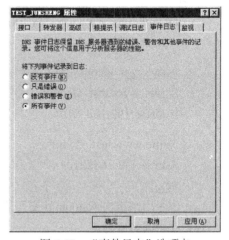

图 6-57　"事件日志"选项卡

将显示出查询的结果; 而如果希望以指定的时间间隔自动进行测试, 可以选择"以下列间隔进行自动测试"复选框, 并在"测试间隔"文本框中设置测试间隔大小。

8) 设置 DNS 客户端

尽管 DNS 服务器已经创建成功, 并且创建了合适的域名, 如果要在客户机的浏览器中使用"www.test_x.com"这样的域名访问网站, 还需要配置客户端。通过在客户端设置 DNS 服务器的 IP 地址, 客户机就知道到哪里去寻找 DNS 服务, 以识别用户输入的域名。

在"本地连接"属性中,选择"Internet 协议(TCP/IP)",单击"属性"按钮,弹出"Internet 协议(TCP/IP)属性"对话框中,在"首选 DNS 服务器"编辑框中设置刚刚部署的 DNS 服务器的 IP 地址,此计算机就可以使用 DNS 服务器提供的功能了。

6.3.5　DNS 测试

配置好 DNS 并启动进程后,应该对 DNS 进行测试,最常用的测试工具是 Nslookup 和 Ping 命令。

Nslookup 是用来进行手动 DNS 查询的最常用工具,可以判断 DNS 服务器是否工作正常。如果有故障的话,可以判断可能的故障原因。它的一般命令用法为

nslookup [-opt…] host Server

这个工具可以用于两种模式:

(1) 非交互模式。这时要从命令行输入完整的命令,如:

　　nslookup　www.test_x.com

(2) 交互模式。这时只要键入 nslookup 并按回车键,不需要参数。

任何一种模式都可以将参数传递给 nslookup。但在域名服务器出现故障时,更多地使用交互模式。在交互模式下,可以在提示符">"下输入 help 或"?"来获得帮助信息。

下面举例说明在交互模式下测试 DNS 的方法。假如 DNS 服务器的地址是192.168.2.104,并且建立 test_x.com 正向 DNS 区域和反向 DNS 区域。下面示例中下划线部分为输入的内容,其余为系统的显示信息。

(1) 查找主机。

C:\>nslookup

　　Default Server:www.test_x.com

　　Address:192.168.2.104

　　>www.test_x.com

　　Server:www.test_x.com

　　Address:192.168.2.104

　　Name:www.test_x.com

　　Adress:192.168.2.104

　　>exit

exit 命令用来退出 Nslookup 交互式模式。

(2) 查找域名信息。

　　C:\>nslookup

　　Default Server:www.test_x.com

　　Address:192.168.2.104

　　>set type=ns

　　>test_x.com

　　Server:www.test_x.com

Address:192.168.2.104

test_x.com nameserver = steven

>exit

其中，"set type"表示设置查找的类型。

(3) 查找反向 DNS。

假如要查找 IP 地址为 192.168.2.104 的域名，输入：

C:\>nslookup

Default Server:www.test_x.com

Address:192.168.2.104

>set type=ptr

>192.168.2.104

Server：www.test_c.com

Address：192.168.2.104

104.2.168.192.in-addr.arpa name=www.test_c.com

>exit

6.4　DHCP 服务

DHCP(Dynamic Host Configuration Protocol，动态主机配置协议)是一种简化主机 IP 地址分配管理的 TCP/IP 标准协议。它通过服务器集中管理网络上使用的 IP 地址及其他相关配置信息，以减少管理 IP 地址配置的复杂性。

6.4.1　动态主机配置协议

在使用 TCP/IP 协议的网络上，每一台计算机都拥有唯一的 IP 地址。IP 地址(及其子网掩码)用来鉴别其所在的主机和子网。如采用静态 IP 地址的分配方法，当计算机从一个子网移动到另一个子网的时候，必须改变该计算机的 IP 地址，这将增加网络管理员的负担，而 DHCP 服务可以将 DHCP 服务器中的 IP 地址数据库中的 IP 地址动态地分配给局域网中的客户机，从而减轻了网络管理员的负担。

在使用 DHCP 时，网络中至少有一台服务器上安装了 DHCP 服务，其他想要使用 DHCP 功能的客户机也必须设置成通过 DHCP 获得 IP 地址的模式。客户机在向服务器请求一个 IP 地址时，如果还有 IP 地址没有被使用，则在数据库中登记该 IP 地址已被该客户机使用，然后将这个 IP 地址以及相关的选项返回给客户机。图 6-58 是一个支持 DHCP 服务的示意图。

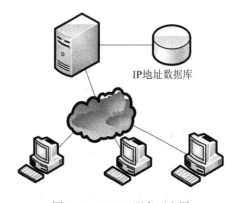

IP地址数据库

图 6-58　DHCP 服务示意图

使用 DHCP 服务大大缩短了配置或重新配置网络中客户机所花费的时间，同时通过对 DHCP 服务器的设置可灵活地设置地址的租期。

DHCP 地址租约的更新过程有助于确定哪个用户的设置需要经常更新(如：经常更换地点的用户)，且这些变更由客户机与 DHCP 服务器自动完成，无需网络管理员干涉。

1. DHCP 工作过程

当 DHCP 客户机启动时，TCP/IP 首先初始化，但是，由于 TCP/IP 尚未被赋予 IP 地址，因此它不能收发有目的地址的数据报。不过 TCP/IP 能够发送和收听广播信号。通过广播进行通信的能力是 DHCP 运行的基础。

要从 DHCP 服务器那里租用 IP 地址，需经过以下四个阶段，如图 6-59 所示。

图 6-59　DHCP 工作过程

(1) DHCP 查询。DHCP 客户机启动本进程，它广播一个数据报，给接收该数据报的 DHCP 服务器一个请求，用来获取配置信息。这个数据报包含许多信息域，其中最重要的一个信息域包含了 DHCP 客户机的物理地址。

(2) DHCP 应答。如果 DHCP 服务器收到 DHCP 查询数据报，并且该服务器包含了 DHCP 客户机所在网络的未租用 IP 地址，那么 DHCP 服务器就创建一个应答数据报，并返回给 DHCP 客户机。该应答数据报中包含了 DHCP 客户机的物理地址，也包含了 DHCP 服务器的物理地址和 IP 地址以及提供给 DHCP 客户机的 IP 地址和子网掩码的值。如果网络中包含不止一个 DHCP 服务器，则 DHCP 客户机有可能收到多个 DHCP 应答数据报，在大多数情况下，DHCP 客户机将接收第一个到达的 DHCP 应答。

(3) DHCP 请求 DHCP 客户机选定一个 DHCP 应答并创建一个 DHCP 请求数据报。该数据报包含了发出应答的服务器的 IP 地址，也包含了该 DHCP 客户机的物理地址。

(4) DHCP 确认当被选中的 DHCP 服务器接收到 DHCP 请求数据报后，服务器创建最终的租用 IP 地址的数据报，该数据报称为 DHCP 确认数据报。DHCP 确认数据报包含了用于该 DHCP 客户机的 IP 地址和子网掩码。根据情况，DHCP 客户机也常常配置用于缺省网关、DNS 服务器以及 Wins 服务器的 IP 地址。除了 IP 地址外，DHCP 客户机也可以接收其他配置信息，比如 NetBIOS 节点类型。

2. 中继代理

如果 DHCP 客户机和 DHCP 服务器驻留在由一个或多个路由器隔开的不同网段上，那么 DHCP 就不能像上面所说的那样工作。这是因为路由器不能将广播信息转发到其他网络。若要 DHCP 能够运行，就必须配置中继代理。

中继代理配置了一个固定的 IP 地址，也包含 DHCP 服务器的 IP 地址。中继代理能将带有目的地址的数据报发送给 DHCP 服务器，同时也能接收来自 DHCP 服务器的数据报。

另外，由于中继代理与 DHCP 客户机驻留在同一个网段上，因此它能通过广播与 DHCP 客户机进行通信。事实上，中继代理负责收听 DHCP 客户机发出的 DHCP 查询数据报，并重新发往 DHCP 服务器，当中继代理接收到送往 DHCP 客户机的数据报时，就在本地网络广播该数据报。

3. 时间域

DHCP 客户机按固定的时间周期向 DHCP 服务器租用 IP 地址，实际的租用时间长度是在 DHCP 服务器上进行配置的。在 DHCP 确认数据报中，还包含了三个重要的时间周期信息域：一个域用来标识租用 IP 地址时间长度，另外两个域用来进行租用时间的更新。

DHCP 客户机必须在当前 IP 地址租用过期之前对租用期进行更新。50%的租用时间过去之后，客户机就应该开始请求为它配置 TCP/IP 的 DHCP 服务器更新它的当前租用。在有效租用期的 87.5%处，如果客户机还不能与它当前的 DHCP 服务器取得联系并更新它的租用，它应该通过广播方式与任意一个 DHCP 服务器通信并请求更新它的配置信息。假如该客户机在租用期到期时既不能对租用期进行更新，又不能从另一个 DHCP 服务器那里获得新的租用期，那么它必须放弃使用当前的 IP 地址并发出一个 DHCP 查询数据报，重新开始上述过程。

DHCP 工作过程的第一步是 DHCP 发现(DHCP Discover)，该过程也称为 IP 发现。当 DHCP 客户端发出 TCP/IP 配置请求时，DHCP 客户端发送一个广播，该广播信息含有 DHCP 客户端的网卡 MAC 地址和计算机名称。

当第一个 DHCP 广播信息发送出去后，DHCP 客户端将等待 1 秒钟的时间。在此期间，如果没有 DHCP 服务器做出响应，DHCP 客户端将分别在第 9 秒、第 13 秒和第 16 秒时重复发送一次 DHCP 广播信息。如果还没有得到 DHCP 服务器的应答，DHCP 客户端将每隔 5 分钟广播一次广播信息，直到得到一个应答为止。

如果一直没有应答，DHCP 客户端如果是 Windows 2000 客户，就自动选择一个自认为可以使用的口地址(从 169.254.X.X 地址段中选取)使用。尽管此时客户端已经有了一个静态 IP 地址，DHCP 客户端还要持续间隔五分钟发送一次 DHCP 广播信息，如果这时有 DHCP 服务器响应，DHCP 客户端将从 DHCP 服务器获得 IP 地址及其配置，并以 DHCP 方式工作。

6.4.2　DHCP 服务的安装和配置

DHCP 服务器需要安装 TCP/IP 协议，并设置固定的 IP 地址信息。

在 Windows Server 2003 中提供了 DHCP 服务。它允许服务器履行 DHCP 的职责并且在网络上配置启用 DHCP 的客户机，下面以 Windows Server 2003 为例，介绍 DHCP 服务器的安装。

1. 安装 DHCP 服务器

在 Windows Server 2003 操作系统中，可以使用"Windows 组件向导"或通过"配置您的服务器向导"安装 DHCP 服务器，下面以"配置您的服务器向导"为例进行安装。

(1) 在"服务器角色"对话框(见图 6-60)中选择"DHCP 服务器"选项，将该计算机安装为 DHCP 服务器。

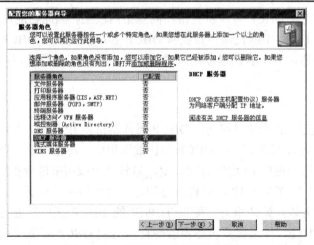

图 6-60 "服务器角色" 对话框

(2) 在"作用域名"对话框(见图 6-61)中指定该 DHCP 服务器作用域的名称。

(3) 在"IP 地址范围"对话框(见图 6-62)中设置由该 DHCP 服务器分配的 IP 地址范围(称做口地址池),并设置"子网掩码"或子网掩码的"长度"。注意创建作用域时一定要准确设定子网掩码,因为作用域创建完成后,将不能再更改子网掩码。

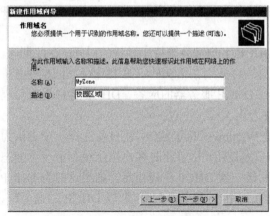

图 6-61 "作用域名" 对话框   图 6-62 "IP 地址范围" 对话框

(4) 在"添加排除"对话框(如图 6-63 所示)中设置保留的、不再动态分配的 IP 地址的起止范围。由于所有的服务器都需要采用静态 IP 地址,另外某些特殊用户(如管理员,以及其他超级用户)往往也需要采用静态 IP 地址,此时就应当将这些 IP 地址添加至"排除的 IP 地址范围"列表框中,而不再由 DHCP 动态分配。

(5) 点击"下一步",在"租约期限"对话框中设置租约时间。租约期限默认为 8 天。

一般台式机较多的网络,租约期限应当相对较长一些,这样将有利于减少网络广播流量,从而提高网络传输效率。对于笔记本电脑较多的网络而言,租约期限则应当设置较短一些,从而有利于在新的位置及时获取新的 IP 地址,特别是对于划分有较多 VLAN 的网络,如果原有 VLAN 的 IP 地址得不到释放,那么就无法获取新的 IP 地址、接入新的 VLAN。

(6) "配置 DHCP 选项"对话框(见图 6-64)中选中"是,我想现在配置这些选项"单选按钮，准备配置默认网关、DNS 服务器 IP 地址等重要的 IP 地址信息，从而使 DHCP 客户端只需设置为"自动获取 IP 地址信息"即可，无需再指定任何 IP 地址信息。也可以选择"否"，以后再配置这些选项。

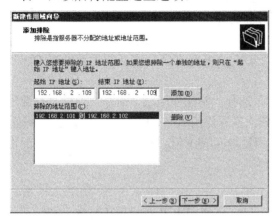
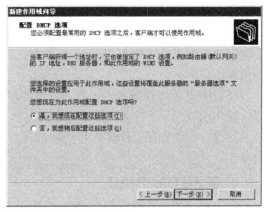

　　　　图 6-63　"添加排除"对话框　　　　　　　　图 6-64　"配置 DHCP 选项"对话框

(7) 在"路由器(默认网关)"对话框(见图 6-65)中指定默认网关的 IP 地址。

如果使用代理共享 Internet 接入，那么代理服务器的内部 IP 地址就是默认网关。如果采用路由器接入 Internet，那么路由器内部以太网口的 IP 地址就是默认网关；如果局域网划分有 VLAN，那么为 VLAN 指定的 IP 地址就是默认网关。也就是说，在划分 VLAN 的网络环境中，每个 VLAN 的默认网关都是不同的。

(8) 在"域名称和 DNS 服务器"对话框(见图 6-66)中设置域名称和 DNS 服务器的 IP 地址。这里的域名称，应当是网络申请的合法域名。如果网络内部安装有 DNS 服务器，那么这里的 DNS 应当指定内部 DNS 服务器的 IP 地址。如果网络没有提供 DNS 服务，那么就应当键入 ISP 提供的 DNS 服务器的 IP 地址。另外，应提供两个以上的 DNS 服务器，保证当第一个 DNS 服务器发生故障后，仍然可以借助其他 DNS 服务器实现 DHCP 解析。

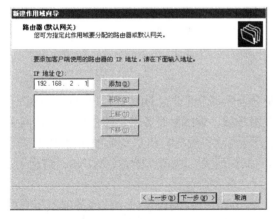

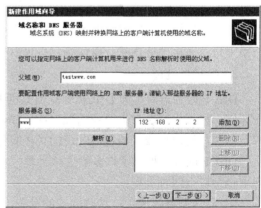

　　　　图 6-65　"路由器(默认网关)"对话框　　　　图 6-66　"域名称和 DNS 服务器"对话框

(9) 在"激活作用框"对话框中选中"是，我想现在激活此作用域"单选按钮，激活该 DHCP 服务器，为网络提供 DHCP 服务。DHCP 服务器必须在激活作用域后才能提供 DHCP 服务。

2. 创建 DHCP 作用域

在安装 DHCP 服务之后，可使用"配置 DHCP 服务器向导"配置 DHCP 服务器。

每一个 DHCP 服务器都需要设置作用域，也称为 IP 地址池或 IP 地址范围。DHCP 以作用域为基本管理单位向客户端提供 IP 地址分配服务。

作用域既可以在安装 DHCP 服务的过程中创建，也可以在安装了 DHCP 服务以后，再手动创建。如果是以添加 Windows 组件的方式安装 DHCP 服务，则必须手动创建 DHCP 作用域。

在 DHCP 管理控制台中，右击服务器名称，选择"新建作用域"命令，弹出"欢迎使用新建作用域向导"界面，根据向导的提示，依次设置作用域名、IP 地址范围、子网掩码、添加排除、租约期限、DHCP 作用域选项、保留地址(可选)等信息，即可创建 DHCP 的作用域。

3. 保留特定的 IP 地址

如果用户想保留特定的 IP 地址给指定的客户机，以便 DHCP 客户机在每次启动时都获得相同的 IP 地址，就需要将该 IP 地址与客户机的 MAC 地址绑定，设置步骤如下：

(1) 启动 DHCP 控制台，在左侧窗格中选择作用域中的保留项。

(2) 选择"操作"单击"添加"，之后出现"添加保留"对话框。

(3) 在"IP 地址"文本框中输入要保留的 IP 地址。

(4) 在"MAC 地址"文本框中输入 IP 地址要保留给哪一个网卡。

(5) 在"保留名称"文本框中输入客户名称。注意此名称只是一般的说明文字，并不是用户账号的名称，但此处不能为空白。

(6) 如果需要，在"注释"文本框内输入一些描述客户的说明性文字。

添加完成后，用户可用作用域中的"地址租约"项进行查看。大部分情况下，客户机使用的仍然是以前的 IP 地址。也可利用以下方法进行更新：

ipconfig/release 释放现有 IP；

ipconfig/renew 更新 IP。

注意：如果在设置保留地址时，网络上有多台 DHCP 服务器存在，用户需要在其他服务器中将此保留地址排除，以便客户机可获得正确的保留地址。

4. DHCP 选项

DHCP 服务器除了为 DHCP 客户机提供 IP 地址外，还可设置 DHCP 客户机启动时的工作环境，如可设置客户机登录的域名称、DNS 服务器、WINS 服务器、路由器、默认网关等。在客户机启动或更新租约时，DHCP 服务器可自动设置客户机启动后的 TCP/IP 环境。

DHCP 服务器提供了许多的选项类型，如：默认网关、域名、DNS、WINS、路由器。选项包括以下四种类型：

① 默认服务器选项：这些选项的设置，影响 DHCP 控制台窗口中该服务器下所有的作用域中的客户和类选项。

② 作用域选项：这些选项的设置，只影响该作用域下的地址租约。

③ 类选项：这些选项的设置，只影响被指定使用该 DHCP 类 ID 的客户机。

④ 保留客户选项：这些选项的设置只影响指定的保留客户。

如果在服务器选项与作用域选项中设置了相同的选项，则作用域的选项起作用，即在应用时作用域选项将覆盖服务器选项，同理类选项会覆盖作用域选项，保留客户选项覆盖以上三种选项，它们的优先级表示如下：

保留客户选项>类选项>作用域选项>默认服务器选项

5. 超级作用域

当 DHCP 服务器上有多个作用域时，就可组成超级作用域，将所有作用域作为单个实体来管理。超级作用域常用于多网配置。多网是指在同一物理网段上使用两个或多个 DHCP 服务器以管理分离的逻辑 IP 网络。在多网配置中，可以使用 DHCP 超级作用域来组合多个作用域，为网络中的客户机提供来自多个作用域的租约。

超级作用域是运行 Windows Server 2003 的 DHCP 服务器的一种管理功能，使用超级作用域在多网配置中，可以组合并激活网络上使用的 IP 地址的单独作用域范围。通过这种方式，DHCP 服务器可为单个物理网络上的客户端激活并提供来自多个作用域的租约。

每一台 DHCP 客户机在初始启动时都需要在子网中以有限广播的形式发送 DHCP Discover 消息，如果网络中有多台 DHCP 服务器，用户将无法预知是哪一台服务器响应客户机的请求。假设网络上有两台服务器：服务器 1 和服务器 2，分别提供不同的地址范围。如果服务器 1 为客户机通过地址租约，在租期达到 50%时客户机要与服务器 1 取得通信以便更新租约，如果无法与服务器 1 进行通信，在租期达到 87.5%的时候，客户机进入重新申请状态，客户机在子网上发送广播，如果服务器 2 首先响应，由于服务器 2 提供的是不同 IP 地址范围，它不知道客户机现在所使用的是有效的 IP 地址，因此它将发送 DHCP NAK 给客户机，客户机无法获得有效的地址租约。在服务器 1 处于激活状态这种情况也可能发生。所以需要在每个服务器上都配置超级作用域防止上述问题的发生。超级作用域要包括子网中所有的有效地址范围作为它的成员范围，在设置成员范围时把子网中其他服务器所提供的地址范围设置成排除地址。

超级作用域设置方法如下：

(1) 在 DHCP 控制台中，右击 DHCP 服务器，在弹出的快捷菜单中选择"新建超级作用域"选项，启动"新建超级作用域向导"。在"选择作用域"对话框中，可选择要加入超级作用域管理的作用域。

(2) 当超级作用域创建完成以后，会显示在 DHCP 控制台中，而且还可以将其他作用域也添加到该超级作用域中。

超级作用域可以解决多网结构中的某种 DHCP 部署问题，比较典型的情况就是当前活动作用域的可用地址池几乎已耗尽，而又要向网络添加更多的计算机，此时可使用另一个 IP 网络地址范围以扩展同一物理网段的地址空间。

超级作用域只是一个简单的容器，删除超级作用域时并不会删除其中的子作用域。

6.4.3　配置 DHCP 客户端

DHCP 客户端配置非常简单，打开客户计算机的本地连接的"Internet 协议(TCP/IP)属性"对话框，如图 6-67 所示。在该对话框中选中"自动获得 IP 地址"和"自动获得 DNS 服务器地址"两项即可，当客户计算机重新启动后，将根据 DHCP 服务器配置的规则自动获得一个 IP 地址。需要注意的是，由于 DHCP 客户机是在开机的时候自动获得 IP 地址的，因此并不能保证每次获得的 IP 地址是相同的。在计算机已经启动的情况下，可以通过命令"ipconfig /renew"更新 IP 地址，要释放地址可使用"ipconfig /release"。

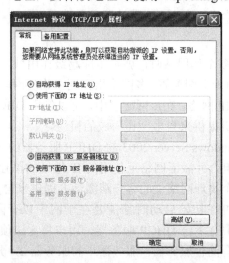

图 6-67　TCP/IP 属性配置

6.5　流媒体服务器安装与配置

　　所谓流媒体，就是音视频文件在网络上传输时，并不是一次传送完毕，而是根据音视频的使用特点边传送边使用的技术。因为类似水的输送过程，所以也叫流媒体，它是网络信息的一种传送方式，而不是一种新的媒体形式，与之相对应的传送方式为下载方式。流媒体技术的发展速度非常迅猛，以流媒体技术为基础搭建的视频点播服务应用非常广泛。视频点播服务、在线影院及网络电视等都是以此为基础的。

　　从服务器端传输数据的方式来划分，可将流媒体服务分为单播、多播和广播三种方式。单播(Unicast)是指客户端与流媒体服务器之间点到点地连接，即客户端和服务器是一对一的连接，每个客户端都接收不同的流，并且只有那些请求流的客户端才接收流。在使用单播传输时，数据被定向到网络上的特定客户端，所以单播也称为定向通信。单播流式传输是 Windows Media 服务器的默认传输方式。使用单播传输时，可以采用点播或广播方式发布点。

　　多播(Multicast)又称组播，是指 Windows Media 服务器和接收流的客户端建立了一对多的关系，无论有多少个接收流的客户端，服务器只传输一个数据流，也就是客户端共享同一个数据流。采用这种方式最大的好处就是可以节省网络带宽，一台服务器甚至能够对数万台客户同时发送连接的数据流，且无延时现象出现。不过，多播要求网络上的路由器和交换机必须启用多播。如果网络不支持多播，仍可以通过局域网的本地网段以多播流方式传递内容。

　　在 Windows Server 2003 中自带的 Windows Media Services 提供了流媒体的服务技术。下面就以 Windows Server 2003 中流媒体的服务器的配置为例进行介绍。

6.5.1　安装 Media 服务器

在默认情况下，Windows Media 服务器不会随系统安装，可通过"Windows 组件向导"来安装，也可以通过"配置您的服务器向导"进行安装。安装完成后需要配置点播和广播发布点。如图 6-68 所示的就是在"配置您的服务器向导"中的安装界面。选择"流式媒体服务器"后，按"下一步"，根据提示完成流媒体服务器的安装。

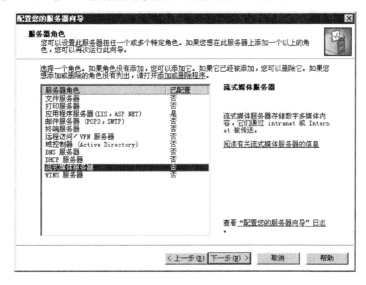

图 6-68　安装流式媒体服务器

6.5.2　点播发布点

点播是指客户端主动向 Media 服务器发出请求时，才通过单播传输来播放相应内容。在点播时，客户端通常可以完全控制流，如快进、倒回、暂停和重新启动内容等，这种方式可以最大限度地控制流。但是由于要求每个客户端各自连接服务器，所以会因为重复占用而浪费大量的带宽，从而使网络带宽被迅速消耗殆尽。不过，由于客户可以根据自己的意愿播放并控制节目，因此，其仍然被广泛应用于网络内的多媒体服务。

1. 设置默认点播发布点

在安装 Windows Media Services 时，系统会自动创建一个点播发布点，其默认文件夹为"c:\WMPub\WMRoot"，并内置有多个 WMV、ASF 和 JGP 文件。

打开 Windows Media Services 管理窗口，如图 6-69 所示，在"发布点"下选择"<默认>(点播)"选项，即可在右侧窗口显示默认点播发布点属性，打开"源"选项卡，显示默认点播主目录文件夹及其中的流媒体文件。

单击"内容源"栏中的"更改"按钮，显示如图 6-69 所示的更改内容源对话框，在"位置"文本框中指定点播主目录文件夹位置。不过，由于系统盘的容量有限，同时为了确保系统正常而稳定地运行，建议将流媒体文件保存在非系统分区。完成后右击"<默认>(点播)"选项，在快捷菜单中选择"允许新连接"选项启用该点播发布点，此时，客户端计算机便可使用下述 URL 访问流体文件，并在 Windows Media Player 中播放：

mms://Media 服务器 IP 地址/流媒体文件名

mms://Media 服务器域名/流媒体文件名

图 6-69　点播发布点配置

2. 创建点播发布点

由于带宽限制、访问授权、缓存启用等有关访问安全和服务性能等的设置，只能对不同的点播发布点分别设置，因此，在很多时候不得不创建两个或两个以上的点播发布点，以满足不同用户访问和不同流媒体文件发布的需要。建立点播发布点可以使用向导和高级两种方法来实现。使用向导方法创建时，用户只需在系统提示下设置各种参数即可，还可以自动生成 ASX 公告文件和 HTML 文件网页发布文件，便于新手使用；高级方法是指不使用向导方式，而是在一个 Web 页上完成各种参数的设置。其步骤如下：

(1) 使用向导创建点播发布点。在 Windows Media Services 控制台中启动"添加发布点向导"，为新的点播发布点设置名称、内容类型、目录位置、内容播放顺序，还可以选择在完成以后为该点播发布点创建公告文件(.asx)或网页(.htm)。创建完成以后会运行"单播公告向导"来发布流媒体文件。最后，制作 Web 网页，为这些多媒体文件制作索引目录，并在 Web 网页中创建到该公告文件或网页的超级链接，将其发布到用于视频点播的 Web 网站上，以方便网络上的用户访问。

(2) 使用高级方法创建点播发布点。使用高级方法来添加点播发布点最大的好处就是方便，只需要在一个对话框中就可以完成设置。打开 Windows Media Services 管理窗口，在右侧窗口中右击，选择快捷菜单中的"添加发布点(高级)"选项，显示如图 6-70 所示的"添加发布点"对话框。选择"点播"单选按钮，设置要创建的点播发布点的名称、流媒体文件的路径和名称，即可创建一个点播发布点。不过，使用该方法创建点播发布点时，只能添加单个或单个文件夹，不能同时添加多个文件或多个文件夹。

图 6-70　添加点播发布点

3. 点播发布点的管理

对点播发布点的管理全部可以在 Windows Media Services 管理窗口中完成。可以通过"允许新连接"或"拒绝新连接"来启用或关闭点播发布点；还可以修改发布点主目录，指定播放列表；为点播发布点设置访问授权，采用限制 IP 地址的方式限制指定的 IP 地址段访问，只将访问权限赋予特定的地址；也可借助于 NTFS 文件权限和发布点访问权限，以用户身份验证的方式限制用户对发布点的访问。

4. 对点播发布点的访问

客户端用户可以通过上述制作的 .asx 公告文件访问，通过包含有公告文件或流媒体文件超级链接的 HTML 文件访问点播发布可以点中所有流文件。

客户端用户也可以在自己的 Windows Media Player 中输入对应的 URL 地址来访问相应的流媒体文件。

(1) 使用 MMS 协议访问。使用 MMS 协议访问流文件分以下几种情况：

当流文件位于 Home 点播发布点(即默认点播发布点)根目录时，利用 Windows Media Player 访问时需输入下述 URL：

　　　mms://Media 服务器 IP 地址/流媒体文件名或播放列表名

　　　mms://Media 服务器域名/流媒体文件名或播放列表名

当流文件位于点播发布点中的某个子目录时，利用 Windows Media Player 访问时需输入下述 URL：

　　　mms://Media 服务器 IP 地址/子目录/流媒体文件名或播放列表名

　　　mms://Media 服务器域名/子目录/流媒体文件名或播放列表名

如果流文件位于非 Home 点播发布点时，利用 Windows Media Player 访问时需输入下述 URL：

　　　mms://Media 服务器 IP 地址/别名/流媒体文件名或播放列表名

　　　mms://Media 服务器域名/别名/流媒体文件名或播放列表名

(2) 用 Web 服务器传送流文件。除了用 Windows Media Services 传送流文件外，还可以使用 Web 服务器来传送流式内容。将流文件放置到 Web 目录中，并在 Web 页中为它们创建一个超级链接，然后使用 HTFP 协议将内容以流的格式传送给用户。在这种情况下，流传送由 Web 服务器进行管理，因此可以不用安装 Windows Media 服务。但是，通过 Web 目录发布的内容可以直接被用户下载，不必进行流化。

6.5.3 广播发布点

广播(Broadcast)是指由服务器主动发送流，而用户被动接收流信息的方式，用来同时向众多客户端传输数据，通过使用广播发布点来实现。流通过服务器控制，接收广播的客户端只能接收而不能对流进行控制。

将广播发布点配置为只有在连接了一个或多个客户端时才自动启动和运行，这样就可在没有客户端连接时节省网络和服务器资源。

1. 创建广播发布点

同创建点播发布点类似，创建广播发布点也可以使用向导和高级方法来创建。

1) 使用向导创建

使用"添加发布点向导"方式创建广播发布点时，要先设置"内容类型"。如图 6-71 所示，若要广播影音实况(如电视会议)，应选择"编码器(实况流)"选项；若要滚动播放若干流媒体文件，应选择"播放列表(一组文件和/或实况流，可以结合成一个连续的流)"选项；若要广播一个流媒体文件，应选择"一个文件(适用于一个存档文件的广播)"选项。在通常情况下，都是将多个流媒体文件滚动广播。所以，这里选择"播放列表"选项。

随后按提示进行创建。"发布点类型"应选择"广播发布点"选项。在"新建播放列表"对话框中可点击"添加媒体"和"添加广告"按钮，向该播放列表中添加流媒体文件和广告，如图 6-72 所示。

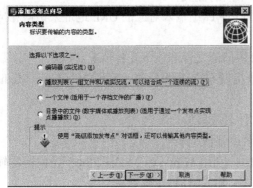

图 6-71　选择内容类型　　　　　图 6-72　新建播放列表

在 Media Services 主窗口中，默认会自动创建一个广播发布点 Sample_Broadcast，默认情况下该发布点为"已停止"状态。右击该发布点，选择快捷菜单中的"启动"选项，即可启动该广播发布点。

2) 使用高级方法创建

使用高级方法创建广播发布点的特点就是方便。其操作方法与建点播发布点一样，在 Windows Media Player 管理窗口中右击，选择快捷菜单中的"添加布点(高级)"选项。打开"添加发布点"对话框，选择"广播"单选按钮，如图 6-73 所示。在"发布点名称"文本框输入发布点的名称，在"内容的位置"文本框中输入流文件所在的路径及文件名，或根据"内容类型示例"列表中不同的内容类型来选择不同的文件。完成后单击"确定"按钮即可创建。广播发布点的其他管理，如源文件的设置、播放列表的编辑、访问权限和连接限制等操作，与点播发布点的管理基本相同，这里不再赘述。

图 6-73　添加广播发布点

2. 对广播发布点的访问

与点播发布点的访问一样，客户端也可以使用 Web 浏览器或 Windows Media Player，以 HTTP 协议和 MMS 协议对各广播发布点进行访问。

1) 使用 MMS 协议访问

当使用 Windows Media Player 访问广播发布点，需输入下述两种 URL 之一：

　　　mms://Media 服务器 IP 地址/广播发布点名称

　　　mms://Media 服务器域名/广播发布点名称

2) 使用 HTTP 协议访问

当一台计算机同时提供 Windows Media 服务和 Internet Information Service 服务时，可以利用 Web 浏览器和 Windows Media Player 访问流文件，URL 方式与使用 MMS 协议时基本相同，只是将地址开头的"mms://"更换为"http://"。此时，虽然是以 HTTP 协议访问，但仍然是由 Windows Media Server 提供服务。

6.5.4　播放列表

浏览者在点播多个多媒体文件时，可采用播放列表来同时发布多个文件。

在 Windows Media Services 管理窗口中选择点播发布点，打开右侧栏中的"源"选项卡，单击"查看播放列表编辑器"图标，显示"播放列表"对话框，选择"新建一个新的播放列表"选项，创建一个新的播放列表。若编辑现有的播放列表，应选择"打开现有的播放列表"，并在"文件名"文本框中指定该播放列表的位置和文件名。

在"新建播放列表"目录中右击 smil，在快捷菜单中选择"添加媒体"，显示如图 6-74 所示"添加媒体元素"对话框。在"内容的位置"文本框中输入制作播放列表文件夹的位置，完成后单击"确定"按钮。返回"Windows Media 播放列表编辑器"窗口，所添加的多媒体文件即显示在该窗口中。

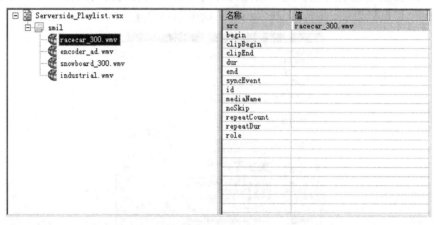

图 6-74　Windows Media 播放列表编辑器

　　将该播放列表保存在点播发布点所在的文件夹中，并在 Web 页上制作一个该播放列表的超级链接，即可使用 Web 网页发布该播放列表文件。

6.6　远程桌面

6.6.1　远程桌面的概念

　　在计算机的使用和管理过程中，有时需要在异地操作计算机，特别是服务器。由于大多数服务器没有配备显示器、键盘、鼠标等，其操作只能通过临时配接显示器、键盘、鼠标或使用 KVM 及远程管理进行，加上服务器机房的环境较为恶劣，为了保护人的身体健康和计算机设备的良好运行，采用远程控制进行管理的方式较多。在计算机实训中，经常使用虚拟机。通过远程桌面访问虚拟机，在直观感觉上更有优势。

　　远程控制的软件较多，大多数也比较容易操作，功能也比较齐全，这里介绍的远程桌面就是其中的一种。在 Windows 操作系统中，Windows XP 及之后的个人操作系统和 Windows Server 2003 及之后的服务器版本系统都明确提供了远程桌面工具，启用方式也比较简单。

　　远程桌面登录后，在使用上与本地计算机基本一样，可用功能也比较全。Windows XP 与 Windows 2003 在作为服务器端(被控端)使用上稍有差别，Windows XP 系统同时只能有一个用户使用，Windows 2003 则可以有多个用户使用(一般不超过两个)。Windows XP 系统在受控状态下时，服务器端(被控端)计算机将退回到注销状态。

　　实际上 Windows 2000 及以下的版本也可以使用远程桌面，但在设置上要麻烦一些，本节将以 Windows XP 和 Windows 2003 为例进行介绍。

6.6.2　远程桌面的设置

下面以 Windows XP 访问 Windows 2003 为例介绍操作远程桌面的一些步骤，也就是说 Windows 2003 作为服务端(被控端)，Windows XP 作为客户端(控制端)。实际上 Windows XP 作为服务器(被控端)设置方法相同。

(1) 在 Windows 2003 中激活"远程桌面"功能。

通过在"我的电脑"右键"属性"，选择"远程"，出现如图 6-75 所示的界面，勾选"启用这台计算机上的远程桌面"即可。默认情况下，超级用户 Administrator 被自动选择为远程用户，如图 6-76 所示。注意：如果 Windows 2003 或 Windows XP 是不需要输入密码并且可以自动登录系统的，那还必须通过控制面板的"用户账户"为 Administrator 创建一个密码。当然作为远程访问的其他用户也必须有密码才能使用。

(2) 创建新的远程桌面用户。

单击图 6-75 中的"选择远程用户"按钮，在弹出的对话框(见图 6-76)中单击"添加"按钮，将指定用户添加到远程桌面用户列表中。这步很重要，因为默认情况下只有管理员组的用户才可以远程访问计算机，如果你希望非管理员组的用户实现远程桌面连接，必须首先在"控制面板"—"账户管理"中添加一个新的账户并设置密码，否则是无法成功实现远程桌面连接的。

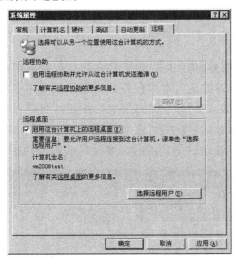

图 6-75　激活"远程桌面"

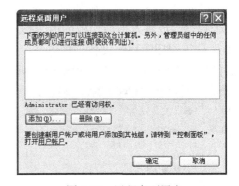

图 6-76　远程桌面用户

6.6.3　远程桌面使用

在客户端(控制端)，点击"开始"—"运行"—输入"mstsc"—"确定"，显示如图 6-77 所示界面，在"计算机"栏输入要控制的计算机(服务器端或被控端)的 IP 地址，按"连接"按钮，将显示登录界面，输入服务器端(被控端)的设定的用户名和密码，即可登录到被控计算机，登录被控计算机后，被控机的使

图 6-77　远程桌面连接

用方法与一般计算机的使用方法一致。

在远程桌面连接的选项中，可以设置连接的信息，主要包括：

(1) 登录的用户名及密码。在"常规"标签中，如图 6-78 所示，可以输入要登录的计算机 IP 地址和用户名，如果勾选"允许我保存凭据"，则在第一次登录时使用的密码将会被保存，以后使用时，只要 IP 不变，将直接进入被控计算机界面。

(2) 被控计算机的桌面。在"显示"标签中，如图 6-79 所示，可以调整被控计算机在客户端(控制端)显示的大小，可以以窗口方式或全屏方式在控制端显示被控端的信息。

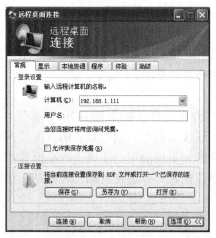
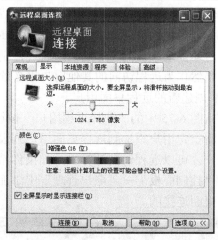

图 6-78　常规　　　　　　　　　　　图 6-79　显示

(3) 本地资源。在"本地资源"标签中(见图 6-80)，可以设置是否将被控端的声音带到本机、本机的 Windows 组合键如何处理等。关键的是"本地设备和资源"项中可以将本地打印机带到远端或将本地剪切板的内容传到远端。点击"详细信息"按钮，可以设置本地磁盘及 U 盘等即插即用的设备使用方法，实际上，可以利用这个功能设置本地的一个或多个硬盘作为远端的硬盘使用，如图 6-81 所示。使用这个功能时，要注意病毒的防护。

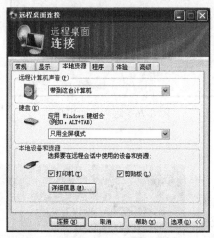
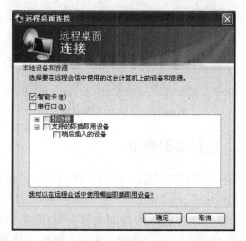

图 6-80　本地资源　　　　　　　　　图 6-81　本地设备和资源

(4) 性能体验设置。在"体验"标签中(见图 6-82)，可以设置远程桌面的性能，比如控制域的网速、被控端的桌面是否显示等。在局域网中，因为速度较快，远程桌面控制实际上可以达到与本地计算机接近的性能。

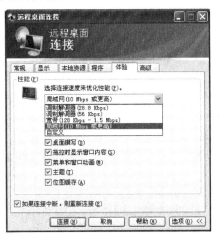

图 6-82　性能体验

6.7　习　　题

一、填空题

1. Windows Server 2003 的 IIS 6.0 可提供的主要服务有_____和 NNTP 服务。

2. DHCP 的工作过程包括_____、_____、_____、_____四个报文。

3. 主机 IP 地址分配方案有_____和_____两种。

4. DNS 正向解析指_____，反向解析指_____。

5. FTP 服务中默认的匿名账户名为_____。

6. 如果 Windows 2000/XP/2003 的 DHCP 客户端无法获得 IP 地址，将自动从 Microsoft 保留地址段_____中选择一个作为自己的地址。

7. DHCP 允许有三种类型的地址分配，分别是_____、_____、_____。

8. 可以用来检测 DNS 资源创建得是否正确的两个工具是_____、_____。

二、选择题

1. 下列(　　)不能解析主机名与 IP 地址。

A. hosts 文件　　　　B. Imhost 文件　　　　　C. WINS 服务　　　　　D. DHCP 服务

2. 在 Windows Server 2003 系统中可以查看网卡 MAC 地址的命令是(　　)。

A. net use　　　　　B. net view　　　　　　C. ipconfig /all　　　　D. net help

3. 下列各命令不能检测 DNS 设置是否正确的是(　　)。

A. ping　　　　　　B. tracert　　　　　　　C. nslookup　　　　　D. net use

4. 一台服务器中可以向外界同时提供的服务有(　　)。

A. 一种　　　　　　B. 二种　　　　　　　　C. 三种　　　　　　　D. 多种

5. Web 服务默认的端口号是(　　)。

A. 23　　　　　　　B. 53　　　　　　　　　C. 80　　　　　　　　D. 110

6. 在客户端，使用(　　)方法不能访问 FTP 服务器。

A. FTP 命令　　　B. 浏览器　　　　　　C. CuteFTP　　　　　　　D. WORD

7. 如果局域网内的计算机需要连接 Internet，而又不能使每台计算机直接与 Internet 连接，此时可以设置一台(　　)，其他计算机通过该机器上网，从而节省了上网成本。

A. 电子邮件服务器　　　　　　　　　B. 代理服务器

C. FTP 服务器　　　　　　　　　　　D. DHCP 服务器

8. 域名系统(DNS)是一种采用客户端/服务器机制实现的系统，是为传输控制协议/网际协议(TCP/IP)网络提供的一套协议和服务，由名字分布数据库组成，能实现(　　)。

A. 名称与 MAC 地址转换　　　　　　B. 名称与 IP 地址转换

C. IP 地址与物理地址转换　　　　　　D. 物理地址转换与逻辑地址

三、简答题

1. 什么是虚拟主机？在一台服务器上创建多个 Web 站点的方法有哪些？

2. 什么是虚拟目录？

3. 动态 IP 地址方案有什么优点和缺点？简述 DHCP 服务器的工作过程。

4. 如何配置 DHCP 作用域选项？如何备份与还原 DHCP 数据库？

5. DNS 的查询模式有哪几种？

6. DNS 常见的资源记录有哪些？

7. DNS 的管理与配置流程是什么？

8. DNS 服务器的属性中的"转发器"的作用是什么？

9. 什么是 DNS 服务器的动态更新？

6.8 实　训

实训 13　IIS 的安装与配置

一、实训目的

掌握 Web 服务器的配置与使用。

二、实训环境

每组两台计算机，其中一台作为服务器，另一台作为客户机；

作为服务器的使用 Windows Server 2003 操作系统，作为客户机的使用 Windows Server 2003 或 Windows XP 操作系统；

服务器的 IP 地址为：192.168.X.2(X 为组号)。

客户机的 IP 地址为：192.168.X.102(X 为组号)。

三、实训内容

在 Windows Server 2003 操作系统上安装 IIS，并进行配置，使之作为 Web 服务器使用客户机，通过 IE 浏览器访问服务器。

四、实训步骤

(1) 安装 IIS，选项均取默认值。

（2）设置网站基本属性，选项均取默认值。

（3）设置主目录为：d:\wwwroot。

（4）设置默认文档为 Mypage.Html，并将其他的默认文档删除。

（5）设置带宽限制和网站连接数，选项均取默认值。

（6）测试：

① 用记事本编写一个文件，在其中输入"Hello World"，保存，改名为 page1.html，拷贝到默认目录中；

② 在客户机 IE 浏览器地址中输入：http://192.168.X.2，观察记录结果；

③ 在客户机 IE 浏览器地址中输入：http://192.168.X.2/page1.html，观察记录结果；

④ 将默认文档设置为 page1.html，在客户机 IE 浏览器地址栏中再次输入：http://192.168.X.2，观察记录结果。

五、实训指导

参考 6.1.2、6.1.3、相关内容介绍。

六、实训思考

1. 如果在网站的主目录下建立一个目录\test1\，并在其中放置一个网页 1.html，在浏览器中如何输入地址？

2. 如果只允许某些特定用户访问网站，如何设置访问权限？

实训 14　FTP 服务器的安装与配置

一、实训目的

1. 学习 FTP 服务器的安装配置方法；

2. 掌握 FTP 客户端的配置方法；

3. 了解 FTP 服务器的使用场合及安全防护。

二、实训环境

三台计算机一组，其中安装好 Windows Server 2003 的服务器一台，测试用 PC 两台；

交换机或集线器一台，直连双绞线(视连接计算机而定)；

每组计算机组成一个局域网环境；

服务器 IP 地址为 192.168.X.100，X=100+组号；

测试机 IP 地址为 192.168.X.101、192.168.X.102，X=100+组号；

三、实训内容

1. 在 Windows Server 2003 服务器上安装并配置 FTP 服务；

2. 测试机作为客户机进行测试访问。

四、实训步骤

（1）设置 Windows Server 2003 服务器的 IP 地址为：192.168.X.100，X 为组号。

（2）在服务器上安装 FTP 服务。

（3）配置 FTP 服务：

设置默认目录为 d:\ftproot；

欢迎信息为"欢迎使用 xxx 的 FTP 服务器",xxx 为用户姓名;

在默认目录下放置一个文本文件 ftp.txt,内容为空;

设置匿名登录;

(4) 在测试机的命令行执行 ftp://192.168.X.100,查看记录结果。

(5) 在测试机上"我的电脑"地址栏输入:ftp://192.168.X.100,然后执行菜单"文件"—"登录",输入用户名和密码,查看结果并记录,将 FTP 服务器上的文本文件进行下载。

五、实训指导

参考教材 6.2.3、6.2.4 及 6.2.5 相关介绍。

六、实训思考

1. 如果要想向 FTP 服务器中上传文件,应该如何设置?

2. 如果不使用匿名登录,如何配制?

实训 15 DNS 服务器的配置与管理实训

一、实训目的

1. 掌握 DNS 的安装与配置;

2. 了解 DNS 正向查找和反向查找的功能;

3. 掌握 DNS 资源记录的规划和创建方法。

二、实训环境

每组四台计算机,其中 A、B 两台为服务器,安装 Windows Server 2003 操作系统,C、D 为客户机进行测试,安装 Windows Server 2003 或 Windows XP 操作系统。

A:DNS 服务器,IP 地址为 192.168.X.1;

B:WWW 服务器,IP 地址为 192.168.X.2;

C:测试计算机,IP 地址为 192.168.X.3;

D:测试计算机,IP 地址为 192.168.X.4。

上述 IP 地址中 X 为组名。

三、实训内容

1. 完成 DNS 服务的安装;

2. 对 DNS 服务器进行配置;

3. 测试 DNS 服务器的配置结果。

四、实训步骤

(1) 在 IP 为 192.168.X.1(X 为组名)的计算机中安装 DNS 服务。

(2) 创建区域 TestDNS_X.com(X 为组号)。

(3) 在区域 TestDNS_X.com 中,创建主机记录 WWW,对应 WWW 服务器的 IP 地址为 192.168.X.2(X 为组名)。

(4) 在测试计算机 C 上,设置网络的 TCP/IP 属性中的"首选 DNS 服务器"为 192.168.X.1,进入命令行,检查上述设置的地址。

(5) 在测试计算机 D 上,设置网络的 TCP/IP 属性中的"首选 DNS 服务器"为

61.232.202.158(铁通的 DNS 服务器),进入命令行,检查上述设置的地址。

(6) 启动 WWW 服务器。

(7) 分别在测试计算机 C 和 D 上的 IE 浏览器的地址栏输入"http://www.testdns_x,com",查看并记录结果;在命令行执行"ping www.testdns_x.com",查看并记录结果,分析结果不同的原因。

(8) 用 nslookup 命令进行测试,查看 DNS 服务器的信息。

注意在以上操作时,将 X 用组号代替。

五、实训指导

参看教材 6.3.3 及 6.3.5。

六、实训思考题

1. DNS 服务的工作原理是什么?

2. 要实现 DNS 服务,服务器和客户端各自应如何配置?

3. 如何测试 DNS 服务是否成功?

4. 如何实现不同的域名转换为同一个 IP 地址?

5. 如何实现不同的域名转换为不同的 IP 地址?

实训 16 DHCP 服务器的配置与管理实训

一、实训目的

1. 掌握 DHCP 服务器的安装配置方法;

2. 掌握 DHCP 客户端的配置方法;

3. 掌握测试 DHCP 服务器的方法。

二、实训环境

三台计算机一组,其中安装好 Windows Server 2003 的服务器一台,测试用 PC 两台;交换机或集线器一台,直连双绞线(视连接计算机而定);

每组计算机组成一个局域网环境。

三、实训内容

在 Windows Server 2003 服务器上安装 DHCP 服务,进行配置并测试。

四、实训步骤

(1) 设置 Windows Server 2003 服务器的 IP 地址为:192.168.X.100(X 为组号)。

(2) 安装 DHCP 服务。

(3) 配置 DHCP 服务:

① IP 地址池:192.168.X.100~192.168.X.150,子网掩码:255.255.255.0;

② 默认网关:192.168.X.1,DNS 服务器:192.168.X.254;

③ 保留地址:192.168.X.100,排除地址:192.168.X.120~192.168.X.126。

(4) 将测试机的 IP 地址设置为自动获得,使用"ipconfig /renew"和"ipconfig /all"命令,记录结果。

(5) 再配置 DHCP 服务:

① IP 地址池：192.168.X.200～192.168.X.250，子网掩码：255.255.255.0；

② 默认网关：192.168.X.1，DNS 服务器：192.168.X.254；

③ 保留地址：192.168.X.100，排除地址：192.168.X.201～192.168.X.216。

(6) 在测试机上使用"ipconfig/renew"和"ipconfig/all"命令，记录结果并分析两次结果不同的原因。

五、实训指导

参考 6.4.2 和 6.4.3 相关介绍。

六、实训思考题

1. 分析 DHCP 服务的工作原理。简述如何安装 DHCP 服务器。

2. 要实现 DHCP 服务，服务器和客户端各自应如何设置？

3. 如何查看 DHCP 客户端从 DHCP 服务器中获取的 IP 地址配置参数？

4. 如何创建 DHCP 的用户类别？如何设置 DHCP 中继代理？

实训 17　Windows 系统下 NAT 配置

一、实训目的

1. 了解 NAT 的工作机制；

2. 掌握 Windows NAT 的配置方法。

二、实训环境

五台计算机分为一组，分别为 H01、H02、H03、H04、H05；

H01：安装虚拟机软件，在其中创建一个预装 Windows Server 2003 企业版操作系统的 H00 虚拟机，作为 NAT 服务器；

H02、H03：作为内网计算机，预装 Windows XP 专业版操作系统；

H04、H05：作为外网计算机，预装 Windows XP 专业版操作系统；

五台计算机均连接到网络实训室的交换机上；

设内网(Lan)IP 为 192.168.X.20～192.168.X.30(X=100+组号)；

设外网(Wan)IP 为 10.1.X.20～10.1.X.30(X=100+组号)；

掩码均为 255.255.255.0；

注意 H01 只提供虚拟机 H00，本身的网络参数不进行任何操作，参与实训的计算机实际为 H00(双网卡虚拟机)和 H02、H03、H04、H05；

物理连接上，不要进行任何改变，即五台物理计算机以星型连接方式与网络实训室的交换机连接，但逻辑上将其划分成内外网的关系。

三、实训内容

在局域网中配置网络地址转换服务器(NAT)，使内网主机能够访问外网资源，并使外网主机能够访问指定内网主机资源。

四、实训步骤

以第一组为例：

(1) 设置内网计算机 IP：

H02 计算机 IP：192.168.101.20，掩码 255.255.255.0；

H03 计算机 IP：192.168.101.21，掩码 255.255.255.0。

打开这两台计算机的远程桌面。

(2) 设置外网计算机 IP：

H04 计算机 IP：10.1.101.20，掩码 255.255.255.0；

H05 计算机 IP：10.1.101.21，掩码 255.255.255.0。

打开这两台计算机的远程桌面。

(3) 在 H02 和 H03 上分别用下述命令对外网计算机(H04、H05)进行联通性测试：

ping 10.1.101.20；

ping 10.1.101.21。

记录结果并思考这两台计算机能否与内网计算机在逻辑上连通。

(4) 在 H04 和 H05 上分别用下述命令对内网计算机(H02、H03)用命令进行联通性测试：

ping 192.168.101.20；

ping 192.168.101.21。

记录结果并思考这两台计算机能否与外网计算机在逻辑上连通。

(5) 在 H01(服务器)计算机上，打开虚拟机软件，为虚拟机安装两块网卡。

(6) 打开虚拟机 H00，进入虚拟机系统，为两块网卡改名，分别将其命名为 Lan 和 Wan。

(7) 设置 Lan 和 Wan 的 IP：

Lan 的 IP 设置为：192.168.101.30/255.255.255.0；

Wan 的 IP 设置为：10.1.101.30/255.255.255.0。

(8) 在 H00 上，使用下述指令进行测试：

ping 168.168.101.20；

ping 168.168.101.21；

ping 10.1.101.20；

ping 10.1.101.21。

分析结果，内网计算机能否与外网计算机连通？

(9) 根据实训指导，在 H00 上设置 NAT 服务。

(10) 在 H02 和 H03 上分别用下述命令对外网计算机(H04、H05)进行联通性测试：

ping 10.1.101.20；

ping 10.1.101.21。

记录结果并分析内外网是否能连通。

(11) 在 H04 和 H05 上分别用下述命令对内网计算机(H02、H03)进行联通性测试：

ping 192.168.101.20；

ping 192.168.101.21。

记录结果并分析内外网是否能连通。

(12) 在内网计算机上，在命令行输入：

mstsc 10.1.101.20；

mstsc 10.1.101.21。

查看是否能进行访问并分析原因。

(13) 在外网计算机上，在命令行输入：

mstsc 10.1.101.20；

mstsc 10.1.101.21。

查看是否能进行访问并分析原因。

(14) 在服务器上做反向地址转换设置，添加一个服务名为"内网远程桌面"的服务，传入端口设为 3388，专用地址设为 H02 的 IP 地址 192.168.101.20，传出端口设为 3389。

(15) 外网计算机上，在命令行分别输入：

Mstsc 192.168.101.20；

Mstsc 192.168.101.20:3388；

Mstsc 192.168.101.21；

Mstsc 192.168.101.20:3388。

看哪些能访问，哪些不能访问？分析为什么？

(16) 如果要添加访问内网 H03 计算机的远程桌面，应该如何设置？

五、实训指导

NAT(Network Address Translation，网络地址转换)是解决 IP 地址紧缺和实现 Internet 连接共享的有效方法。网络地址转换能够实现内部网络与外部网络之间的双向通信。当内部网络用户需要访问外部网络时，网络地址转换系统可将私有地址映射为合法的 IP 地址，称为正向地址转换；当外部网络需要访问内部网络时，网络地址转换系统可根据外部数据包中的相关信息，向内网主机提出访问请求，称为反向地址转换。其逻辑连接如图 6-83 所示。

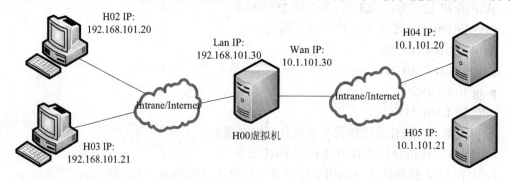

图 6-83　"NAT 配置"实训环境

以下操作均在一台具有双网卡的装有 Windows Server 2003 的计算机上进行，该计算机在本例中命名为 H00，作为 NAT 服务器使用；

1. 准备工作

(1) 将两块网卡分别重命名为"LAN"和"Wan"；

(2) 将 LAN 网卡 IP 地址设为"192.168.101.30/255.255.255.0"，将 Wan 的 IP 地址设为"10.1.101.30/255.255.255.0"。

2. NAT 设置

(1) 选择"开始"—"管理工具"—"路由和远程访问"，打开"路由和远程访问"控制台。注意，如果防火墙服务是打开的，会出现如图 6-84 提示，按提示禁用防火墙服务再次操作即可。

图 6-84　提示关闭防护墙

如图 6-85 示，双击"Windows Firewall/Internet Connection Sharing (ICS)"，将"启动类型"设为"禁用"并停止服务即可；

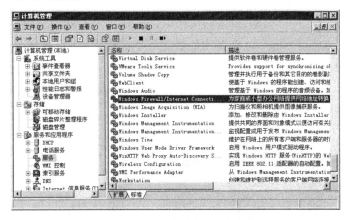

图 6-85　关闭防火墙服务

(2) 在控制台左侧窗格中，右击 NAT 服务器，在弹出的快捷菜单中选择"配置并启用路由和远程访问"命令，打开"路由和远程访问服务器安装向导"对话框。

(3) 单击"下一步"按钮，系统要求指定服务组合配置，选择"网络地址转换(NAT)"选项，如图 6-86 所示。

(4) 单击"下一步"按钮，系统要求指定 NAT Internet 连接方式，选择"使用此公共接口连接到 Internet"选项，并在对应的网卡列表中选择"Wan"，如图 6-87 所示。

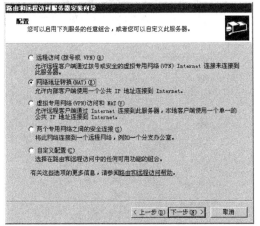

图 6-86　选择配置方式　　　　　　　　　　图 6-87　NAT Internet 连接

（5）单击"下一步"按钮，确认"总结："中的配置信息无误后，单击"完成"按钮，系统启动相关服务并进行配置。

（6）在 H04 打开 Web 站点服务。

（7）在 H02 上，打开 IE 浏览器，在地址栏里输入"http://10.1.101.30"，访问 H04 上的 Web 站点，验证正向网络地址转换的效果。

（8）在 H02 上，执行"mstsc 10.1.101.30"命令，访问 H04 上的远程桌面，验证正向网络地址转换的效果。

3. 反向地址转换设置

（1）在 H00 的"路由和远程访问"控制台左侧窗格中，依次展开 NAT 服务器"H00(本地)"—"IP 路由选择"—"NAT/基本防火墙"，出现如图 6-88 所示界面。在右边窗口的网络接口列表中，右击"Wan"，在弹出的快捷菜单中选择"属性"命令，打开"Wan 属性"对话框，如图 6-89 所示。

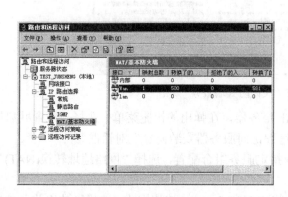

图 6-88　路由和远程访问

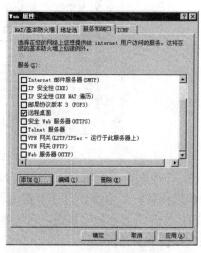

图 6-89　Wan 属性

（2）选择"服务和端口"选项卡，单击"添加"按钮，如图 6-89 所示，打开"添加服务"对话框。

（3）在"服务描述"下输入"内网远程桌面"，在"公用地址"中选择"在此接口"，"协议"选择"TCP"，"传入端口"输入"3388"，"专用地址"输入内网被测试远程桌面计算机的 IP 地址"192.168.101.20"，"传出端口"为"3389"，如图 6-90 所示，按确定键退出。

（4）在外网计算机 H04 上，在命令窗口输入"mstsc 192.168.101.20:3388"，按回车键，打开远程桌面控制界面，输入被控计算机密

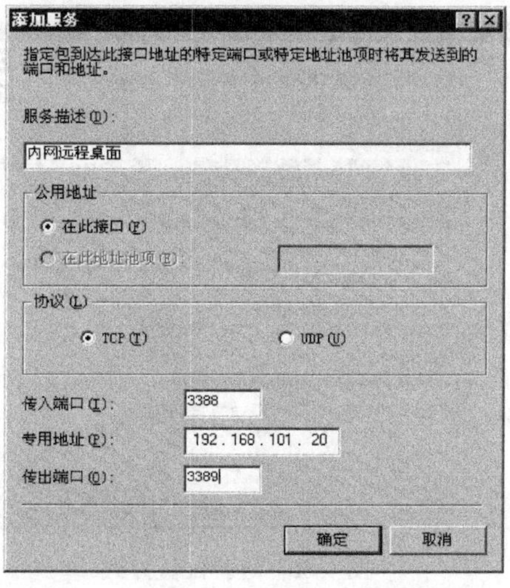

图 6-90　添加外网访问内网的远程桌面服务

码，验证反向网络地址转换的效果。

4. 查看 NAT 映射信息

(1) 在"NAT/基本防火墙"右边窗口的网络接口列表中，右击"Wan"，在弹出的快捷菜单中选择"显示映射"命令，打开服务器上网络地址转换会话映射列表。

(2) 查看列表中网络地址转换映射的详细信息，包括通信协议、方向、专用地址及端口、公用地址及端口、远程地址及端口、空闲时间等。

六、实训思考

1. 简述网络地址转换的工作机制。

2. 写出配置正向网络地址转换的步骤。

3. 写出配置反向网络地址转换的步骤。

实训 18　Windows 系统下 VPN 配置

一、实训目的

1. 了解 VPN 的工作机制；

2. 掌握 Windows 环境下 VPN 的配置方法。

二、实训环境

五台计算机分为一组，分别为 H01、H02、H03、H04、H05；

H01：安装虚拟机软件，在其中创建一个预装 Windows Server 2003 企业版操作系统的 H00 虚拟机，作为 NAT 服务器；

H02、H03：作为内网计算机，预装 Windows XP 专业版操作系统；

H04、H05：作为外网计算机，预装 Windows XP 专业版操作系统；

五台计算机均连接到网络实训室的交换机上；

设内网(LAN)IP 为 192.168.X.20～192.168.X.30(X=100+组号)；

设外网(Wan)IP 为 10.1.X.20～10.1.X.30(X=100+组号)；

掩码均为 255.255.255.0；

注意 H01 只提供虚拟机 H00，本身的网络参数不进行任何操作，参与实训的计算机实际为 H00(虚拟机)和 H02、H03、H04、H05；

物理连接上，不要进行任何改变，即五台物理计算机以星型连接方式连接，但逻辑上将其划分成内外网的逻辑关系。

实训环境同图 6-83 所示。

三、实训内容

在局域网中配置虚拟专用网服务器，使外网主机能够连接到内部网络，并访问内网主机指定资源。

四、实训步骤

(1) 设置 H02(内网计算机)IP 为 192.168.101.20，掩码为 255.255.255.0；设置 H03(内网计算机)IP 为 192.168.101.21，掩码为 255.255.255.0；打开这两台计算机的远程桌面。

(2) 设置 H04(外网计算机)IP 为 10.1.101.20，掩码为 255.255.255.0；设置 H05(外网计

算机)IP 为 10.1.101.21，掩码为 255.255.255.0。

(3) 在 H01(服务器)计算机上，打开虚拟机软件，启动虚拟机 H00，为虚拟机安装两块网卡。

(4) 打开虚拟机 H00，进入虚拟机系统，为两块网卡改名，分别将其命名为 Lan 和 Wan。

(5) LAN 的 IP 设置为：192.168.101.30/255.255.255.0；Wan 的 IP 设置为：10.1.101.30/255.255.255.0。

(6) 设置 VPN 连接通道。

(7) 在 H00 上建立一个测试 VPN 的用户 testVPN。

(8) 在外网计算机 H04 上新建一个连接，取名为"VPN 连接测试"。

(9) 打开连接，输入用户名和密码，连接到 VPN 中。

(10) 连接成功后，执行命令"ipconfig /all"，查看 VPN 连接的 IP 情况。

(11) 分别执行命令"mstsc 192.168.101.20"和"mstsc 192.168.101.20"，记录结果，查看能否连接上，分析这种方式与反向 NAT 有什么不同？

五、实训指导

在 NAT 实训中，通过设置，外网计算机虽然可以访问内网资源，但被公开的服务资源必须通过 NAT 服务器进行设置，外网在访问时限制较多，不能像局域网一样访问内部资源，通过 VPN 的连接，可以使外网计算机连入局域网内网中，成为局域网的一员。

VPN(Virtual Private Network，虚拟专用网络)是通过共享 IP 网中的"隧道"而建立的专用网络。通过 VPN 可在远程网络之间、专用网络与远程用户之间建立安全的、点对点的连接。VPN 基于 C/S 模式工作，位于异地的 VPN 客户通过 Internet 向 VPN 服务器发出连接申请以登录到专用网络，VPN 服务器在收到客户发来的登录请求后，首先确认用户身份，如果用户身份通过了验证，则服务器将与客户协商并建立 VPN 连接，连接一旦完成，客户就成为专用网中的一员，与专用网的本地成员毫无二致。此时远程用户将拥有一个专用网中的合法 IP 地址。因此，VPN 客户拥有两个 IP 地址，一个用于与 Internet 相连，另一个则用于与专用网相连。

以下操作均在一台具有双网卡的装有 Windows Server 2003 的计算机上进行，该计算机在本例中命名为 H00。

1. 准备工作

(1) 将两块网卡分别重命名为"Lan"和"Wan"。

(2) 将 Lan 网卡 IP 地址设为"192.168.101.30/255.255.255.0"，将 Wan 的 IP 地址设为"10.1.101.30/255.255.255.0"。

2. VPN 设置

(1) 选择"开始"—"管理工具"—"路由和远程访问"，打开"路由和远程访问"控制台。

(2) 在 H00 上，依次选择"开始"—"管理工具"—"路由和远程访问"，打开"路由和远程访问"控制台。

(3) 单击"下一步"按钮，系统要求指定服务组合配置，选择"虚拟专用网络(VPN)访问和 NAT"选项，如图 6-91 所示。

（4）单击"下一步"按钮，系统要求指定 VPN 连接到 Internet 的网络接口，在"网络接口："列表中选择"Wan"，如图 6-92 所示。

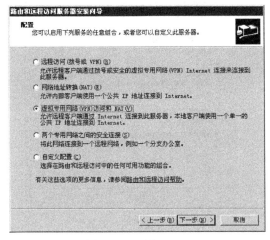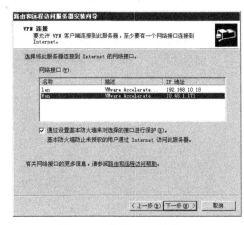

图 6-91　配置 VPN　　　　　　　　　　　　图 6-92　配置 VPN 连接

（5）单击"下一步"按钮，系统询问 IP 地址指定方式，选择"来自一个指定的地址范围"选项，如图 6-93 所示。

（6）单击"下一步"按钮，系统要求指定 IP 地址范围，单击"新建"按钮，打开"新建地址范围"对话框，如图 6-94 所示，在"起始 IP 范围："中输入"192.168.101.40"，在"结束 IP 范围："中输入"192.168.101.49"，单击"确定"按钮。

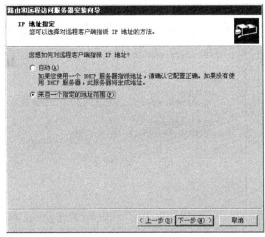

图 6-93　指定 IP 地址　　　　　　　　　　　图 6-94　新建地址范围

（7）单击"下一步"按钮，系统询问是否设置该服务器与 RADIUS 服务器一起工作，选择"否，使用路由和远程访问来对连接请求进行身份验证"选项，如图 6-95 所示。

（8）单击"下一步"按钮，确认"摘要："中的配置信息无误后，单击"完成"按钮，系统启动相关服务并进行配置。

（9）新建一个本地用户"testuser"，并设置适当的权限。

（10）在"testuser 属性"对话框中，选择"拨入"选项卡，在"远程访问权限(拨入或 VPN)"区域，选择"允许访问"选项，如图 6-96 所示，单击"确定"按钮。

图 6-95　设置验证身份方式

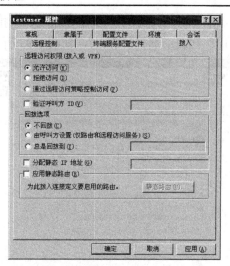

图 6-96　设置用户的属性

3. 外网用户通过 VPN 访问内网资源

(1) 在 H03 上，依次选择"开始"—"所有程序"—"附件"—"通讯"—"新建连接向导"，打开"新建连接向导"对话框。

(2) 单击"下一步"按钮，系统要求指定网络连接类型，选择"连接到我的工作场所的网络"选项，如图 6-97 所示。

(3) 单击"下一步"按钮，系统询问在工作点如何与网络连接，选择"虚拟专用网络连接"选项，如图 6-98 所示。

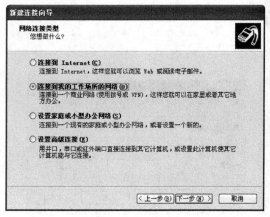

图 6-97　连接向导　　　　　　　　　　　图 6-98　创建连接

(4) 单击"下一步"按钮，系统要求输入此连接的名称，在"公司名"中输入连接的名称，如图 6-99 所示。

(5) 单击"下一步"按钮，设置连接到网络时是否使用这个连接作为初始连接，这里选择"不拨初始连接"，如图 6-100 所示。

(6) 单击"下一步"按钮，系统要求输入 VPN 服务器的名称或地址，在"主机名或 IP 地址"中输入 H01 的外网卡 IP 地址"10.1.101.30"，如图 6-101 所示。

(7) 单击"下一步"按钮，系统询问该连接的用户使用方式，选择"任何人使用"和

"只是我使用"均可。单击"下一步"按钮,选中"在我的桌面上添加一个到此连接的快捷方式"选项,单击"完成"按钮,如图 6-102 所示。

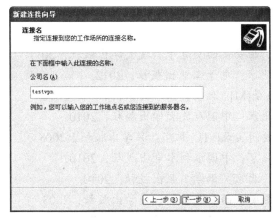

图 6-99　设置连接名称

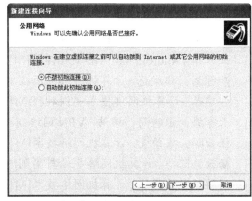

图 6-100　选择初始连接方式

图 6-101　设置 VPN 服务器 IP 或名称

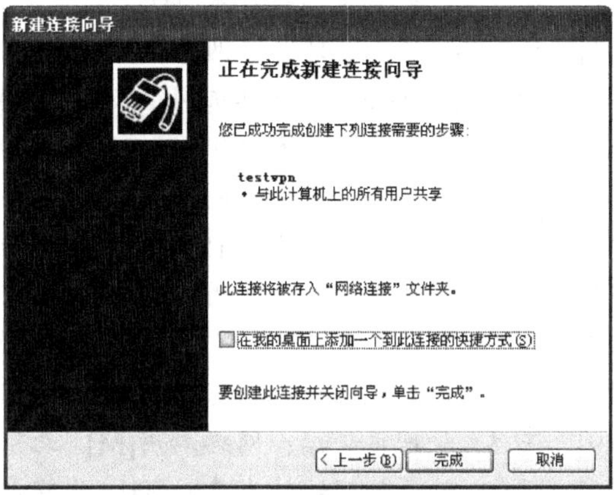

图 6-102　完成设置

(8) 双击桌面上的 VPN 连接快捷方式,打开 VPN 连接登录对话框。

(9) 输入用户名和密码,单击"连接"按钮,系统验证用户身份并将远程计算机连入专用网络。

(10) 在命令提示符窗口,输入"ipconfig"命令并按回车键,查看 VPN 服务器为该主机分配的 IP 地址信息。

(11) 在"运行"对话框中输入:

mstsc 192.168.101.20;

mstsc 192.168.101.21;

验证访问虚拟专用网中资源的效果。

六、实训思考

1. 简述虚拟专用网的工作机制。

2. 外网用户通过 VPN 进入内网,可能对内网的安全造成哪些影响?

3. 比较 VPN 在访问局域网资源时与反向地址转换有什么不同。

参 考 文 献

[1]　范新龙，董奇. 计算机网络应用教程[M]. 西安：西安电子科技大学出版社，2011.

[2]　王家林. Android 4.0 网络编程详解[M]. 北京：电子工业出版社，2012.

[3]　李智慧，郭凤芝. 计算机网络应用技术基础[M]. 北京：清华大学出版社，2010.

[4]　曹建春. 计算机网络技术实训教程[M]. 北京：中国人民大学出版社，2010.

[5]　王春海，张晓莉，田浩. VPN 网络组建案例实录[M]. 北京：科学出版社，2008.

[6]　任云晖，宋维堂. 计算机网络技术[M]. 北京：中国水利水电出版社，2010.

[7]　杨云，陈华. 计算机网络基础与实训[M]. 北京：化学工业出版社，2010.

[8]　刘敏涵，王存祥. 计算机网络技术[M]. 西安：西安电子科技大学出版社，2003.

[9]　王津，孙通. 网络组建与管理[M]. 北京：北京航空航天大学出版社，2010.

[10]　吴立勇. 计算机网络技术[M]. 北京：北京航空航天大学出版社，2010.

[11]　钱英军，刘民. 计算机网络专业综合实训[M]. 北京：中国水利水电出版社，2009.

[12]　刘培文，赵建功. 计算机网络应用教程[M]. 北京：中国人民大学出版社，2009.

[13]　苏英如. 局域网技术与组网工程实训教程[M]. 北京：中国水利水电出版社，2009.

[14]　袁家政，须德. 计算机网络[M]. 西安：西安电子科技大学出版社，2004.

[15]　任云晖，网络互联技术[M]. 北京：中国水利水电出版社，2009.

[16]　张继山. 计算机网络实用技术[M]. 北京：中国铁道出版社，2008.

[17]　辜川毅. 计算机网络安全技术[M]. 北京：机械工业出版社，2005.

[18]　马民虎. 互联网信息内容安全管理教程[M]. 北京：中国人民公安大学出版社，2007.

[19]　王达. 管理员必读：网络应用[M]. 北京：电子工业出版社，2006.

[20]　周舸. 计算机网络技术基础[M]. 北京：人民邮电出版社，2008.

[21]　王树军，王趾成. 计算机网络技术基础[M]. 北京：清华大学出版社，2009.

[22]　高殿武.计算机网络[M]. 北京：机械工业出版社，2010.